Rで学ぶ確率統計学

多変量統計編

神永正博・木下 勉
共 著

内田老鶴圃

本書の全部あるいは一部を断わりなく転載または
複写(コピー)することは,著作権および出版権の
侵害となる場合がありますのでご注意下さい.

はじめに

本書は，『R で学ぶ確率統計学 (一変量統計編)』の続編である．本書ではタイトル通り主として多変量の統計学について学ぶ．一変量統計編と同じく，比較的数学は得意だがプログラミングとなるとちょっと…という人に向けて書いたもので，数理統計学と R の操作の説明を同時に行うのが本書の基本的な姿勢である．

統計学は，自然科学，社会科学，医学，工学など様々な分野で利用される「言語」の 1 つである．これらの分野では，実験や調査票の結果や，臨床で得られたデータを扱う．統計学は，これらのデータを要約し，ノイズをふるい落とし，法則をつかみ出す．例えば，「気温や熟成期間，雨量からボルドーワインの価格を予想する公式」，「労働力と資本から GDP がどうなるかを予想する公式」，「風速と気温から大気中のオゾンの量を予想する公式」は全て「重回帰分析」と呼ばれる多変量統計の技術を使って求めることができる．このように，統計学を学べば，様々な分野を横断することができるのだ．本書では，多数の例題・問題を通して統計学が様々な分野で役立っていることが実感できるように最大限配慮した．予備知識としては，『R で学ぶ確率統計学 (一変量統計編)』の内容を仮定している．

本書は，自習書としても，教科書としても使うことができる．各章ごとにいくつかの練習問題があり，読者はこれらの問題を解きながら，R の操作を確認するとともに本文の内容の理解を深めることができる．解答は一部を除いて完全なものである．R スクリプトの動作チェックは，『R で学ぶ確率統計学 (一変量統計編)』と同様に，64bit 版 R (ver.3.5.1) と R Studio (ver.1.1.456) で行った．演習に使うデータはエクセル形式のファイルまたは CSV ファイルであり，比較的長い R スクリプト (スクリプト 1～9，A1～A5) と併せて出版社のサイトからダウンロードできる[*1]．

本書を出版するにあたり，内田老鶴圃社長の内田学氏ならびに編集者の方々には大変お世話になった．また，統計技術の使い方については東北学院大学の神林博史先生にご助言いただいた．記して感謝したい．

本書は，東北学院大学における講義資料に大幅に加筆したものである．一変量統計編と同様に，神永の講義ノートをもとに木下が数式のチェック，R スクリプトの動作チェックなどを行う形で執筆した．統計学上の誤りがあれば，全て神永の責任である．

2019 年 11 月

著　者

[*1] http://www.rokakuho.co.jp/data/04_support.html

目　次

はじめに　　　　　　　　　　　　　　　　　　　　　　　　　　　　　　　i

第1章　分割表の検定 (1)　　　　　　　　　　　　　　　　　　　　　1
1.1　統計で用いられるデータの種類 1
　　1.1.1　質的データ 1
　　1.1.2　量的データ 1
1.2　適合度検定 2
1.3　適合度検定をやってみる 3
1.4　カイ二乗統計量 5
1.5　尤度比検定 7
1.6　カイ二乗検定の数学的仕組み 8
1.7　章末問題 11

第2章　分割表の検定 (2)　　　　　　　　　　　　　　　　　　　　　13
2.1　分割表の独立性の検定 13
2.2　2×2 分割表 14
　　2.2.1　イエーツの補正 14
　　2.2.2　一般的な 2×2 分割表のカイ二乗値 15
2.3　母比率の差の検定 17
　　2.3.1　2標本の比率の検定の数学的原理 18
2.4　フィッシャーの正確検定 19
　　2.4.1　フィッシャーの正確検定の計算原理 20
2.5　独立性の検定が役に立つ場合 21
2.6　残差分析 22
2.7　章末問題 25

第3章　単回帰分析　　　　　　　　　　　　　　　　　　　　　　　　27
3.1　散布図を近似する直線を求める 27
　　3.1.1　回帰直線の当てはまりのよさ 29
　　3.1.2　最小二乗法と最尤推定との関係 30
3.2　R における決定係数 31
　　3.2.1　定数項 (切片) を 0 とした場合 31
3.3　説明変数と被説明変数の取り方で回帰直線が変わること 34
3.4　外れ値の影響 36
3.5　章末問題 39

第 4 章　赤池情報量基準によるモデル選択　40

- 4.1　cars 再考 40
- 4.2　AIC (赤池情報量基準) 42
- 4.3　AIC について 44
  - 4.3.1　カルバック＝ライブラー情報量 44
  - 4.3.2　正規分布に対する KL 情報量 44
- 4.4　AIC の導出の概略 46
- 4.5　KL 情報量の性質についての補足 47
- 4.6　章末問題 49

第 5 章　線形モデル　50

- 5.1　線形モデルの定式化 50
- 5.2　最小二乗推定パラメータの性質 50
- 5.3　分散 σ^2 の不偏推定量 53
- 5.4　母数の検定 55
- 5.5　$\hat{\alpha}, \hat{\beta}$ の分布を見る 59
- 5.6　章末問題 62

第 6 章　曲線の当てはめ　63

- 6.1　lm を用いた曲線当てはめがうまくいく場合 63
- 6.2　lm による当てはめが使えない場合–非線形最小二乗法 65
- 6.3　nls 関数に関するいくつかの注意 67
- 6.4　変数変換と直線回帰を組み合わせる方法 68
  - 6.4.1　両対数グラフが直線的な場合 68
  - 6.4.2　より複雑な変換を必要とする場合 71
- 6.5　章末問題 74

第 7 章　重回帰分析 (1)　75

- 7.1　ワインの価格を予想する 75
- 7.2　重回帰分析の原理 76
- 7.3　分析例 77
- 7.4　Excel ファイルのデータを読み込む 83
- 7.5　章末問題 87

第 8 章　重回帰分析 (2)　88

- 8.1　多重共線性とは何か 88
- 8.2　多重共線性の数学的仕組み 88
- 8.3　多重共線性のシミュレーション例 90
- 8.4　正しく推定できる場合 92
- 8.5　交互作用 93

	8.5.1 交互作用の例	94
8.6	ダミー変数	97
8.7	章末問題	99

第9章　一般化線形モデルの基礎 　　　　　　　　　　　　　　　　　　　100

9.1	一般化線形モデルの定義	100
	9.1.1 条件付き期待値	100
	9.1.2 一般化線形モデルの概要	101
9.2	指数型分布族	102
	9.2.1 指数型分布族の期待値と分散	104
9.3	フィッシャー情報行列	105
9.4	一般化線形モデルのパラメータ最尤推定	106
9.5	スコア関数の具体的な形	108
9.6	残差逸脱度	108
9.7	章末問題	110

第10章　二項選択モデル　　　　　　　　　　　　　　　　　　　　　　　　　111

10.1	二項選択モデルの考え方	111
10.2	ロジスティックモデルとプロビットモデル	111
10.3	ロジスティックおよびプロビット回帰分析の例	113
	10.3.1 ロジットモデルとプロビットモデルの母数の推定値	116
10.4	より複雑なモデルへの適用	118
10.5	章末問題	122

第11章　計数データへの一般化線形モデルの適用　　　　　　　　　　　　　　123

11.1	ポアソンモデル	123
11.2	ポアソンモデルの適用例	124
11.3	負の二項分布モデル	126
	11.3.1 負の二項分布	126
	11.3.2 `warpbreaks`	127
11.4	章末問題	132

第12章　多変量正規分布とその応用　　　　　　　　　　　　　　　　　　　　133

12.1	多変量の正規分布	133
12.2	集中楕円	134
	12.2.1 集中楕円を描いてみる	136
12.3	集中楕円と分散共分散行列の固有値の関係を確認する	137
	12.3.1 相関係数の区間推定	138
	12.3.2 二次元正規乱数の応用	139
12.4	相関のない二次元正規分布に対する t_0 の分布	140
	12.4.1 相関係数の区間推定の数学的原理	141

vi 目次

   12.5 章末問題 143

第13章 主成分分析　144

  13.1 主成分分析の考え方 144
  13.2 Rによる主成分分析 146
  13.3 `USArrests` を用いた分析例 147
  13.4 章末問題 153

第14章 分散分析と多重比較入門　154

  14.1 三群以上の比較問題 154
    14.1.1 平均点に差があるか? 154
    14.1.2 データの様子を調べる 155
    14.1.3 Rによる一元配置分散分析 156
  14.2 一元配置分散分析の数学的原理 158
    14.2.1 全変動の分解公式 159
    14.2.2 F 分布 160
  14.3 多重比較 163
    14.3.1 ボンフェローニの方法 163
    14.3.2 ホルムの方法 163
    14.3.3 チューキーの方法 165
  14.4 二元配置分散分析 168
  14.5 章末問題 170

問題解答　171
索　引　205
関連図書　207

第1章

分割表の検定 (1)

　本章で扱う分割表とは，カテゴリカルなデータを長方形の形に整理したものであり，社会科学，心理学，医学などあらゆる分野に頻繁に現れる重要なオブジェクトである．本章では分割表の基本的な扱い方を整理し，その理論的背景を説明する．分割表の検定の代表的なものとして，サンプルがあらかじめ定まった確率分布に従うと考えてよいかを検定する「適合度検定」があり，適合度検定と本質的には同じだが，薬品の効果などの検定に使われる「独立性の検定」がある．以下，順に説明する．

1.1 統計で用いられるデータの種類

　統計で扱うデータは，**質的データ** (qualitative data) と**量的データ** (quantitative data) に分類される．質的データは**カテゴリカルデータ** (categorical data) もしくはカテゴリーデータとも呼ばれる．ここでは，それぞれについて見ていくことにしよう．

1.1.1 質的データ

　質的データは数値として観測することに意味がなく，あるカテゴリーに属していること，もしくはある状態にあることがわかるデータのことである．質的データは，**名義尺度** (nominal scale) と**順序尺度** (ordinal scale) に分類される．

- 名義尺度

　　データの値が同一かどうかの区別のみが意味を持つデータである．例としては，性別 (男性・女性)，血液型 (A・B・AB・O) などがある．血液型を A 型 = 1, B 型 = 2, AB 型 = 3, O 型 = 4 などのように番号を付ける場合もあるが，これらの変数の平均値を求めても意味を持たない．さらに，名義尺度では分類の並び順を変えても意味が変わることはない．

- 順序尺度

　　データの値の並び順や大小が意味を持つデータである．例としては，成績 (S・A・B・C・D)，薬の効き目 (悪化・不変・改善・著効) などがある．例えばテストの点数を低いほうから 60 点 < 62 点 < 70 点 ··· と並べ，順番を 1, 2, 3, . . . と付けた場合にも，この順番の大小は意味を持つが，数値と数値の間隔は意味を持たない．順序尺度は，データの並び順に意味があるので，並び順を変えるとデータの持つ意味が変わる．

1.1.2 量的データ

　量的データは定量的な値を持つデータのことである．量的データは，平均値や標準偏差などの代表値で要約することができる．さらに量的データは，**間隔尺度** (interval scale) と**比例尺度** (ratio scale) に分類される．

- 間隔尺度

　　データの数値の大小と差が意味を持つデータである．例としては気温などがある．例えば，気温が 20 度と 30 度では，30 度のほうが 10 度，気温が高いと判断できる．さらに，間隔尺

度は値が0のときに，その値は相対的な意味しか持たない．例えば，何かの重量を計測したときに，0 kg であれば「重量がない」と言えるが，気温は負の値をとることもあるので，気温が0度のときは「気温がない」ことにはならない．つまり気温0度とは，相対的な意味での値ということである．

- 比例尺度

    データの数値の大小と差および比が意味を持つデータである．例としては，身長，体重，年齢などがある．例えば体重が，40 kg と 60 kg では数値の大小も意味を持つし，数値の差が 20 kg と計算できる．また「60 kg は 40 kg の 1.5 倍」のように，比の計算も可能である．

1.2 適合度検定

東海・東南海・南海地方で過去に起きた大地震 (南海トラフ大地震) の月別の回数は，**図 1.1** のようになることが知られている．

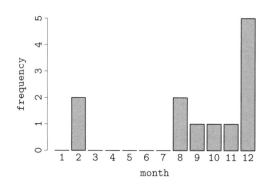

図 1.1：東海・東南海・南海トラフ大地震の発生回数

R でこの棒グラフを表示するには，次のようにすればよい．

```
> nankai <- c(0,2,0,0,0,0,0,2,1,1,1,5)
> month <- 1:12
> barplot(nankai, names.arg = month, xlab="month", ylab="frequency")
```

barplot は，「一変量統計編」でも紹介したが，棒グラフを出力する関数である．引数に，names.arg を指定すると，棒グラフの下にラベルをつけることができる．

発生した月には偏りがあるように見える．冬に多いことがわかるが，8月から10月にも起きている．これが，偶然なのか，そうではないのかどうやって判断したらよいだろうか．

ここでは，大地震の起きやすい月，起きにくい月はない，つまり，「どの月にも同じ確率で大地震が起きる」という仮説を帰無仮説 H_0 としよう．これは一様分布を仮定しているのと同じである．1月は31日まであるのに対し，2月は28日か29日しかない，というように，月の長さは微妙に違うが，ここでは簡単のため同じと思うことにする．すると，全部で12回起きているので，期待される地震の回数 (一般に**期待度数** (expected frequencies/expected counts)) は，ちょうど一箇月につき1回ということになる．これとこれまでの発生月のデータ (一般に**観測度数** (observed frequencies/observed counts)) を比較するのである．これが**適合度検定** (goodness of fit test) と呼ばれる技術である．

どの月にも同じ確率で大地震が起きると仮定した場合でも，実際のデータは偏っている可能性がある．確率が等しくても，実際には，偶然同じ月に2回起きたり，たまたま1度も起きない月があるだろう．問題は，図1.1のようになる確率がどれくらい「小さいか」である．

ここでは，一様分布と比較しているが，別の確率分布，例えばポアソン分布などでもよい．その場合は，標本平均を λ として，ポアソン分布

$$P(X = k) = \frac{\lambda^k}{k!}e^{-\lambda}$$

で計算される確率を用いて期待度数を求めることになる．

1.3 適合度検定をやってみる

このズレの大きさを適切に表現して，その値が一定以上に大きくなる確率を計算する代表的なものがカイ二乗検定の技術である．ここで，カイ二乗と言っているのは，ピアソンの**カイ二乗統計量** (chi-squared statistic) と呼ばれるもので，χ^2 と書く．「カイスクエア」と英語的に表現する人も多い．その計算方法の詳細は後に説明することにして (カイ二乗統計量の定義も次節で与える)，Rでその確率を求めてみよう．次のようにすればよい．

```
> nankai <- c(0,2,0,0,0,0,0,2,1,1,1,5)
> chisq.test(nankai)

        Chi-squared test for given probabilities

data:  nankai
X-squared = 24, df = 11, p-value = 0.01273

Warning message:
In chisq.test(nankai) :  カイ自乗近似は不正確かもしれません
```

最初に，nankaiというオブジェクトに月毎の地震の回数を格納している．次にchisq.testにかけているが，ここでは，各月毎の地震の起きる確率を省略している (デフォルトで等確率となるため) が，確率pを省略せずに，

```
> chisq.test(nankai,p=rep(1/12,length=12))
```

と書いても全く同じ結果が得られる．ここで，p=rep(1/12,length=12)は，1/12という数字を長さ (length) 12だけ繰り返したベクトルである．pで指定するベクトルの成分の合計は1にならなければならない．

ここで，「カイ自乗近似は不正確かもしれません」という警告メッセージが出ているが，これは同じ数字が複数あることで出てくるメッセージで，ここでは気にしなくてよい．なお，Rのメッセージは「カイ自乗」で統一されているが，本文では統計学の慣習に従って「カイ二乗」とした．

ここで注目してほしいのは，まずX-squared = 24 という数字である．これが χ^2 であり，「ズレの大きさ」を測るものである．P 値を見るとp-value = 0.01273とある．つまり χ^2 値が24以上になる確率が，0.01273であることを示している．つまり，どの月に地震が起きる確率も同じ ($\frac{1}{12}$) であったときに，図1.1のような回数で地震が起きる確率は1.273%しかないということである．つまり，月に関係なく地震が起きると仮定するのは，ちょっと無理があるということになる．「月と独立に地震が起きる＝各々の月に地震が起きる確率が12分の1」という帰無仮説 H_0 は棄却されるこ

とになる.

次に一様分布ではない例を挙げよう．本書の前編にあたる「一変量統計編」6.3節の1974年から2007年までの間に起きた大型航空機事故の回数のデータである．数値のみ再掲載する (**表 1.1**).

表 1.1：1974年から2007年までの間に起きた大型航空機事故の回数

事故の回数	0	1	2	3	4	5	6	7	8
該当する年の数	1	6	6	8	5	7	0	1	0

表1.1のデータをyearsというオブジェクト (ベクトル) にして，平均を求めると，この値はλの最尤推定値になっているのであった．

```
> years <- c(1,6,6,8,5,7,0,1,0)
> m <- sum((0:8)*years)/sum(years)
> m
[1] 3.058824
```

つまり，一年あたりの事故の回数は3.058824となる．

ポアソン分布の確率は，dpois関数を使って求めることができる．平均λが3.058824のときの，$k = 0, 1, \ldots, 8$に対する$P(X = k)$の値は，

```
> theory <- dpois(0:8,lambda=3.058824)
> theory
[1] 0.046942868 0.143589970 0.219608223 0.223914301
[5] 0.171228610 0.104751636 0.053402803 0.023335682
[9] 0.008922468
```

のように求めることができる．

ポアソン分布の場合，一様分布のときにはなかった理論的な問題が生じる．1つは，ポアソン分布の場合は理論上kはいくらでも大きくなるが，実際には8回を超えて事故が起きたことはないので，どこかで打ち切る必要があるということである．もう1つは，$\lambda = 3.058824$はデータから計算された平均事故回数であり，データからの推定量になっているという点である．前者の問題は，8回を8回以上と解釈した場合 (自由度8)，8回までは理論値とし，9回以上の実現値が0であったと解釈した場合 (自由度9) をそれぞれ計算してみる．

まず，自由度8の場合は次のようになる．

```
> years <- c(1,6,6,8,5,7,0,1,0)
> m <- sum((0:8)*years)/sum(years)
>
> poisprob <- dpois(0:7,lambda=m)
> theory <- c(poisprob,1-sum(poisprob))
> chisq.test(years,p=theory)

        Chi-squared test for given probabilities

data:  years
X-squared = 6.5411, df = 8, p-value = 0.5869

Warning message:
```

```
In chisq.test(years, p = theory) :  カイ自乗近似は不正確かもしれません
```

次に自由度 9 の場合を計算すると，以下のようになる．

```
> poisprob2 <- dpois(0:8,lambda=m)
> theory2 <- c(poisprob2,1-sum(poisprob2))
> years2 <- c(years,0)
> chisq.test(years2,p=theory2)

Chi-squared test for given probabilities

data:  years2
X-squared = 6.5411, df = 9, p-value = 0.6848

Warning message:
In chisq.test(years2, p = theory2) :  カイ自乗近似は不正確かもしれません
```

いずれの場合も，P 値は大きいので，帰無仮説「H_0：事故の回数はポアソン分布に従う」を棄却できない．つまり，事故の回数の分布はポアソン分布に従わないとは言えない[*1]．

問題になるのは，ズレの大きさをどうやって測っているのかということである．これを次節で説明する．

1.4 カイ二乗統計量

k 個の排反事象 $A_1, A_2, A_3, \ldots, A_k$ を考え，$A_1, A_2, A_3, \ldots, A_k$ のいずれかが起きるとする．各々の出現確率を $p_1, p_2, \ldots, p_k$ とすれば，$A_1, A_2, A_3, \ldots, A_k$ のいずれかが起きることは確実なので，$p_1 + p_2 + \cdots + p_k = 1$ になる．先ほどの東海・東南海・南海トラフ大地震の例では，どの月も同じ確率だと仮定していたので，$p_1 = p_2 = \cdots = p_k = \frac{1}{12}$ になる．これが帰無仮説 H_0 になる．

次に，総数 n 回の独立試行を行って，それぞれの事象が $n_1, n_2, n_3, \ldots, n_k$ 回起こったとき，仮説 H_0 を検定することを考える．

ズレの尺度＝カイ二乗統計量は，次のように定義される．

$$\chi^2 = \sum \frac{(観測度数 - 期待度数)^2}{期待度数} = \sum_{j=1}^{k} \frac{(n_j - np_j)^2}{np_j}$$

分子に現れる「観測度数 − 期待度数」は，いわば「期待はずれの度合い」と言える (**表 1.2**)．期待はずれの度合いを二乗して期待度数で割って合計したものがカイ二乗統計量である．

表 1.2：観測度数と期待度数

	A_1	A_2	$\cdots$	$\cdots$	A_k	合計
観測度数	n_1	n_2	$\cdots$	$\cdots$	n_k	n
期待度数	np_1	np_2	$\cdots$	$\cdots$	np_k	n
差	$n_1 - np_1$	$n_2 - np_2$	$\cdots$	$\cdots$	$n_k - np_k$	0
	$\frac{(n_1-np_1)^2}{np_1}$	$\frac{(n_2-np_2)^2}{np_2}$	$\cdots$	$\cdots$	$\frac{(n_k-np_k)^2}{np_k}$	χ^2

[*1] この言い方は紛らわしいが，検定論的には，「ポアソン分布に従う」と言い切ることはできない．

Rでシミュレーションを行って，カイ二乗統計量がどのような分布になるか様子を見てみたいのだが，そのための準備として，多項分布を導入しておこう．二項分布では，ある事象が起きたか起きなかったかの2つの場合しかなかったが，これを3つ以上に拡張したものを**多項分布** (multinomial distribution) と呼ぶ．

定義 1. 排反な事象 $A_1, A_2, \ldots, A_k$ を考え，$A_1 \cup A_2 \cup \cdots \cup A_k = \Omega$ (全事象) となるものとする．つまり，$A_1, A_2, \ldots, A_k$ のうちどれか1つだけが起きると仮定する．それぞれが起きる確率を $p_1, p_2, \ldots, p_k$ とすると，仮定より $p_1 + p_2 + \cdots + p_k = 1$ となる．全部で n 回の試行が行われたとし，$X = (X_1, X_2, \ldots, X_k)$ をそれぞれの事象が生じた回数を表す確率変数を組にしたベクトルとすると，$X = (n_1, n_2, \ldots, n_k)$ となる確率は，

$$P(X = (n_1, n_2, \ldots, n_k)) = \frac{n!}{n_1! n_2! \cdots n_k!} p_1^{n_1} p_2^{n_2} \cdots p_k^{n_k}$$

となる[*2]．この確率分布を多項分布という．

分布を図示するのは一般には難しいので，ここでは多項分布に従う乱数を発生させて雰囲気をつかんでもらうことにしよう．

例えば，3つの事象 A_1, A_2, A_3 を考え，それぞれの生起確率が $p_1 = 1/6$, $p_2 = 2/6 = 1/3$, $p_3 = 3/6 = 1/2$, $n = 10$ の多項分布に従う乱数 (乱数のベクトル) を出力させるには以下のようにすればよい．関数 rmultinom(n, size, prob) では，引数 n にサンプルサイズ，size に乱数の組の個数 (試行回数) (定義1の $n = n_1 + n_2 + \cdots + n_k$)，prob に生起確率 (定義1の $p_1, p_2, \ldots, p_k$) を指定する．

```
> rmultinom(5,size=10,prob=c(1,2,3)/6)
     [,1] [,2] [,3] [,4] [,5]
[1,]    4    1    7    0    2
[2,]    2    3    1    4    4
[3,]    4    6    2    6    4
```

出力結果は (3次元の) 縦ベクトルが (乱数の組の個数分の) 5つ並んだものになっている．縦に合計すると，常に $n = 10$ になっていることがわかるだろう．

ここでは，確率が $p_1 = 4/10$, $p_2 = 3/10$, $p_3 = 2/10$, $p_4 = 1/10$ と仮定し，$n = 10$ として，この多項分布に従う乱数 $n_1, n_2, \ldots, n_k$ を1000回発生させ，カイ二乗値の分布を見てみる．関数 rep(N*p,N) で各事象の期待度数を求めている．最後の行では，列に対して z*z/expmatrix の和をとることで χ^2 統計量を計算している．

```
―― スクリプト 1 (1_4.R) ――
N <- 1000
p <- c(4,3,2,1)/10
x <- rmultinom(N, size=10, prob=p)
expmatrix <- rep(N*p,N)
z <- x - expmatrix
chisqval <- apply(z*z/expmatrix, 2, sum)
```

とした上で，hist(chisqval) としてヒストグラムを見てみると**図 1.2** が得られる (ヒストグラムは毎回変化する)．

[*2] $n = n_1 + n_2 + \cdots + n_k$ である．

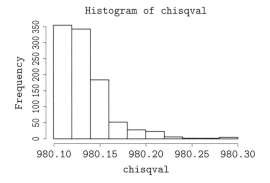

図 1.2：カイ二乗統計量のヒストグラム

統計学的には，この分布をうまく近似することが問題である．

1.5 尤度比検定

最尤推定法の考え方を思い出そう．話を具体化するために，連続分布の場合を考えよう．θ を分布の未知パラメータとすると，尤度は，

$$L(\theta) = f(x_1;\theta)f(x_2;\theta)\cdots f(x_n;\theta)$$

となる．L を最大化する θ，すなわち最尤推定値を $\hat{\theta}$ としよう．今，母集団に対する帰無仮説 H_0 を立て，H_0 が正しいという仮定の下で得られる最尤推定値を $\hat{\theta}'$ とする．このとき，

$$\lambda = \frac{L(\hat{\theta}')}{L(\hat{\theta})}$$

を**尤度比** (likelihood ratio) と言う．尤度比が非常に小さいとすると，これは H_0 が正しいと考えた場合，極めて稀なことが起きていることを意味する．つまり，尤度比を使えば検定ができることになる．

具体的に尤度比の分布がわかる例として，正規分布

$$f(x;\mu) = \frac{1}{\sqrt{2\pi}\sigma}e^{-\frac{(x-\mu)^2}{2\sigma^2}}$$

の場合を考えてみよう．ここでは，分散 σ^2 は既知であるものとし，母平均 μ が未知パラメータであるとしている．データ $x_1, x_2, \ldots, x_n$ が与えられたときの尤度は，

$$L(\mu) = f(x_1;\mu)f(x_2;\mu)\cdots f(x_n;\mu) = \frac{1}{(\sqrt{2\pi}\sigma)^n}e^{-\frac{1}{2\sigma^2}\sum_{j=1}^{n}(x_j-\mu)^2}$$

であり，これを最大化する μ の最尤推定値は，

$$\hat{\mu} = \frac{1}{n}\sum_{j=1}^{n}x_j = \overline{X}$$

であったことを思い出そう．帰無仮説を $H_0: \mu = \mu_0$ としたときの尤度比は，

$$\lambda = \frac{L(\mu_0)}{L(\hat{\mu})}$$

$$= \exp\left(-\frac{1}{2\sigma^2}\sum_{j=1}^{n}(x_j-\mu_0)^2 + \frac{1}{2\sigma^2}\sum_{j=1}^{n}(x_j-\overline{X})^2\right)$$

$$= \exp\left(\frac{1}{2\sigma^2}\sum_{j=1}^{n}((x_j-\overline{X})^2-(x_j-\mu_0)^2)\right)$$

$$= \exp\left(\frac{1}{2\sigma^2}\sum_{j=1}^{n}(\mu_0-\overline{X})(2x_j-\overline{X}-\mu_0)\right)$$

$$= \exp\left(\frac{(\mu_0-\overline{X})}{2\sigma^2}\sum_{j=1}^{n}(2x_j-\overline{X}-\mu_0)\right)$$

$$= \exp\left(\frac{\mu_0-\overline{X}}{2\sigma^2}(2n\overline{X}-n\overline{X}-n\mu_0)\right)$$

$$= \exp\left(-\frac{n}{2\sigma^2}(\mu_0-\overline{X})^2\right)$$

となる．これを利用して検定すればよいことがわかる．

一般には，尤度比の分布はこのようにわかりやすいものにはならないのだが，今の例を少し見直すと大体の見当がつく．

$$-2\log\lambda = \frac{n}{\sigma^2}(\mu_0-\overline{X})^2 = \frac{1}{(\sigma/\sqrt{n})^2}(\mu_0-\overline{X})^2$$

とすると，帰無仮説の下で，$\overline{X}$ は平均 μ_0，分散 σ^2/n の正規分布に従うから，$-2\log\lambda$ は自由度 1 のカイ二乗分布に従う．ここで自由度が 1 になるのは未知パラメータの個数が 1 だからだろうと予想される．実際，この結果は次のように (漸近的に) 一般化される．

定理 2. 未知パラメータの個数が K のとき，帰無仮説 $H_0 : (\theta_1,\ldots,\theta_K) = (\theta_{10},\ldots,\theta_{p0})$ の下で，$-2\log\lambda$ はサンプルサイズ $n\to\infty$ の極限で自由度 K のカイ二乗分布に収束する．すなわち，$g(t)$ を自由度 K のカイ二乗分布の確率密度関数とすると，

$$\lim_{n\to\infty}P(-2\log\lambda\leq x) = \int_0^x g(t)dt$$

が成り立つ．

次の 1.6 節で定理 2 の証明の概略を示す．

1.6 カイ二乗検定の数学的仕組み

k 個の排反事象 $A_1,A_2,A_3,\ldots,A_k$ を考え，そのいずれかは必ず起こるものとする．それぞれの出現確率を $p_{10},p_{20},\ldots,p_{k0}$ とすると，仮定より $p_{10}+p_{20}+\cdots+p_{k0}=1$ が成り立っている．先ほどの東海・東南海・南海トラフ大地震の例では，$k=12$ で $p_{10}=p_{20}=\cdots=p_{k0}=\frac{1}{12}$ となる．一般には，$p_{10},p_{20},\ldots,p_{k0}$ の値は同じになるとは限らない．

総数 n 回の独立試行を行って，それぞれの事象が $n_1,n_2,n_3,\ldots,n_k$ 回起こったとき，$n_1+n_2+n_3+\cdots+n_k=n$ とすれば，それぞれの事象の起きた回数の相対度数は $\hat{p}_j=n_j/n$ となる．これは，$n_1,n_2,n_3,\ldots,n_k$ のもとでの p_{j0} の最尤推定量である．このとき，帰無仮説

$$H_0 : \hat{p}_j = p_{j0}, \quad j=1,2,\ldots,k$$

を検定することを考える．対立仮説 H_1 は，ある j に対して $p_j \neq p_{j0}$ である．H_0 に基づく場合，このような結果が現れる確率は，多項分布により，

$$f(\vec{n}; \vec{p}_0) = \frac{n!}{n_1! n_2! \cdots n_k!} p_{10}^{n_1} p_{20}^{n_2} \cdots p_k^{n_k} \tag{1.1}$$

で表される．ここで，$\vec{n} = (n_1, n_2, \ldots, n_k)$, $\vec{p}_0 = (p_{10}, p_{20}, \ldots, p_{k0})$ である．

尤度比 $\lambda(\vec{n})$ は以下のようになる．

$$\begin{aligned}\lambda(\vec{n}) &= \frac{f(\vec{n}; \vec{p}_0)}{f(\vec{n}; \vec{\hat{p}}_0)} \\ &= \left(\frac{p_{10}}{\hat{p}_{10}}\right)^{n_1} \left(\frac{p_{20}}{\hat{p}_{20}}\right)^{n_2} \cdots \left(\frac{p_{k0}}{\hat{p}_{k0}}\right)^{n_k}\end{aligned} \tag{1.2}$$

(1.2) の両辺の対数をとり，-2 を掛けると，

$$\begin{aligned}-2\log\lambda(\vec{n}) &= -2\sum_{j=1}^{k} n_j \log\left(\frac{p_{j0}}{\hat{p}_{j0}}\right) \\ &= 2\sum_{j=1}^{k} n_j \log\left(\frac{\hat{p}_{j0}}{p_{j0}}\right) \\ &= 2\sum_{j=1}^{k} n_j \log\left(1 + \frac{\hat{p}_{j0} - p_{j0}}{p_{j0}}\right)\end{aligned}$$

となるが，ここで $\log(1+x)$ のマクローリン展開から得られる近似式

$$\log(1+x) \approx x - \frac{1}{2}x^2$$

を用いれば，

$$\log\left(1 + \frac{\hat{p}_{j0} - p_{j0}}{p_{j0}}\right) \approx \frac{\hat{p}_{j0} - p_{j0}}{p_{j0}} - \frac{1}{2}\left(\frac{\hat{p}_{j0} - p_{j0}}{p_{j0}}\right)^2$$

となるので，$-2\log\lambda(\vec{n})$ は，次のようになる．

$$\begin{aligned}-2\log\lambda(\vec{n}) &\approx 2\sum_{j=1}^{k} n_j \left(\frac{\hat{p}_{j0} - p_{j0}}{p_{j0}} - \frac{1}{2}\left(\frac{\hat{p}_{j0} - p_{j0}}{p_{j0}}\right)^2\right) \\ &= 2\sum_{j=1}^{k} n_j \left(\frac{n_j - np_{j0}}{np_{j0}} - \frac{1}{2}\left(\frac{n_j - np_{j0}}{np_{j0}}\right)^2\right) \\ &= 2\sum_{j=1}^{k} (n_j - np_{j0} + np_{j0}) \left(\frac{n_j - np_{j0}}{np_{j0}} - \frac{1}{2}\left(\frac{n_j - np_{j0}}{np_{j0}}\right)^2\right) \\ &= 2\sum_{j=1}^{k} (n_j - np_{j0}) \left(\frac{n_j - np_{j0}}{np_{j0}} - \frac{1}{2}\left(\frac{n_j - np_{j0}}{np_{j0}}\right)^2\right) \\ &\quad + 2\sum_{j=1}^{k} np_{j0} \left(\frac{n_j - np_{j0}}{np_{j0}} - \frac{1}{2}\left(\frac{n_j - np_{j0}}{np_{j0}}\right)^2\right) \\ &= 2\sum_{j=1}^{k} \frac{(n_j - np_{j0})^2}{np_{j0}} - \sum_{j=1}^{k} \frac{(n_j - np_{j0})^3}{n^2 p_{j0}^2}\end{aligned}$$

$$+ 2\sum_{j=1}^{k}(n_j - np_{j0}) - \sum_{j=1}^{k}\frac{(n_j - np_{j0})^2}{np_{j0}}$$

$$= \sum_{j=1}^{k}\frac{(n_j - np_{j0})^2}{np_{j0}} - \sum_{j=1}^{k}\frac{(n_j - np_{j0})^3}{n^2 p_{j0}^2}$$

$$= \chi^2 - \sum_{j=1}^{k}\frac{(n_j - np_{j0})^3}{n^2 p_{j0}^2}$$

ここで, $\sum_{j=1}^{k}(n_j - np_{j0}) = \sum_{j=1}^{k}n_j - n\sum_{j=1}^{k}p_{j0} = n - n = 0$ であることを使った. 第二項は無視できる. 実際, 次の不等式より, 第二項は第一項に比べて小さいからである. $\chi^2 = \sum_{j=1}^{k}\frac{(n_j - np_{j0})^2}{np_{j0}}$ であるから,

$$\left|\sum_{j=1}^{k}\frac{(n_j - np_{j0})^3}{n^2 p_{j0}^2}\right| \leq \sum_{j=1}^{k}\frac{|n_j - np_{j0}|^3}{n^2 p_{j0}^2}$$

$$\leq \max_{1 \leq j \leq k}\left(\frac{|n_j - np_{j0}|}{np_{j0}}\right)\sum_{j=1}^{k}\frac{(n_j - np_{j0})^2}{np_{j0}}$$

$$= \chi^2 \max_{1 \leq j \leq k}\left(\frac{|n_j - np_{j0}|}{np_{j0}}\right)$$

$$= \chi^2 \max_{1 \leq j \leq k}\frac{1}{p_{j0}}\left|\frac{n_j}{n} - p_{j0}\right|$$

大数の法則により, 任意の $\epsilon > 0$ に対し,

$$P\left(\left|\frac{n_j}{n} - p_{j0}\right| > \epsilon\right) \to 0 \quad (n \to \infty)$$

が成り立つから, n が大きいときは, 以下の近似式が成り立つことになる.

$$P\left(\left|-2\log\lambda(\vec{n}) - \chi^2\right| > \epsilon\right) \to 0 \quad (n \to \infty) \tag{1.3}$$

よって n が大きいとき, $P(-2\log\lambda \leq x) \approx P(\chi^2 \leq x)$ となる. これは χ^2 分布の累積分布関数にほかならない.

1.7 章末問題

(R) マークは R を使って解答する問題, **(数)** マークは数学的な問題である.

問題 1-1 (R) メンデルは, エンドウ豆の形質の遺伝について調べ **表 1.3** のような結果を得た.

表 1.3: エンドウ豆の形質

表現型	黄・丸	黄・しわ	緑・丸	緑・しわ	計
観測度数	315	101	108	32	556
確率	9/16	3/16	3/16	1/16	1
期待度数	ア	イ	ウ	エ	オ

ここで, 黄・丸は,「色が黄色く, 形状が丸い」ことを表す. 他も同様である. 以下の問に答えよ.
(1) 空欄ア〜オに当てはまる数を答えよ.
(2) カイ二乗適合度検定を行い, 帰無仮説 H_0 は, 表現型の出現確率は理論値 (確率の欄にある値) に一致するとした場合の P 値を求めよ.

問題 1-2 (R) 血液型研究センター 2005 年のデータによれば, 日本人全体の血液型比率は A 型 38%, O 型 31%, B 型 22%, AB 型 9% である.

日本の大学のあるサークル (日本人のみで構成される) のメンバーの血液型の分布が, A 型 15 人, O 型 9 人, B 型 2 人, AB 型 1 人だったとする. このサークルの血液型分布は日本人の血液型と違いがあると言えるか, カイ二乗適合度検定 (有意水準 5%) で判断せよ. また, メンバーの人数が 10 倍で, A 型 150 人, O 型 90 人, B 型 20 人, AB 型 10 人だとしたらどうか.

問題 1-3 (数) カイ二乗統計量 χ^2 において, p_{j0} $(j=1,2,\ldots,k)$ はそのままで, n_j $(j=1,2,\ldots,k)$ が全て c (>0) 倍になったとき, χ^2 は何倍になるか. $c>1$ のとき, 帰無仮説は棄却されやすくなるか, されにくくなるか答えよ.

問題 1-4 (R) 警察庁によれば, 2018 年の日本全国の月別の交通事故死者数 (2019 年 1 月 4 日公表) は, **表 1.4** のようになる.

表 1.4: 2018 年の月別日本全国の交通事故死者数

月	1	2	3	4	5	6	7	8	9	10	11	12
死者数	318	245	282	270	253	235	280	296	279	338	326	410

月の日数に差はないものとして, 月毎交通事故死者数に違いはないと言えるかをカイ二乗適合度検定 (有意水準 5%) で判断せよ.

問題 1-5 (数) 全部で n 回の試行が行われたとし, $X=(X_1,X_2,\ldots,X_k)$ をそれぞれの事象が生じた回数を表す確率変数とすると, $X=(n_1,n_2,\ldots,n_k)$ $(n=n_1+n_2+\cdots+n_k)$ となる確率が, 多項分布

$$P(X=(n_1,n_2,\ldots,n_k)) = \frac{n!}{n_1!n_2!\cdots n_k!}p_1^{n_1}p_2^{n_2}\cdots p_k^{n_k}$$

に従うとする. ここで, $p_j \neq 0$ $(j=1,2,\ldots,k)$, $n \geq 1$ とする. $X=(n_1,n_2,\ldots,n_k)$ が与えられたとき, $P(X=(n_1,n_2,\ldots,n_k))$ を最大化する $p_1,p_2,\ldots,p_k$ を求めよ.

問題 1-6 **(R)** X_1, X_2, X_3 を独立かつ各々標準正規分布 $N(0,1)$ に従う乱数としたとき,
$$A = (X_1 - \overline{X})^2 + (X_2 - \overline{X})^2 + (X_3 - \overline{X})^2$$
が自由度 2 のカイ二乗分布に従うことを R のシミュレーションにより確認せよ.

また,
$$B = X_1^2 + X_2^2 + X_3^2$$
が自由度 3 のカイ二乗分布に従うことを R のシミュレーションにより確認せよ.

第2章

分割表の検定 (2)

　第1章では，適合度検定の原理と若干の適用例について説明した．ここでは，第1章とは若干異なる問題として，個体に対する2つの属性が独立であるかどうかを検定する独立性の検定問題と，分割表のどのセルが有意に逸脱しているのかを判別する残差分析について説明し，さらに，やや特殊な扱いを必要とする2×2分割表の独立性の検定について説明する．

2.1　分割表の独立性の検定

　まず，MASSのsurveyというデータセットを見てみよう．このデータは，アデレード大学の237名の統計Iの学生の多数の質問に対する回答をまとめたものである．様々な項目があるが，ここでは，喫煙習慣と運動の習慣からなるデータフレームを作成する．データフレームとは，ラベルの付いた行列型のオブジェクトのことである．

```
> library(MASS)
> SmokeEx <- table(survey$Smoke, survey$Exer)
> SmokeEx

        Freq None Some
  Heavy    7    1    3
  Never   87   18   84
  Occas   12    3    4
  Regul    9    1    7
```

行ラベルは喫煙の程度 (Smoke) で，ヘビースモーカーである (Heavy)，吸わない (Never)，機会があれば吸う (Occas)，習慣的に吸っている (Regul) である．列ラベルは運動習慣 (Exer) で，頻繁に運動する (Freq)，運動しない (None)，時々運動する (Some) となっている．SmokeとExerは独立であろうか．喫煙習慣がある人はあまり運動しないように思えるが，この感覚は正当化できるであろうか．このような問題は，**独立性の検定 (問題)** (test of independence) と呼ばれる．一般に，母集団の個体に対して2種類の属性 $A: A_1, A_2, \ldots, A_m$, $B: B_1, B_2, \ldots, B_n$ に対し，属性 A, B が独立であるかを検定するのが，独立性の検定である．

　独立性の検定では，A, B が独立であることを帰無仮説 H_0 として，第1章と同様に χ^2 検定の技術を用いる．理屈の説明の前にRにかけてみよう．

```
> chisq.test(SmokeEx)

        Pearson's Chi-squared test

data:  SmokeEx
X-squared = 5.4885, df = 6, p-value = 0.4828

Warning message:
In chisq.test(SmokeEx) :  カイ自乗近似は不正確かもしれません
```

この場合，P 値は 0.4828 と大きく，喫煙の習慣と運動の習慣が独立であるという帰無仮説 H_0 は棄却されないことになる．

2.2　2×2分割表

表 2.1 は，2008 年のフロリダ州における事故とシートベルト着用の有無の関係を調べたものである[*1]．死亡率は，未着用の場合 $1085/56708 = 0.0191331$，着用している場合 $703/441942 = 0.001590706$ だから，シートベルト未着用の方が死亡率が高いと言えそうだが，全体から見ればいずれもレアケースである．これは，「シートベルト着用・未着用」という事象と「死亡するか，しないか」という事象は独立と言えるかという問題だから，独立性の検定であるが，2×2分割表の場合は少し扱いに注意が必要なので，ここで詳しく説明する．

表 2.1：2008 年のフロリダ州における事故とシートベルト着用の有無

シートベルト	死亡 (fatal)	死亡せず (nonfatal)	計
未着用	1085	55623	56708
着　用	703	441239	441942
計	1788	496862	498650

2.2.1　イエーツの補正

カイ二乗検定では，多項分布 (二項分布も多項分布の特別な場合と解釈する) に従う離散的な確率変数を連続的なカイ二乗分布で近似して検定を行っているので，誤差が大きい場合には若干の工夫が必要となる．誤差が大きくなるケースは何通りもあるが，頻繁に現れるのは2×2分割表の場合である．

2×2分割表は独立性の検定問題に頻繁に現れるものであり，P 値の誤差が大きいと実用上困るのである．

2×2分割表においてサンプルサイズが小さいとき，カイ二乗統計量をそのまま用いると P 値は小さく (有意になりやすく) なることが知られている．そこで，次のようにカイ二乗統計量を小さくする方向に補正することを考える．

$$\chi^2_{\text{Yates}} = \sum \frac{(\max(0, |\text{観測度数} - \text{期待度数}| - 0.5))^2}{\text{期待度数}} \tag{2.1}$$

このようにカイ二乗統計量を補正することを，**イエーツの連続性補正** (Yates' continuity correction) と言う．単に**イエーツの補正**と言うことの方が多いので，本書では「連続性」を省略する．ここで，max をとっているのは，「観測度数 − 期待度数」がゼロになる場合は 0.5 を引かずに 0 とするという意味である．イエーツの補正を施されたカイ二乗統計量である式 (2.1) は，何らかの近似理論に基づいて出てきた補正式ではない．イエーツの補正で P 値が大きくなり，保守的な検定結果となる (検定としては厳しめになる)．R で chisq.test にかけると，2×2**分割表に対してはデフォルトでイエーツの補正を行う**ので注意が必要である．イエーツの補正を行わないカイ二乗検定を行いたい場合は correct = FALSE とする．

イエーツの補正で P 値が大きくなることを確認しておこう．

[*1] この情報は，Agresti[1]，p.61 Table 2.10 から得たものである．

先に挙げたフロリダにおける事故とシートベルト着用のデータ (表 2.1) に対して，イエーツの補正を行わない場合の P 値と行った場合の P 値を計算してみる．

```
> sb <- matrix(c(1085,703,55623,441239),2,2)
> sb
     [,1]   [,2]
[1,] 1085  55623
[2,]  703 441239
> chisq.test(sb,correct=FALSE)

	Pearson's Chi-squared test

data:  sb
X-squared = 4328.9, df = 1, p-value < 2.2e-16
```

イエーツの補正をしなかった場合の P 値は，2.2e-16 である．イエーツの補正をした場合は次のようになる．

```
> chisq.test(sb)

	Pearson's Chi-squared test with Yates' continuity correction

data:  sb
X-squared = 4324, df = 1, p-value < 2.2e-16
```

いずれの場合も P 値は小さく差が見えないが，イエーツの補正をした場合のカイ二乗値は 4328.9 であり，しなかった場合の 4324 よりも大きくなっていることが確認できる．この例ではどちらでも 5%有意である．イエーツの補正は，P 値を大きめに見積もっているが，それでも有意だということになったわけである．

2.2.2 一般的な 2×2 分割表のカイ二乗値

カイ二乗検定とは，観測度数 O_j $(j = 1, 2, \ldots)$，期待度数 E_j $(j = 1, 2, \ldots)$ に対して，観測度数が期待度数に一致するという帰無仮説 H_0 の下で，

$$\chi^2 = \sum_j \frac{(O_j - E_j)^2}{E_j}$$

において，全ての期待度数 E_j を決める際の独立な変数の個数 $(=$自由度$= d)$ であるとき，χ^2 が近似的に自由度 d のカイ二乗分布に従うことを利用した検定技術であった．

一般的な 2×2 分割表は，**表 2.2** のように表現できる．例えば，A, B という予防薬があって，罹患したを 1，罹患しなかったを 2 とした表だと考えてもよい．帰無仮説 H_0 は，A, B の予防薬で罹患したかしなかったかの割合が等しいということである．

表 2.2：一般的な 2×2 分割表

	1	2	計
A	a	b	$n_1 = (a+b)$
B	c	d	$n_2 = (c+d)$
計	$m_1 = (a+c)$	$m_2 = (b+d)$	n

表 2.3：一般的な 2×2 分割表の期待度数

	1	2	計
A	$\frac{n_1 m_1}{n}$	$\frac{n_1 m_2}{n}$	$n_1 = (a+b)$
B	$\frac{n_2 m_1}{n}$	$\frac{n_2 m_2}{n}$	$n_2 = (c+d)$
計	$m_1 = (a+c)$	$m_2 = (b+d)$	n

全体 n に対し，1 に分類された割合は m_1/n, 2 に分類された割合は m_2/n である．したがって，各セルに対応する期待度数は次の**表 2.3**のようになる．

今，イエーツの補正を考えないことにして，カイ二乗統計量 χ^2 を求めてみよう．まず必要なのは自由度である．自由度とは，表全体で自由に動ける変数の数である．n, m_1 と n_1 の3つがあれば，全ての期待度数が求まる．実際 $n_2 = n - n_1$ であり，$m_2 = n - m_1$ となるからである．4つのセルのうち，期待度数を計算するのに必要なパラメータ数「3」を引いて，自由に動ける変数は1つだけということになる．これは自由度が1であることを示している．

$$\frac{n}{n_1 m_1}\left(a - \frac{n_1 m_1}{n}\right)^2 = \frac{1}{n \cdot n_1 m_1}(na - n_1 m_1)^2$$
$$\frac{n}{n_1 m_2}\left(b - \frac{n_1 m_2}{n}\right)^2 = \frac{1}{n \cdot n_1 m_2}(nb - n_1 m_2)^2$$
$$\frac{n}{n_2 m_1}\left(c - \frac{n_2 m_1}{n}\right)^2 = \frac{1}{n \cdot n_2 m_1}(nc - n_2 m_1)^2$$
$$\frac{n}{n_2 m_2}\left(d - \frac{n_2 m_2}{n}\right)^2 = \frac{1}{n \cdot n_2 m_2}(nd - n_2 m_2)^2$$

を合計したものが χ^2 である．$a+b+c+d = n$, $n_1 = a+b$, $m_1 = a+c$, $n_2 = c+d$, $m_2 = b+d$ であることに注意すると，

$$\begin{aligned}
\chi^2 &= \frac{1}{n \cdot n_1 m_1}((a+b+c+d)a - (a+b)(a+c))^2 \\
&+ \frac{1}{n \cdot n_1 m_2}((a+b+c+d)b - (a+b)(b+d))^2 \\
&+ \frac{1}{n \cdot n_2 m_1}((a+b+c+d)c - (c+d)(a+c))^2 \\
&+ \frac{1}{n \cdot n_2 m_2}((a+b+c+d)d - (c+d)(b+d))^2 \\
&= \frac{1}{n \cdot n_1 m_1}(ad - bc)^2 \\
&+ \frac{1}{n \cdot n_1 m_2}(bc - ad)^2 \\
&+ \frac{1}{n \cdot n_2 m_1}(bc - ad)^2 \\
&+ \frac{1}{n \cdot n_2 m_2}(ad - bc)^2 \\
&= \frac{(ad-bc)^2}{n \cdot n_1 n_2 m_1 m_2}(n_2 m_2 + n_2 m_1 + n_1 m_2 + n_1 m_1)
\end{aligned}$$

また，

$$\begin{aligned}
n_1 m_1 + n_1 m_2 + n_2 m_1 + n_2 m_2 &= n_1(m_1 + m_2) + n_2(m_1 + m_2) \\
&= (n_1 + n_2)(m_1 + m_2) = n^2
\end{aligned}$$

なので
$$\chi^2 = \frac{(ad-bc)^2}{n \cdot n_1 n_2 m_1 m_2}(n_2 m_2 + n_2 m_1 + n_1 m_2 + n_1 m_1)$$
$$= \frac{(ad-bc)^2}{n \cdot n_1 n_2 m_1 m_2} \cdot n^2$$
$$= \frac{n(ad-bc)^2}{m_1 m_2 n_1 n_2}$$

つまり，2×2 分割表のカイ二乗検定とは，
$$\chi^2 = \frac{n(ad-bc)^2}{m_1 m_2 n_1 n_2} \tag{2.2}$$

が自由度1のカイ二乗分布に従うことを利用した検定技術である[*2]．(2.2) はしばしば公式として利用される．もちろん手元に PC があれば R を起動して一気に処理ができるのであるが．

表 2.1 に対して，この公式と R の出力が一致することを確認しておこう．(2.2) はイエーツの補正を行っていないことに注意しよう．

(2.2) を用いると，
$$\chi^2 = \frac{498650 \cdot (1085 \cdot 441239 - 55623 \cdot 703)^2}{1788 \cdot 496862 \cdot 56708 \cdot 441942} = 4328.924$$

となり，先に計算した `chisq.test` の結果と一致していることがわかる[*3]．

2.3 母比率の差の検定

しばしば，2つの比率の違いが偶然なのか，そうでないのかを検定したいことがある．次の問題を考えよう．

> 「青ペンで書くと暗記に効果的だ」という記事を見て，それを確かめるために次のような実験を行った．
> まず，40個の漢字を選び，20個ずつに分ける．複雑さを同程度にするため，画数を等しくした．それらの漢字について，鉛筆と青ペンを使い，1日に5回ずつ書く練習を5日間行った．その結果，完全に書けたものの個数は，それぞれ，鉛筆 8個/20個，青ペン 13個/20個であった．この場合，「青ペンの方が有意に効果的だった」と言えるか．なお，この実験は筆者 (神永) の娘が実際に行ったものである．

結果は，**表 2.4** のようにまとめられる．

表 2.4：実験結果

方　法	正　解	出題数
鉛　筆	8	20
青ペン	13	20

[*2] イエーツの補正をする場合，
$$\chi^2_{\text{Yates}} = \frac{n(\max\{|ad-bc| - n/2, 0\})^2}{m_1 m_2 n_1 n_2}$$
とする．

[*3] この公式は覚えやすく便利である．筆者 (神永) は，この公式と，95%確率点の近似値 3.84 (`qchisq(0.95,df=1)=3.841459`) を覚えておいてしょっちゅう計算している．

この場合，完全に書けた漢字の比率は $8/20 = 0.4$, $13/20 = 0.65$ であり，青ペンで書いた場合の方が記憶に残りやすいように思われるが，この比率の違いが有意かどうか調べたい．これは「母比率の差の検定」問題である．ここで比率 $0.4, 0.65$ だけで検定することはできず，必ず分母と分子の両方が必要であることに注意しよう．

この問題を直接解くには，prop.test 関数を用いればよい．結果は次のようになる．

```
> prop.test(c(8, 13), c(20,20))

2-sample test for equality of proportions with continuity correction

data:  c(8, 13) out of c(20, 20)
X-squared = 1.604, df = 1, p-value = 0.2053
alternative hypothesis: two.sided
95 percent confidence interval:
 -0.59965664  0.09965664
sample estimates:
prop 1 prop 2
  0.40    0.65
```

結果，P 値は 0.2053 になり，有意とは言えないことがわかる．結果をよく見ると，カイ二乗検定がなされていることがわかる．試しに，chisq.test も実行してみよう．ただし，カイ二乗検定では**表 2.5** のように正解と不正解に分けた表を考える．

表 2.5：実験結果

方法	正解	不正解
鉛筆	8	12
青ペン	13	7

結果は次のようになる．

```
> bluepen <- matrix(c(8,13,12,7),2,2)
> chisq.test(bluepen)

Pearson's Chi-squared test with Yates' continuity correction

data:  bluepen
X-squared = 1.604, df = 1, p-value = 0.2053
```

このように全く同じ結果が返ってくる．2 つの検定は全く同じことをしているのである．

2.3.1　2 標本の比率の検定の数学的原理

前節の内容を数学的に整理しておこう．特に，なぜ片側検定もできるのかを説明する．

表 2.3 を使って説明する．母比率を p_1, p_2 として，帰無仮説を $H_0 : p_1 = p_2 = p$ としよう．母集団 A からサンプルサイズ n_1 の標本を取り出したとき，属性 1 を持つものが X_1 個だったとする．標本比率は $\hat{p}_1 = X_1/n_1$ となる．X_1 は二項分布 $\text{Bi}(n_1, p)$ に従う．同様に，母集団 B からサンプルサイズ n_2 の標本を取り出すとき，母集団 B において属性 2 を持つものが X_2 だったとすると，X_2 は $\text{Bi}(n_2, p)$ に従うはずである．「一変量統計編」7.1 節で説明したように，二項分布 $\text{Bi}(n, p)$ は，正規分布

$N(np, np(1-p))$ でよく近似できるから,X_1, X_2 は,それぞれ $N(n_1p, n_1p(1-p))$, $N(n_2p, n_2p(1-p))$ に従うと考えてよい (確率分布がうまく近似できる). したがって,$\hat{p}_1 = X_1/n_1$, $\hat{p}_2 = X_2/n_2$ は,それぞれの分散が,$V(\hat{p}_1) = V(X_1/n_1) = V(X_1)/n_1^2$, $V(\hat{p}_2) = V(X_2/n_2) = V(X_2)/n_2^2$ であることに注意すると,

$$\hat{p}_1 \sim N\left(p, \frac{p(1-p)}{n_1}\right), \quad \hat{p}_2 \sim N\left(p, \frac{p(1-p)}{n_2}\right)$$

となることがわかる. $E(X_1 - X_2) = E(X_1) - E(X_2)$ は常に成り立つこと,および,仮定より X_1, X_2 は独立であるから,「一変量統計編」5.3 節,定理 7 より,$V(\hat{p}_1 - \hat{p}_2) = V(\hat{p}_1) + V(\hat{p}_2)$ であり,

$$\hat{p}_1 - \hat{p}_2 \sim N\left(0, \frac{p(1-p)}{n_1} + \frac{p(1-p)}{n_2}\right)$$

となる. よって

$$\Delta = \frac{\hat{p}_1 - \hat{p}_2}{\sqrt{\frac{p(1-p)}{n_1} + \frac{p(1-p)}{n_2}}} \sim N(0, 1)$$

となる. Δ を統計量として検定を行えばよい. これが prop.test の原理である.

「一変量統計編」8.6 節,定理 11 より,Δ^2 は自由度 1 のカイ二乗分布に従う. これが,prop.test で出力される X-squared であり,そこから P 値が計算されている. これは正規分布で両側検定をしているのと同じである.

prop.test では比率の信頼区間が出力されるので,比率の誤差まで知りたい場合は prop.test の方が便利であろう. また,カイ二乗検定は本質的に両側検定しかできない (値を二乗しているので符号が無視されるため) のに対し,prop.test では正規分布を使うので片側検定もできる点が優れている. 無駄に関数があるわけではないのである.

2.4 フィッシャーの正確検定

これまで見てきた検定技術は,期待値からのズレを測る指標 (カイ二乗統計量など) を使って P 値を近似計算するものであった. 当然ながら,近似を全く使わずに P 値が計算できればその方がよい. これは条件付きでは可能であり,**フィッシャーの正確検定** (Fisher's exact test) と呼ばれる. フィッシャーの正確検定の原理を説明しよう. 名前に惑わされてしまいがちだが,フィッシャーの正確検定は,以下で説明するように,周辺度数 (2.4.1 で説明する) を固定するという仮定に基づいており,いつでも正確というわけではない. しかし,可能であれば考え方を理解しておく方がよい. ここでは,フィッシャーの正確検定の考え方を 2×2 分割表を例に説明する. 原理の説明をする前に,R による計算例を挙げておこう. R では,フィッシャーの正確検定をするには fisher.test を用いる. 先ほどの表 2.5 (青ペン実験) に対するフィッシャーの正確検定の結果は次のようになる.

```
> bluepen <- matrix(c(8,13,12,7),2,2)
> fisher.test(bluepen)

        Fisher's Exact Test for Count Data

data:  bluepen
p-value = 0.2049
alternative hypothesis: true odds ratio is not equal to 1
```

```
95 percent confidence interval:
 0.08194956 1.53121239
sample estimates:
odds ratio
 0.3687025
```

ここで求まった P 値 0.2049 は，近似を用いずに求められた正確な値である．

2.4.1 フィッシャーの正確検定の計算原理

2×2 の分割表の一般的な形は**表 2.6** のようになる．

表 2.6：一般的な 2×2 分割表

	1	2	計
A	a	b	$a+b$
B	c	d	$c+d$
計	$a+c$	$b+d$	n

ここで，小さな四角で囲んだ**周辺度数** (marginal frequencies) $a+b, c+d, a+c, b+d$ を固定して (固定しないと以下の計算はできない)，このような分割表を得る確率を求めてみる．サンプルサイズ $n = a+b+c+d$ はもちろん固定である．すると，a, b, c, d に関して実質的に 3 つの関係式ができるので，結果として動けるのは 1 つの変数分だけである (自由度が 1 である)．すると，まず表全体の組み合わせは，n 個の中から $a+c$ 個選ぶ組み合わせの数 ${}_n\mathrm{C}_{a+c}$ となり，そのうち $a+b$ 個の中から a 個，$c+d$ 個の中から c 個選ぶ組み合わせの数 ${}_{a+b}\mathrm{C}_a \cdot {}_{c+d}\mathrm{C}_c$ の割合を計算すれば，求める確率 p が得られる．

$$p = \frac{{}_{a+b}\mathrm{C}_a \cdot {}_{c+d}\mathrm{C}_c}{{}_n\mathrm{C}_{a+c}} = \frac{\frac{(a+b)!}{a!b!} \cdot \frac{(c+d)!}{c!d!}}{\frac{n!}{(a+c)!(b+d)!}}$$

$$= \frac{(a+b)!(c+d)!(a+c)!(b+d)!}{n!a!b!c!d!}$$

結果を見れば明らかなように，a, b, c, d の並べ換えで確率は不変に保たれる．青ペン実験のデータ (表 2.5) では，$a = 8, b = 12, c = 13, d = 7$ なので，$n = 40$ であり，

$$\frac{20!20!21!19!}{40!8!12!13!7!} = \frac{625974}{8415539} = 0.07438311 \tag{2.3}$$

この値と同じ，または，この値よりも小さな確率となる (珍しい) パターン全てに関して和をとることによって P 値を求めるのである．その結果が先の 0.2049 なのである．もう少し詳しく説明しておこう．

表 2.7 のようにセルを変数化したとき，1 つの変数は，0 から $\min\{a+b, c+d, a+c, b+d\}$ の範囲の整数値しか動かない．その範囲で，表 2.7 のセルの値 x, y, z, w を動かし，それぞれの表に対

表 2.7：周辺度数を固定した一般的な 2×2 分割表

	1	2	計
A	x	y	$a+b$
B	z	w	$c+d$
計	$a+c$	$b+d$	n

して確率
$$p(x,y,z,w) = \frac{s_1!s_2!s_3!s_4!}{n!x!y!z!w!}$$
を計算し，与えられた $p(x,y,z,w) \leq p(a,b,c,d)$ となるような $p(x,y,z,w)$ の合計を P 値として出力するのである．

より大きな分割表に対しては，全ての表のパターンに対する確率の計算の負荷は大きくなり，サイズによっては実用的な時間内に計算が終わらないこともある．

2.5 独立性の検定が役に立つ場合

カイ二乗検定やフィッシャーの正確検定は，一見すると正しそうなニュースが根拠のあるものか偶然の可能性が高いかを判定するのに利用できる．

表 2.8 は，「みんなの家庭の医学 治らない 3 つの不調解消法 SP」という TV 番組で，東京と鹿児島で，街角の人に一昨日の夕食で何を食べたかを質問し，思い出せたか思い出せなかったかを記録したものである．番組では，この結果から鹿児島の人の方が思い出す能力が高いと結論していた．しかし，これは本当だろうか．

表 2.8：一昨日の夕食で何を食べたか

	東 京	鹿児島	計
思い出せる	14	17	31
思い出せない	6	2	8
計	20	19	39

カイ二乗検定 (イエーツの補正あり (デフォルト))，カイ二乗検定 (イエーツの補正なし)，フィッシャーの正確検定にかけてみよう．

```
> mrecall <- matrix(c(14,6,17,2),2,2)
> mrecall
     [,1] [,2]
[1,]   14   17
[2,]    6    2
> chisq.test(mrecall)

    Pearson's Chi-squared test with Yates' continuity correction

data:  mrecall
X-squared = 1.2292, df = 1, p-value = 0.2676

Warning message:
In chisq.test(mrecall) :   カイ自乗近似は不正確かもしれません
> chisq.test(mrecall,correct = FALSE)

    Pearson's Chi-squared test

data:  mrecall
X-squared = 2.2662, df = 1, p-value = 0.1322
```

```
Warning message:
In chisq.test(mrecall, correct = FALSE) :
    カイ自乗近似は不正確かもしれません
> fisher.test(mrecall)

Fisher's Exact Test for Count Data

data:  mrecall
p-value = 0.2351
alternative hypothesis: true odds ratio is not equal to 1
95 percent confidence interval:
 0.02431935 1.91518631
sample estimates:
odds ratio
 0.2835388
```

結果を見ると，いずれの場合も表2.8の独立性は棄却できない．つまり，この調査結果だけでは何も結論できないのである．したがって，この調査結果をもとに推論することは間違っているのだ．このように調査結果がたまたまそうなっただけで特に変わったことが起きたわけではない，という結論を出す場合，独立性の検定技術は極めて有効である．

このように小規模な調査(サンプルサイズが小さい調査)で何らかの違いが見られたという結果はミスリーディング(misleading)である場合もある．もっとも，「みんなの家庭の医学」は面白い番組で，意味のある結果が出ることも多い．

2.6 残差分析

すでに述べたように，独立性の検定技術はそのままでは役立つ場面が多いとは言えない．カイ二乗検定であれフィッシャーの正確検定であれ，分割表全体についての検定なので，仮に独立でないことがわかったとしても，どのセルに起因するのかわからないからである．この問題を解決する方法の1つが**残差分析** (residual analysis) である．残差分析の基本原理は簡単で，分割表のセルごとに標準化残差を計算し，大標本と考えて正規近似した P 値を計算するだけである．

例として，東北学院大学工学部の平成26年度志願者の男女の人数のデータ(**表2.9**)を見てみよう．機械知能工学科は機械，電気情報工学科は電気，電子工学科は電子，環境建設工学科は環境と略記してある[*4].

表2.9：工学部男女別志願者数

学 科	男 性	女 性
機 械	482	30
電 気	532	38
電 子	303	29
環 境	390	62

[*4] 当時の定員は機械120名，電気120名，電子100名，環境100名であった．現在は学科構成が異なる．

まず，この分割表を MF というオブジェクトにして，カイ二乗検定にかけ，結果を res というオブジェクトにして，標準化残差 res$stdres を計算してみる．

```
> MF <- matrix(c(482,532,303,390,30,38,29,62),4,2,
    dimnames=list(c("機械", "電気", "電子","環境"),c("男性", "女性")))
> res <- chisq.test(MF)
```

まず，res を見てみよう．

```
> res

	Pearson's Chi-squared test

data:  MF
X-squared = 22.8417, df = 3, p-value = 4.357e-05
```

となり，P 値は非常に小さく有意であることがわかる．つまり，四学科の男女比は同じとはいえない．しかし，これだけではどのセルが有意性に寄与したのかはわからない．そこで，標準化残差 res$stdres を見てみると，結果は以下のようになる．

```
> res$stdres
           男性        女性
機械  2.5322605 -2.5322605
電気  1.9026177 -1.9026177
電子 -0.1540644  0.1540644
環境 -4.5452585  4.5452585
```

結果は標準化残差であるから，ここに並んだ数字は 0 から標準偏差いくつ分ずれているかを示している．当然ながら行ごとの和は 0 になる．機械と電気は男性の方が多く，電子と環境は女子が多い．大標本の検定では，中心極限定理をベースに考えるので，ここから絶対値が正規分布の 95% 点 (約 1.96) よりも大きいセルが 5% 有意なのであるが，この種の計算は R に任せよう．これを P 値を並べた行列にするには，以下のようにすればよい．

```
> p.value.matrix <- pnorm(abs(res$stdres), lower.tail=FALSE)*2
> p.value.matrix
             男性         女性
機械 1.133297e-02 1.133297e-02
電気 5.709045e-02 5.709045e-02
電子 8.775590e-01 8.775590e-01
環境 5.486787e-06 5.486787e-06
```

若干見づらいので，値を丸め百分率表示に直そう．

```
> round(p.value.matrix, 4)*100
       男性   女性
機械  1.13   1.13
電気  5.71   5.71
電子 87.76  87.76
環境  0.00   0.00
```

ここで，P 値が 5% を下回っているのは機械と環境である．標準化残差行列 res$stdres の符号を見ればわかるように，機械は有意に男性の志願者が多く，環境は有意に女性の志願者が多いことが

わかる.

　残差分析は便利なので,カイ二乗検定など不要と思われるかもしれないが,上述の解説を読めばわかるように,残差分析ではカイ二乗検定の計算結果を使っているのであり,不要とは言えないのである.

2.7 章末問題

(R) マークは R を使って解答する問題，**(数)** マークは数学的な問題である．

問題 2–1 (R) 産科医や畜産家の間で「満月の頃に牛の出産数が増える」という噂があった．東京大学大学院農学生命科学研究科の米澤智洋准教授 (当時) らの研究グループは，この噂の真偽を確かめるために，月の満ち欠けと牛の出産数の関係を調べ，**図 2.1** の結果を得た[*5]．対象は 2011 年 9 月から 2013 年 8 月の 3 年間に自然分娩した遺伝的近交度の高いホルスタイン (乳牛) のべ 428 頭である．

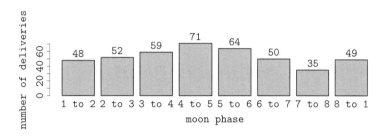

図 2.1：月の満ち欠けと牛の出産数

月の満ち欠けと出産数は独立か．カイ二乗検定し，残差分析を行え．また，図 2.1 を描くスクリプトを示せ．

問題 2–2 (R) 表 2.10 は，2016 年度の N 中学校の入試結果である．

表 2.10：2016 年度 N 中学校の入試結果

性 別	志願者数	合格者数
男 子	220	57
女 子	266	48
計	486	105

以下の問に答えよ．ただし受験者数は 483 名で 3 名少ないが，男女のいずれが欠席したのかわからないことと，誤差が小さいと考えられることから，ここでは無視して解析せよ．
(1) 性別ごとの合格者と不合格者の表に変形せよ．
(2) 男子の方が合格しやすいと言えるか．残差分析によって統計的に結論を出せ．

問題 2–3 (R) 1957 年，西ドイツのグリュネンタール社がサリドマイド (商品名コンテルガン) という鎮静催眠剤を発売し，世界約 40 箇国以上で販売された．サリドマイドにはつわり止めの効果もあったため，多くの妊婦が服用した．しかし，1958 年以降になると，服用した妊婦から，奇形の子どもが次々と生まれた．子どもたちには，肩から手が出ている，指の本数が足りない，心臓疾患や消化器の閉塞・狭窄などの症状があったのだ．1961 年 11 月 18 日，ドイツの小児科医ウィドゥキント・レンツ (Widukind Lenz) 氏は，学会で次のようなデータを発表した (**表 2.11**)．このデータから，「サリドマイドと奇形の有無は関係がある」と言えるだろうか．

[*5] Tomohiro Yonezawa, Mona Uchida, Michiko Tomioka and Naoaki Matsuki, "Lunar cycle influences spontaneous delivery in cows," PLOS ONE Online Edition: 2016/09/01 (Japan time), doi:10.1371/journal.pone.0161735. の Fig.1(a)．数値は，朝日小学生新聞 2016 年 10 月 24 日号 p.1 を参照した．

表 2.11：薬の服用の有無と奇形の有無

服用＼奇形	あり	なし
あり	90	2
なし	22	186
計	112	188

問題 2-4 (R) 筆者 (神永) は，2019 年にとある社長から次のような相談を受けた (実話[*6]).

弊社にて，インフルエンザの予防接種と実際の罹患の相関関係について検討しております．弊社の総務部門で社員に対してアンケートを実施し，以下のような見解を出してきました (調査対象はたまたまちょうど 100 名です)．

- 罹患した/予防接種を受けた　　　　　　　：4.3% (23 人中 1 人)
- 罹患した/予防接種を受けていない　　　　：19.5% (77 人中 15 人)
- 罹患していない/予防接種を受けた　　　　：95.7% (23 人中 22 人)
- 罹患していない/予防接種を受けていない：80.5% (77 人中 62 人)

この結果から予防接種と罹患の相関関係 (予防接種の有効性) をどう評価したらよいものでしょうか？

あなたなら，この相談にどう答えるか．

[*6] 神永のところには，ときどき統計の相談が舞い込む．

第3章

単回帰分析

散布図があり，そこに直線的な関係がありそうだと思うことはよくある．直線関係の「度合い」を測るのが相関係数であったが，単回帰分析では，最小二乗法と呼ばれる方法で適切な直線を当てはめる．ここでは，簡単な例とともに単回帰分析の数学的原理を解説する．

3.1 散布図を近似する直線を求める

最初に例を見てみよう．

Rに標準で付属しているデータパッケージにcarsがある．carsは，車の時速(speed mph)と停車までに走行する距離(dist，単位はフィートft)のデータである．サンプルサイズは50．1920年代のデータである．

```
> plot(cars)
```

とすると，図3.1が表示される．

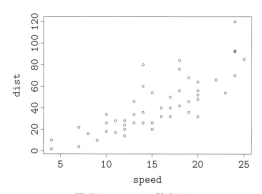

図3.1：carsの散布図

一般に散布図は，点の集まり $\mathcal{S} = \{(x_j, y_j) | j = 1, 2, \ldots, n\}$ と考えることができる．y を x の関数と考える場合，x を**説明変数** (explanatory variable)，y を**被説明変数** (dependent variable) という．問題は，

$$y = \alpha + \beta x$$

として $\mathcal{S}$ に最も当てはまりのよい α, β を求めることである．今，x には**誤差がない**ものとして，y の直線からのズレ

$$\mathcal{E}(\alpha, \beta) = \frac{1}{n} \sum_{j=1}^{n} (y_j - \alpha - \beta x_j)^2$$

を最小化することを考える．これは α, β に関する関数と見なすことができる．両辺を α, β で偏微分して0とおけば，

$$\mathcal{E}_\alpha(\alpha, \beta) = \frac{2}{n} \sum_{j=1}^{n} (\alpha + \beta x_j - y_j) = 0$$

$$\mathcal{E}_\beta(\alpha, \beta) = \frac{2}{n} \sum_{j=1}^{n} x_j(\alpha + \beta x_j - y_j) = 0$$

となる．整理すると
$$\begin{cases} \alpha + \overline{x}\beta = \overline{y} \\ \overline{x}\alpha + \overline{x^2}\beta = \overline{xy} \end{cases}$$
となる．これは α, β を未知数とする連立方程式で，**正規方程式** (normal equation) と呼ばれる．正規方程式を解いて (問題 3–1 参照のこと)，以下の α, β を得る．

$$\beta = \frac{\overline{xy} - \overline{x} \cdot \overline{y}}{\overline{x^2} - \overline{x}^2}, \quad \alpha = \overline{y} - \beta \overline{x} \tag{3.1}$$

こうして得られる直線 $y = \alpha + \beta x$ を**回帰直線** (regression line) あるいは**回帰方程式** (regression equation) と言い，誤差の二乗を最小にするように α, β 等のパラメータを決める方法を**最小二乗法** (method of least squares) と言う．β は回帰直線の傾きであるが，**回帰係数** (regression coefficient) と呼ばれる．回帰直線の計算は原理的には (3.1) を使えば機械的にできる．R で計算してみよう．回帰直線を求めるには，lm 関数を用いる．lm は linear model (線形モデル) の略である．

```
> res<- lm(formula = dist~speed, data=cars)
> plot(cars)
> abline(res)
```

とすると，**図 3.2** が得られる．散布図に直線が描き込まれているが，これが回帰直線である．

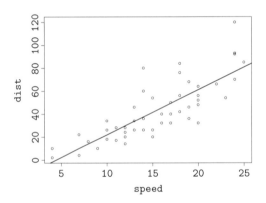

図 3.2：cars の散布図と回帰直線

さらに，summary(res) とすると，以下のように回帰分析のサマリが出力される．

```
> summary(res)

Call:
lm(formula = dist ~ speed, data = cars)

Residuals:
    Min      1Q  Median      3Q     Max 
-29.069  -9.525  -2.272   9.215  43.201 

Coefficients:
            Estimate Std. Error t value Pr(>|t|)    
(Intercept) -17.5791     6.7584  -2.601   0.0123 *  
speed         3.9324     0.4155   9.464 1.49e-12 ***
```

```
---
Signif. codes:  0 '***' 0.001 '**' 0.01 '*' 0.05 '.' 0.1 ' ' 1

Residual standard error: 15.38 on 48 degrees of freedom
Multiple R-squared:  0.6511,	Adjusted R-squared:  0.6438
F-statistic: 89.57 on 1 and 48 DF,  p-value: 1.49e-12
```

サマリに何が書いてあるのか，かいつまんで大まかな説明をしよう．まず，

```
res <- lm(formula = dist ~ speed, data = cars)
```

では，オブジェクト cars における dist と speed の間に

$$\mathrm{dist} = \alpha + \beta \times \mathrm{speed}$$

という線形モデルを当てはめ，関連する統計量を計算する関数である．plot(cars) は散布図を描くコマンドで，abline(res) では対応する回帰直線を描いている．Coefficients にある，(Intercept) が切片 α で，speed の右に書かれているのが傾き β である．ここでは，それぞれ $\alpha = -17.5791$, $\beta = 3.9324$ である．つまり回帰直線の式は，

$$\mathrm{dist} = -17.5791 + 3.9324 \times \mathrm{speed}$$

ということになる．

```
Coefficients:
            Estimate Std. Error t value Pr(>|t|)
(Intercept) -17.5791     6.7584  -2.601   0.0123 *
speed         3.9324     0.4155   9.464 1.49e-12 ***
```

の部分の右端を見ると Pr(>|t|) の欄に，(Intercept) では 0.0123，speed では 1.49e-12($= 1.49 \times 10^{-12}$) とある．切片が 0 となる確率は 0.0123 であるということ，傾きが 0 であると仮定した場合は，そのような確率は 1.49e-12($= 1.49 \times 10^{-12}$) しかないということを意味するので，いずれも 0 と仮定することには無理がある．もちろん，この P 値は，何の仮定もなく出てくるわけではない．第 5 章で詳細を説明する．

3.1.1　回帰直線の当てはまりのよさ

回帰直線 $y = \alpha + \beta x$ が与えられると，x_j に対応する y が求まる．このとき，$\hat{y}_j = \alpha + \beta x_j$ を**予測値** (predicted value) と言う．一方，実際のデータ y_j を**実測値** (actual value) と言い，実測値と予測値の差 $\epsilon_j = y_j - \hat{y}_j$ を**残差** (resudual) と言う．このとき，$\sum_{j=1}^n \epsilon_j^2$ を**残差平方和** (sum of squares of residuals) と言う．残差平方和はいくらでも大きくなりうるので，回帰直線の当てはまりの悪さを表現するには適していない．そこで，残差平方和と y の分散との比をとり，当てはまりの悪さの指標とする．残差平方和は 2 つのパラメータを使って残差平方を最小化しているのに対し，分散は 1 つのパラメータだけで残差平方を最小化しているので，y の分散を s_{yy} とすると，$\frac{1}{n}\sum_{j=1}^n \epsilon_j^2 \leq s_{yy}$ が成り立つ．そこで，

$$R^2 = 1 - \frac{\frac{1}{n}\sum_{j=1}^n \epsilon_j^2}{s_{yy}} = 1 - \frac{\sum_{j=1}^n \epsilon_j^2}{\sum_{j=1}^n (y_j - \overline{y})^2} \tag{3.2}$$

は，直線の当てはまりがよければ 1 に近い値をとり，悪ければ 0 に近い値をとることがわかる (最小二乗法は，R^2 を最大にするようなパラメータ選択の方法なのである)．これを**決定係数** (coefficient of determination)，R^2 **値**，または単に**アールスクエア**と言う．

ここで，R^2 の意味をもう少し詳しく理解するために，全平方和 $\sum_{j=1}^n (y_j - \overline{y})^2$ を以下のようにして 2 つの平方和に分解する．

$$\begin{aligned}
\sum_{j=1}^n (y_j - \overline{y})^2 &= \sum_{j=1}^n (\hat{y}_j + \epsilon_j - \overline{y})^2 \\
&= \sum_{j=1}^n ((\hat{y}_j - \overline{y}) + \epsilon_j)^2 \\
&= \sum_{j=1}^n (\hat{y}_j - \overline{y})^2 + 2\sum_{j=1}^n (\hat{y}_j - \overline{y})\epsilon_j + \sum_{j=1}^n \epsilon_j^2 \\
&= \sum_{j=1}^n (\hat{y}_j - \overline{y})^2 + \sum_{j=1}^n \epsilon_j^2
\end{aligned}$$

ここで最後の等式において，

$$\sum_{j=1}^n (\hat{y}_j - \overline{y})\epsilon_j = 0 \tag{3.3}$$

を用いた (問題 3–2 参照).

つまり，

$$\sum_{j=1}^n (y_j - \overline{y})^2 = \sum_{j=1}^n (\hat{y}_j - \overline{y})^2 + \sum_{j=1}^n \epsilon_j^2$$

全平方和 = 回帰平方和 + 残差平方和

が成り立っている[*1].

3.1.2 最小二乗法と最尤推定との関係

残差が正規分布するという仮定のもとでは，最小二乗法によって決まった係数は最尤推定値に一致する．

実際，残差が $N(0, \sigma^2)$ に従うと仮定し，x_j に対応する残差を ϵ_j とするとき，尤度関数は，

$$L = \prod_{j=1}^n \frac{1}{\sqrt{2\pi}\sigma} \exp\left(-\frac{\epsilon_j^2}{2\sigma^2}\right) = \left(\frac{1}{\sqrt{2\pi}\sigma}\right)^n \exp\left(-\sum_{j=1}^n \frac{\epsilon_j^2}{2\sigma^2}\right)$$

となるので，対数尤度 l は，

$$l = \log L = -\frac{n}{2}\log(2\pi\sigma^2) - \sum_{j=1}^n \frac{\epsilon_j^2}{2\sigma^2}$$

であり，l を最大化することは残差平方和を最小化することと等価である．これは係数の最尤推定値が最小二乗法で得られたものに等しいことを意味する．

残差の分布が正規分布でないときは，最小二乗法で得られた係数は最尤推定値に等しいとは限らない．例えば，回数や人数などの計数データを扱う場合に，残差分布としてポアソン分布が現れることがあるが，その場合には最小二乗法は最尤推定値と無視できない乖離を示すことがある．この問題は，第 9 章で一般化線形モデルとして詳細に議論する．

[*1] 決定係数には複数の定義があり，混乱のもとである．ここで示した定義が最も広く使われていると思うが，分母として y の平均との差の二乗の和ではなく，y の値の二乗和を使う流儀もある．その場合，上記の関係は成り立たず，値が負になることもある．

3.2 Rにおける決定係数

先ほどの回帰分析のサマリにある決定係数に関する記述を見てみよう．

まず，$y = \alpha + \beta x$ で回帰した場合には次のように書かれている．

```
Residual standard error: 15.38 on 48 degrees of freedom
Multiple R-squared:   0.6511,Adjusted R-squared:   0.6438
```

Residual standard error とは，残差 (residual) の標準誤差 (standard error) を意味する．次に書かれている 48 degrees of freedom というのは自由度が 48 であるという意味である．サンプルサイズが 50 で，推定するパラメータが α, β の 2 つなので，$50 - 2 = 48$ になる．Multiple R-squared: 0.6511 が決定係数で，Adjusted R-squared: 0.6438 は**自由度を修正した決定係数**である．

自由度を修正した決定係数と言うのは，説明変数の数を考慮に入れた決定係数で，説明変数の個数 (定数項を除いた項の数) を m (単回帰の場合は $m = 1$) としたとき，

$$R'^2 = 1 - \frac{\frac{1}{n-m-1}\sum_{j=1}^{n}\epsilon_j^2}{\frac{1}{n-1}\sum_{j=1}^{n}(y_j - \overline{y})^2} = 1 - \frac{n-1}{n-m-1}\frac{\sum_{j=1}^{n}\epsilon_j^2}{\sum_{j=1}^{n}(y_j - \overline{y})^2} \tag{3.4}$$

と表される．自由度を修正した決定係数は負になることもある．当てはまりのよさを考える際には，決定係数の方が意味がつかみやすいと思われる．決定係数に関しては，次節でもう一度詳しく説明する．

3.2.1 定数項 (切片) を 0 とした場合

speed が 0 であれば dist も 0 であるから，先の結果は切片 0 に補正すべきだという考え方もあるであろう[*2]．切片を 0 として回帰することもできるが，その際は R^2 の意味が全く変わってしまうので注意が必要である．これは初学者を混乱させる問題である．本節では，具体例とともにその事情を説明しよう．

Rで定数項を 0 にして回帰するには，formula において，

```
> result <- lm(formula = dist ~ speed - 1, data = cars)
```

のように，formula に −1 と書き加えればよい (speed - 1 で回帰しているわけではない)．1 は定数を意味する．結果は以下のようになる．

```
> result <- lm(formula = dist ~ speed - 1, data = cars)
> summary(result)

Call:
lm(formula = dist ~ speed - 1, data = cars)

Residuals:
    Min      1Q  Median      3Q     Max
```

[*2] 切片が 0 であると仮定してこのような散布図が得られる確率は，0.0123 にすぎない．つまり，切片が 0 であるという帰無仮説 H_0 は有意水準 5% で棄却されるため，0 とおくことは適当ではない．ここでは説明のためにあえてそうしている．

```
-26.183 -12.637  -5.455    4.590   50.181

Coefficients:
       Estimate Std. Error t value Pr(>|t|)
speed    2.9091     0.1414   20.58   <2e-16 ***
---
Signif. codes:  0 '***' 0.001 '**' 0.01 '*' 0.05 '.' 0.1 ' ' 1

Residual standard error: 16.26 on 49 degrees of freedom
Multiple R-squared:  0.8963,Adjusted R-squared:  0.8942
F-statistic: 423.5 on 1 and 49 DF,  p-value: < 2.2e-16

> plot(cars,xlim=c(0,25))
> abline(result)
```

こうして得られる回帰直線が**図 3.3** である．先ほどの散布図と同じものだが，原点を通っていることがわかりやすいように横軸の範囲を微調整している．

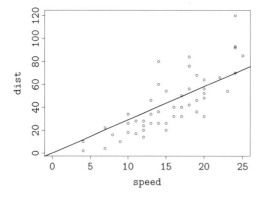

図 3.3：cars の散布図と切片を 0 とした回帰直線

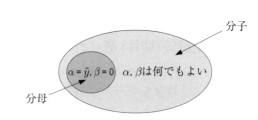

図 3.4：包含関係

R^2 を見ると奇妙な (奇妙に見える) ことが起きている．先ほどの $y = \alpha + \beta x$ で回帰した場合よりも R^2 の値が 1 に近い値になっているのだ．2 つのパラメータが自由に動かせる場合の方が，パラメータが 1 つしか自由に動かせない場合よりもよい近似になっているというのはおかしな話である．

実は，この場合の R^2 は，直線の当てはまりのよさを表しているわけではないのである．R^2 の定義に立ち返って考えよう．問題点をはっきりさせるため，残差平方和を露わに書いてみる．

$$R^2 = 1 - \frac{\sum_{j=1}^n (y_j - (\alpha + \beta x_j))^2}{\sum_{j=1}^n (y_j - \overline{y})^2} \tag{3.5}$$

「一変量統計編」問題 1–14 で見たように，分母では，$\sum_{j=1}^n (y_j - t)^2$ を最小にするように t を選んだ結果，それが平均値 $t = \overline{y}$ なのであった．分子は，α, β が自由に動かせるならば，$\alpha = \overline{y}, \beta = 0$ を特別な場合として含んでいる (**図 3.4**).

一方，定数項 α を 0 にした原点を通るモデルでは，β を動かして残差平方和

$$\sum_{j=1}^n (y_j - \beta x_j)^2$$

を最小化する．分母は $\beta = 0$ として残差平方和を最小化する α を選んでいるのに対し，分子は $\alpha = 0$

として残差平方和を最小化する β を選んでいる．$\alpha = 0$ の場合と $\beta = 0$ の場合は包含関係がないので，分母と分子の値は関係がない．cars の場合のように，パラメータを減らしたにもかかわらず，R^2 が改善したように見える場合もある．

もっと極端な例も見てみよう．**図 3.5** は，右下がりの直線に乗ったデータである．これを無理矢理原点を通る直線で回帰する．左に描かれている斜めの線が回帰直線である．

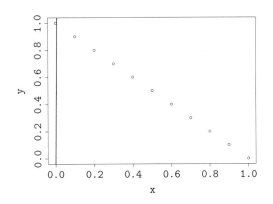

図 3.5：極端な例

サマリを見てみよう．

```
> x <- seq(0,1,by=0.1)
> y <- 100 - x
> plot(x,y)
> result <- lm( formula = y ~ x-1 )
> abline(result)
> summary(result)

Call:
lm(formula = y ~ x - 1)

Residuals:
    Min      1Q  Median      3Q     Max
-42.857  -7.143  28.571  64.286 100.000

Coefficients:
  Estimate Std. Error t value Pr(>|t|)
x   141.86      28.57   4.965 0.000566 ***
---
Signif. codes:  0 '***' 0.001 '**' 0.01 '*' 0.05 '.' 0.1 ' ' 1

Residual standard error: 56.06 on 10 degrees of freedom
Multiple R-squared:  0.7114,	Adjusted R-squared:  0.6826
F-statistic: 24.65 on 1 and 10 DF,  p-value: 0.0005658
```

$R^2 = 0.7114$ となっている．これを素朴に解釈すると，ほとんどデータに合っていない傾き 141.86 の回帰直線が全体の 71% の分散を説明する直線ということになる．しかし，これはすでに説明したように，定数項が 0 であるとした結果 R^2 の値が本来の意味を失ったことによるのである．

3.3 説明変数と被説明変数の取り方で回帰直線が変わること

cars の分析では，スピードが説明変数，停車までの走行距離が被説明変数として扱われていた．この場合は，走行距離がスピードを決めるというのは不自然なので，スピードを説明変数にするのは自然だが，一般にはどちらを説明変数にとるか決めかねることも多い．

ここでは TIMSS2011 と呼ばれる国際的な学力検査のデータを見てみよう．sampledata2.xlsx の TIMSS2011 シートである．45 箇国のデータで，LikeMath(A+B) は数学が「好き」(like)，または「やや好き」(somewhat like) と答えた生徒の割合，Average Score は平均点である．左端の列には国名が書かれている．国名との関係も興味深いが，ここではこの問題は脇において，散布図と回帰直線を引いてみよう．ここで likemath オブジェクトは，TIMSS2011 シートの V 列の 3 行から 47 行，scoremath は，W 列の 3 行から 47 行までをクリップボードにコピーしたものである．

```
> likemath <- scan("clipboard")
Read 45 items
> scoremath <- scan("clipboard")
Read 45 items
> plot(likemath,scoremath)
> res <- lm(scoremath~likemath)
> abline(res)
```

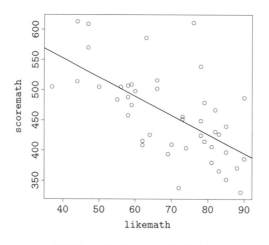

図 3.6：TIMSS2011 の結果 (1)

散布図 (図 3.6) を見ると明らかに右肩下がりの傾向が見られる．この結果を単純に解釈すると，数学が好きであればあるほど成績が下がる傾向がある，ということになるだろう．いささか奇妙な気がするが，データを素直に見ると，そういうほかはない．

サマリを見てみよう．

```
> summary(res)

Call:
lm(formula = scoremath ~ likemath)
```

```
Residuals:
     Min      1Q  Median      3Q     Max
-113.609 -41.289  -7.856  29.476 172.032

Coefficients:
            Estimate Std. Error t value Pr(>|t|)
(Intercept) 679.1611    42.7252  15.896  < 2e-16 ***
likemath     -3.1604     0.6045  -5.228 4.78e-06 ***
---
Signif. codes:  0 '***' 0.001 '**' 0.01 '*' 0.05 '.' 0.1 ' ' 1

Residual standard error: 56.62 on 43 degrees of freedom
Multiple R-squared:  0.3887,Adjusted R-squared:  0.3744
F-statistic: 27.34 on 1 and 43 DF,  p-value: 4.775e-06
```

数学が好きな割合を x, 平均点を y としよう．回帰直線の式は，

$$y = 679.1611 - 3.1604x$$

となる．

しかし，このデータは別の解釈もできる．平均点が上がれば上がるほど数学が嫌いになる，というように独立変数と従属変数を入れ換えた解釈もできるだろう．

独立変数と従属変数を入れ換えた場合の回帰直線の式を求めてみよう．

```
> res2 <- lm(likemath ~ scoremath)
> abline(res2)
> summary(res2)

Call:
lm(formula = likemath ~ scoremath)

Residuals:
    Min      1Q  Median      3Q     Max
-26.777  -8.427   1.854   7.745  25.258

Coefficients:
             Estimate Std. Error t value Pr(>|t|)
(Intercept) 125.87889   10.95082  11.495 1.07e-14 ***
scoremath    -0.12297    0.02352  -5.228 4.78e-06 ***
---
Signif. codes:  0 '***' 0.001 '**' 0.01 '*' 0.05 '.' 0.1 ' ' 1

Residual standard error: 11.17 on 43 degrees of freedom
Multiple R-squared:  0.3887,Adjusted R-squared:  0.3744
F-statistic: 27.34 on 1 and 43 DF,  p-value: 4.775e-06
```

より，

$$x = 125.87889 - 0.12297y$$

となる．これを $y=$ の式に直すと，

$$y = 1023.655 - 8.132065x$$

```
> abline(a=1023.655,b=-8.132065,lty="dotted")
```

としてこの回帰式を書き加えると，**図 3.7** のようになる．全く異なる直線であることがはっきりわかるだろう．

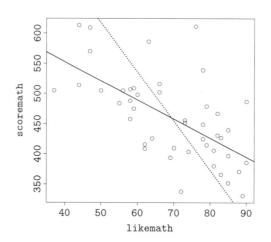

図 3.7：TIMSS2011 の結果 (2)

このようなことが起きる理由は，回帰直線と元のデータとの誤差の最小化の方向が縦か横かの違いによる．つまり，

$$\sum_{j=1}^{n}(y_j - \alpha - \beta x_j)^2$$

を最小化するか，

$$\sum_{j=1}^{n}(x_j - \alpha' - \beta' y_j)^2$$

を最小化するかの違いによるのである．

3.4 外れ値の影響

「一変量統計編」3.3 節で，相関係数が外れ値の影響を受け，大きく変化する場合があることについて学んだが，類似の現象は回帰分析でも生ずる．ここでは，直線回帰の場合について，外れ値の影響がどう出るのかをシミュレーションで確認する．

$y_j = x_j + \epsilon_j (j = 1, 2, \ldots, 20)$ の形のデータを作る．ここで，ϵ_j は N(0,1) に従う乱数である．このデータを lm を用いて単回帰してみよう (**図 3.8**)．

```
> x <- 1:20
> y <- x + rnorm(length(x),0,1)
> plot(x,y)
> res <- lm(y ~ x)
> abline(res)
```

サマリを見てみると，切片は -0.08178 と推定されているが，有意ではなく，傾きは 0.99128 と推定されており，強く有意になっている．

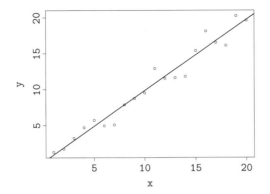

図 3.8：外れ値なし

```
> summary(res)

Call:
lm(formula = y ~ x)

Residuals:
    Min      1Q  Median      3Q     Max
-1.9981 -0.4719 -0.1140  0.6444  2.3393

Coefficients:
            Estimate Std. Error t value Pr(>|t|)
(Intercept) -0.08178    0.56367  -0.145    0.886
x            0.99128    0.04705  21.067 3.92e-14 ***
---
Signif. codes:  0 '***' 0.001 '**' 0.01 '*' 0.05 '.' 0.1 ' ' 1

Residual standard error: 1.213 on 18 degrees of freedom
Multiple R-squared:  0.961,	Adjusted R-squared:  0.9589
F-statistic: 443.8 on 1 and 18 DF,  p-value: 3.92e-14
```

このデータのうち 2 つ，y_1 と y_5 を次のような極端に大きな値としてみる．

```
> y[c(1,5)] <- c(20,18)
> plot(x,y)
> res_outlier <- lm(y ~ x)
> abline(res_outlier)
> summary(res_outlier)

Call:
lm(formula = y ~ x)

Residuals:
    Min      1Q  Median      3Q     Max
-4.8569 -2.6422 -1.5449  0.9978 14.0312
```

```
Coefficients:
            Estimate Std. Error t value Pr(>|t|)
(Intercept)   5.3467     2.2535   2.373  0.02901 *
x             0.6220     0.1881   3.307  0.00392 **
---
Signif. codes:  0 '***' 0.001 '**' 0.01 '*' 0.05 '.' 0.1 ' ' 1

Residual standard error: 4.851 on 18 degrees of freedom
Multiple R-squared:  0.3779,Adjusted R-squared:  0.3433
F-statistic: 10.93 on 1 and 18 DF,  p-value: 0.003924
```

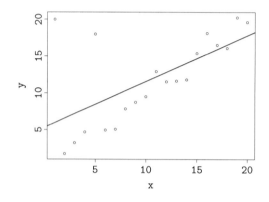

図 3.9：外れ値あり

図 3.9 を見ると，極端な値の影響で回帰直線の左側が持ち上がっていることがわかる．サマリを見ると，切片は 5.3467 であり，切片が 0 であるという帰無仮説は棄却されている．さらに，傾きは 0.6220 と推定されており，1 からかけ離れた値になってしまうことがわかる．

3.5 章末問題

(R) マークは R を使って解答する問題，**(数)** マークは数学的な問題である．

問題 3-1 (数) 式 (3.1) を導け．

問題 3-2 (数) 式 (3.3) を示せ．

問題 3-3 (R) R に標準で組み込まれているニューヨークの大気の質に関するデータセット airquality について，次の問に答えよ．
(1) 風速 Wind(mph) を横軸，オゾンの量 Ozone(ppb) を縦軸にとった散布図を描け．
(2) オゾンの量 Ozone を被説明変数，風速 Wind を説明変数として単回帰し，散布図に回帰直線を描き入れよ．また得られた回帰式では，風速が 1 mph 上がるときのオゾン量の変化は何 ppb か．

問題 3-4 (R) dplyr パッケージをインストールした上で，以下の問に答えよ．データセット mtcars(Motor Trend Car Road Tests) は，1974 年のアメリカの自動車雑誌から抽出されたもので，32 台の自動車 (1973–74 年モデル) の燃料消費量と自動車の型番および性能に関する 10 の項目から構成されたものである．このデータセットにおいて，mpg は 1 ガロンあたりの走行距離 (マイル)，disp(displacement) はエンジンの排気量 (立方インチ) である．
(1) エンジンの排気量 disp を横軸，1 ガロンあたりの走行距離 mpg を縦軸とした散布図を描け．
(2) mpg を被説明変数，disp を説明変数として直線回帰し，回帰直線を求めよ．切片，傾きは有意か (有意水準 5%)．
(3) 散布図に回帰直線を描き入れよ．

第 4 章

赤池情報量基準によるモデル選択

　第 3 章では，最小二乗法を用いてデータに直線を当てはめたが，多項式関数やもっと複雑な関数のグラフを当てはめることもできる．推定パラメータの数を増やせばいくらでもよい近似曲線を求めることができるが，パラメータを増やしすぎると汎用性を失うことがある (オーバーフィッティング)．データに応じて適切なモデルを選ぶ問題がモデル選択の問題であり，モデルの良し悪しを判断する基準の代表的なものが，赤池情報量基準である．ここでは，この問題について解説する．

4.1 cars 再考

　cars の散布図を見ると，speed が大きくなると，停止するまでの距離 dist は直線的ではなく，放物線 (2 次関数のグラフ) の方が当てはまりがよさそうに見える．そこで，2 次関数を使って回帰してみる．それには speed ではなく，speed+I(speed^2) を説明変数とすればよい．ここで I は，Immediate の略でそのままの値 (immediate には，「直接の」「そのままの」という意味がある) を返す．lm では「^」が異なる意味を持つので，このように書く必要がある．また，「+」は和ではなく，speed と I(speed^2) および定数項 (これは明示的に書かなくともデフォルトでそうなっており，定数項を 0 にしたい場合は，先に見たように-1 と書く必要がある) で回帰するという意味である．

```
> res2 <- lm(dist ~ speed + I(speed^2),data=cars)
> summary(res2)

Call:
lm(formula = dist ~ speed + I(speed^2), data = cars)

Residuals:
    Min      1Q  Median      3Q     Max
-28.720  -9.184  -3.188   4.628  45.152

Coefficients:
            Estimate Std. Error t value Pr(>|t|)
(Intercept)  2.47014   14.81716   0.167    0.868
speed        0.91329    2.03422   0.449    0.656
I(speed^2)   0.09996    0.06597   1.515    0.136

Residual standard error: 15.18 on 47 degrees of freedom
Multiple R-squared:  0.6673,	Adjusted R-squared:  0.6532
F-statistic: 47.14 on 2 and 47 DF,  p-value: 5.852e-12
```

　ここで speed + I(speed^2) は，poly(speed,2,raw=TRUE) と書くこともできる．2 が次数にあたる部分で，次数が 3, 4, . . . と増えていくと poly を用いた表記の方が記述が簡略化できて便利だろう．また，次数を変えながら当てはめを行う場合も有用である．なお，単純な多項式当てはめを

したい場合は，raw=TRUE は必須である．このオプションを指定しないと直交多項式による回帰が行われてしまう．

結果は，
$$\mathtt{dist} = 2.47014 + 0.91329\mathtt{speed} + 0.09996\mathtt{speed}^2$$
となる．さらに次のようにすれば，**図 4.1** が得られる．関数 fitted により，speed に対する予測値 (上記回帰式における dist) を求め，関数 lines により折れ線を描画している．

```
> plot(cars)
> lines(cars$speed, fitted(res2))
```

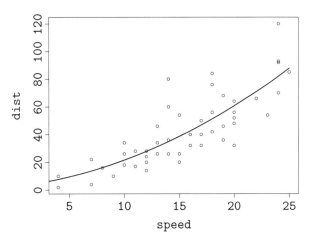

図 4.1：2 次式で近似

3 次式，4 次式でも同様に操作すれば，それぞれ 3 次，4 次の多項式近似関数が得られる．**図 4.2** はこれらを重ね描きしたものである．実線が 2 次式，破線が 3 次式，一点鎖線が 4 次式である．3 次，4 次の多項式に当てはめる書式は 4.2 節冒頭のスクリプトの res3, res4 を用いればよい．

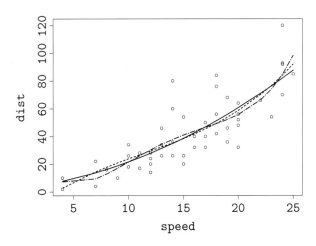

図 4.2：2 次式，3 次式，4 次式で近似した場合

4.2 AIC (赤池情報量基準)

データを近似する多項式関数として，どれがもっとも適当であろうか．当然ながら次数をどんどん上げていけば，誤差はどんどん小さくできる．実際，それぞれの決定係数と自由度調整済み決定係数を見てみると次のようになる[*1]．ここで，summary(res1)$r.squared などとすることでサマリから決定係数を取り出すことができることを使った．

```
> res1 <- lm(dist ~ speed, data=cars)
> res2 <- lm(dist ~ poly(speed, 2, raw=TRUE), data=cars)
> res3 <- lm(dist ~ poly(speed, 3, raw=TRUE), data=cars)
> res4 <- lm(dist ~ poly(speed, 4, raw=TRUE), data=cars)
> summary(res1)$r.squared; summary(res1)$adj.r.squared
[1] 0.6510794
[1] 0.6438102
> summary(res2)$r.squared; summary(res2)$adj.r.squared
[1] 0.6673308
[1] 0.6531747
> summary(res3)$r.squared; summary(res3)$adj.r.squared
[1] 0.6731808
[1] 0.6518666
> summary(res4)$r.squared; summary(res4)$adj.r.squared
[1] 0.6835237
[1] 0.6553925
```

このように決定係数は次数を上げる毎に改善される[*2]．

しかし，次数を上げて (推定パラメータの数を増やして) いくと，本来はノイズと考えられるような変化も取り込んでしまい，同種のデータには合わなくなるという問題が生ずる．これを**オーバーフィッティング**と言う．

適切な推定パラメータを決めるにはどうすればよいかは**モデル選択問題**と呼ばれ，一般に難しい問題である．

その1つの解を与えたのが赤池弘次である．

その基準は，**赤池情報量基準 AIC** (Akaike Information Criterion)[*3]と呼ばれ，次のように定義される．

$$\mathrm{AIC} = -2\mathrm{MLL} + 2k$$

k が推定パラメータの数で，**MLL** は**最大対数尤度** (maximum log liklihood) である．

MLL はモデルの当てはまりがよければよいほど大きくなる．符号がマイナスになっているので，モデルの当てはまりのよさは，AIC を小さくする働きがある．一方，パラメータ数 k は少なければ少ないほどよいので，増やすと AIC を大きくする方向に働く．AIC は「モデルの当てはまりのよさ」と「パラメータ数」の綱引きを表現したものである．

AIC は，R にも標準で装備されている．R では，次のようにすればよい (ここでは 2 次式の場合

[*1] スクリプトを工夫すれば，この処理をもう少し自動化することができるが，ここでは省略する．

[*2] 自由度調整済み決定係数は単調に改善されるわけではなく，1 次，2 次と改善されるが 3 次のときは 2 次のときよりも小さくなり，4 次でまた改善されるというようにやや複雑な動きをしている．

[*3] 赤池弘次は日本の統計学者．AIC は 1971 年に考案，1973 年に発表された [7, 8]．

の AIC を求めている).

```
> AIC(res2)
[1] 418.7721
```

多くの場合，AIC が最小のものを選ぶことによって最適なモデルが選択できる．AIC を 1, 2, 3, 4 次の場合それぞれを一気に計算するには次のようにすればよい．

```
> AIC(res1, res2, res3, res4)
     df       AIC
res1  3  419.1569
res2  4  418.7721
res3  5  419.8850
res4  6  420.2771
```

この結果を見ると，df=4 の場合 (2 次の場合) が最小になっている．したがって，AIC の観点では 2 次の場合がもっともよいモデルだということになる．

ただし，係数が有意でないので，これが最適なモデルと考えるのは早計である．というのは，speed が 0 のときは，当然 dist も 0 にならなければいけないので，定数項が 0 のモデルが適用されるべきだからである．そこで，定数項を 0 にして回帰してみよう．

```
> res02 <- lm(dist ~ poly(speed,2,raw = TRUE) - 1,data=cars)
> summary(res02)

Call:
lm(formula = dist ~ poly(speed, 2, raw = TRUE) - 1, data = cars)

Residuals:
    Min      1Q  Median      3Q     Max
-28.836  -9.071  -3.152   4.570  44.986

Coefficients:
                           Estimate Std. Error t value Pr(>|t|)
poly(speed, 2, raw = TRUE)1  1.23903    0.55997   2.213  0.03171 *
poly(speed, 2, raw = TRUE)2  0.09014    0.02939   3.067  0.00355 **
---
Signif. codes:  0 '***' 0.001 '**' 0.01 '*' 0.05 '.' 0.1 ' ' 1

Residual standard error: 15.02 on 48 degrees of freedom
Multiple R-squared:  0.9133,	Adjusted R-squared:  0.9097
F-statistic: 252.8 on 2 and 48 DF,  p-value: < 2.2e-16
```

今度は，いずれの係数も有意になっている．R^2 は 0.9133 となっているが，第 3 章で見たように，定数項を 0 にした場合，この値を当てはまりの尺度として使うことは適当ではない．しかし，尤度を使っている AIC を当てはまりの尺度にすることはできる．AIC を求めてみると，

```
> AIC(res02)
[1] 416.8016
```

となり，最小の AIC を与えていることがわかる．AIC の観点では，このモデルが最良ということになる．

4.3 AIC について

前節で AIC を使ってみせたが，なぜ AIC が当てはまりの基準として適切なのかは説明しなかった．AIC を数学的にきちんと導くことは大変である．そこで，ここでは AIC の精密な導出の代わりに，その考え方のみ説明する．

4.3.1 カルバック＝ライブラー情報量

まず，真の分布とデータから推定した分布の違いを測る道具として，**カルバック＝ライブラー情報量**[*4](Kullback–Leibler information. 以下，**KL 情報量**と略記) と呼ばれるものを導入する．

定義 3. $P = \{p_1, p_2, \ldots, p_n\}$ を真の確率分布，$Q = \{q_1, q_2, \ldots, q_n\}$ をモデルの確率分布とする．

$$I(P\|Q) = \sum_{j=1}^{n} p_j \log \frac{p_j}{q_j} = \sum_{j=1}^{n} p_j \log p_j - \sum_{j=1}^{n} p_j \log q_j$$

を P の Q に対する KL 情報量 (または相対エントロピー) と言う．ただし，$0 \log 0 = 0$ と約束する．

連続な確率変数の場合は，真の分布 P の確率密度関数を $p(x)$，モデルの分布 Q の確率密度関数を $q(x)$ とするとき，

$$I(P\|Q) = \int_{-\infty}^{\infty} p(x) \log \frac{p(x)}{q(x)} dx$$

を P の Q に対する KL 情報量と定義する．

補足 4. 事象 A が起きる確率を $P(A)$ としたとき，$I(A) = -\log P(A) = \log(1/P(A))$ を A が起きたこと (メッセージ) を知らされたときに受け取る**情報量** (self-information) と言う[*5]．これは，どれだけそのメッセージが意外なものだったかを表しており，絶対起きるとわかっている (確率 1 の) 情報に対しては情報量はゼロになっている．意外なことが起きるほど情報量が大きいので，情報量はそのメッセージの surprisal (驚き) と呼ばれることもある．情報量の平均 $H(P) = -\sum_{j=1}^{n} p_j \log p_j$ を**エントロピー** (entropy) または**平均情報量**と呼ぶ．さらに，$H(P,Q) = -\sum_{j=1}^{n} p_j \log q_j$ を P と Q の**交差エントロピー** (cross entropy) と言う．KL 情報量は，$I(P\|Q) = H(P) - H(P,Q)$ と書くことができ，真の確率分布 P を Q で代替した場合の情報の平均的な損失量を表しているので，確率分布 P と Q の違いを測っているものと見なすことができる[*6]．

4.3.2 正規分布に対する KL 情報量

KL 情報量がどんなものかをイメージするために，真の正規分布 $P = \mathrm{N}(\mu_0, \sigma_0^2)$ に対し，正規分布 $Q = \mathrm{N}(\mu, \sigma^2)$ の KL 情報量 $I(P\|Q)$ を求めてみよう．まず，各々の確率密度関数 $p(x), q(x)$ は

[*4] カルバック＝ライブラーダイバージェンスと呼ばれることもある．

[*5] 一般に，情報理論では，2 を底とする対数をとって考え，物理学では，自然対数で考え，全体にボルツマン定数を掛けたものをエントロピーと言う．いずれにしても定数倍の違いであり，数学的な本質は何ら影響を受けない．

[*6] ただし，$I(P\|Q)$ を P と Q の距離と見なすことは適当ではない．数学では，距離関数 $d(P,Q)$ の持つ性質として，(非負性) $d(P,Q) \geq 0$，(同一性) $d(P,Q) = 0$ が成り立つときは，$P = Q$，(対称性) $d(P,Q) = d(Q,P)$，(三角不等式) $d(P,Q) \leq d(P,R) + d(R,Q)$ が全て成り立つことを要求するが，KL 情報量は非負性と同一性を満たす (定理 5) が，対称性，三角不等式を満たさない．

4.3 AIC について

次のようになる．

$$p(x) = \frac{1}{\sqrt{2\pi}\sigma_0} e^{-\frac{(x-\mu_0)^2}{2\sigma_0^2}}$$

$$q(x) = \frac{1}{\sqrt{2\pi}\sigma} e^{-\frac{(x-\mu)^2}{2\sigma^2}}$$

これらの比の対数をとると次のようになる．

$$\log \frac{p(x)}{q(x)} = -\frac{1}{2}\log(2\pi\sigma_0^2) - \frac{(x-\mu_0)^2}{2\sigma_0^2} + \frac{1}{2}\log(2\pi\sigma^2) + \frac{(x-\mu)^2}{2\sigma^2}$$

$$= \log \frac{\sigma}{\sigma_0} + \frac{(x-\mu)^2}{2\sigma^2} - \frac{(x-\mu_0)^2}{2\sigma_0^2}$$

この両辺の期待値 (E_P) をとると，$E_P((X-\mu_0)^2) = \sigma_0^2$ であるから，

$$I(P\|Q) = \log \frac{\sigma}{\sigma_0} + \frac{1}{2} + \frac{E_P((X-\mu)^2)}{2\sigma^2}$$

$$= \log \frac{\sigma}{\sigma_0} + \frac{1}{2} + \frac{E_P((X-\mu_0+\mu_0-\mu)^2)}{2\sigma^2}$$

$$= \log \frac{\sigma}{\sigma_0} + \frac{1}{2} + \frac{E_P((X-\mu_0)^2) + 2E_P((X-\mu_0)(\mu_0-\mu)) + E_P((\mu_0-\mu)^2)}{2\sigma^2}$$

$$= \log \frac{\sigma}{\sigma_0} + \frac{1}{2} + \frac{\sigma_0^2 + (\mu-\mu_0)^2}{2\sigma^2}$$

$$= \log \frac{\sigma}{\sigma_0} + \frac{1}{2}\left(\frac{\sigma_0^2}{\sigma^2} + 1\right) + \frac{(\mu-\mu_0)^2}{2\sigma^2}$$

が得られる．これを見てもわかるように，$I(P\|Q)$ と $I(Q\|P)$ は一般に等しくない．つまり，KL 情報量は対称ではない．

KL 情報量の等高線を描いてみよう．次のようにすれば簡単である．横軸が μ，縦軸が $\sigma > 0$ である．$\mu_0 = 0, \sigma_0 = 1$ としている．点 $(0,1)$ は見えないが，この点で KL 情報量が 0 になる．実行結果は**図 4.3** となる．

```
> x <- seq(-5,5,length=1000)
> y <- seq(0.1,8,length=1000)
> z <- outer(x,y,function(x,y) x^2/(2*y^2)+log(y)+(1/y^2+1)/2)
> contour(x,y,z,levels=seq(0.01,3,by=0.5))
```

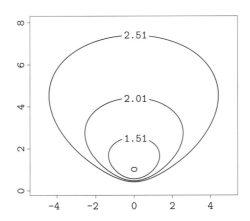

図 4.3：$N(0,1)$ に対する KL 情報量の等高線

図 4.3 の等高線を見ると，σ が小さい方 (下の方) にいくにつれて等高線の間隔が狭くなっていることがわかる．これは σ が小さくなると，KL 情報量はわずかなパラメータの変化でも大きく変化することを意味している．

ここで，R スクリプトについて説明しておこう．outer 関数がどんなものか，簡単な例を見ておこう．

```
> x <- seq(0,1,length=5)
> y <- seq(1,2,length=5)
> z <- outer(x,y,function(x,y) x^2+y^2)
> z
        [,1]   [,2]   [,3]   [,4]   [,5]
[1,] 1.0000 1.5625 2.2500 3.0625 4.0000
[2,] 1.0625 1.6250 2.3125 3.1250 4.0625
[3,] 1.2500 1.8125 2.5000 3.3125 4.2500
[4,] 1.5625 2.1250 2.8125 3.6250 4.5625
[5,] 2.0000 2.5625 3.2500 4.0625 5.0000
```

x，y はそれぞれ，0 から 1 までを 5 等分した等差数列，1 から 2 までを 5 等分した等差数列である．

```
> x
[1] 0.00 0.25 0.50 0.75 1.00
> y
[1] 1.00 1.25 1.50 1.75 2.00
```

これに対し，z は，x を行に，y を列にとって，x^2+y^2 を並べてできる行列になっていることがわかるだろう．この行列は，関数 $z = x^2 + y^2$ のグラフであると思ってもよい (この例ではやや滑らかさに欠けるが)．

一方，contour(x,y,z,levels=…) は等高線を描く関数で，levels で指定された z に対応する (x, y) を描く．等高線の z の値を描きたくなければ，

contour(x,y,z,levels=seq(0.01,3,by=0.5),drawlabels=FALSE)

のように drawlabels=FALSE とする[*7]．

4.4 AIC の導出の概略

KL 情報量を使えば，確率分布がどれくらい近いか (遠いか) が計測可能であることを認めて話をしよう．

つまり，KL 情報量を用いれば，真の分布と任意の分布とのズレの大きさを測ることができる．

さて，ここで問題が発生する．「真の分布」がわからないということだ．これは t 分布の議論のときにも現れた問題である．正規分布の真の平均の信頼区間を推定する際，分散も推定しなければならないという状況だったことを思い出してほしい．この場合，真の分散の代わりにデータから得られた不偏分散を用いることで t 分布が出現したのだった．真の分布がわからないという状況で，KL 情報量をどうやって推定するか，これが問題である．

[*7] グラデーションを使うこともできる (問題 4–4 参照)．

KL情報量を見てみると，2つの項で構成されていることがわかる．

$$I(P\|Q) = \sum_{j=1}^n p_j \log p_j - \sum_{j=1}^n p_j \log q_j$$

P は動かさないから，第一項は定数であり，真の分布との近さを見るには必要ない．真の分布との近さを決めているのは第二項

$$\sum_{j=1}^n p_j \log q_j \tag{4.1}$$

である．赤池は n が大きいとき，(4.1) が，$(\mathrm{MLL} - k)/n$ でよく近似できることを証明した．言葉で言い換えれば，(4.1) は，

$$\frac{\text{最大対数尤度} - \text{パラメータの数}}{n}$$

でよく近似できるのである．そこで，この分子を -2 倍したものを AIC とすれば，

$$I(P\|Q) = \sum_{j=1}^n p_j \log p_j + \frac{\mathrm{AIC}}{2n}$$

となる[*8]．KL情報量を最小にするには (近似的に) AIC を最小にすればよいわけである．

4.5 KL情報量の性質についての補足

KL情報量は次の性質を持つ．

定理 5. $I(P\|Q) \geq 0$ が成り立つ．$p_j > 0 \, (j = 1, \ldots, n)$ のとき，$I(P\|Q) = 0$ が成り立つのは，$P = Q$ であるときに限る．

証明. $\log x \leq x - 1 \, (x > 0)$ が成り立つ (問題 4–3) ことに注意すると，

$$\begin{aligned}
I(P\|Q) &= \sum_{j=1}^n p_j \log \frac{p_j}{q_j} \\
&= -\sum_{j=1}^n p_j \log \frac{q_j}{p_j} \\
&\geq -\sum_{j=1}^n p_j \left(\frac{q_j}{p_j} - 1\right) \\
&= -\sum_{j=1}^n (q_j - p_j) \\
&= -\sum_{j=1}^n q_j + \sum_{j=1}^n p_j = -1 + 1 = 0.
\end{aligned}$$

となる．次に等号成立条件を調べる．上記の証明から，等号が成立するときには次の (4.2) が成り立つ．

$$\sum_{j=1}^n p_j \left(\frac{q_j}{p_j} - 1 - \log \frac{p_j}{q_j}\right) = 0 \tag{4.2}$$

[*8] -2 倍する理由は歴史的なものである．

(4.2) において，仮定より p_j は全て正であり，括弧内が 0 以上であるので，

$$\frac{q_j}{p_j} - 1 - \log\frac{p_j}{q_j} = 0 \tag{4.3}$$

とならなければならないが，問題 4–3 の解答 (p.178) のように $f(x) = x - 1 - \log x$ とすると $x = 1$ で最小値 0 となるから，(4.3) が成り立つのは，

$$\frac{p_j}{q_j} = 1 \quad (j = 1, \ldots, n)$$

が成り立つときに限る．つまり，$P = Q$ のときに限って達成される． □

連続分布の場合にも，定理 5 の主張が成り立つ．すなわち，以下の定理 6 が成り立つ．証明は省略する．

定理 6. 連続分布の場合でも $I(P\|Q) \geq 0$ が成り立ち，$I(P\|Q) = 0$ が成り立つのは $P = Q$ であるときに限る[*9]．

[*9] 正確には，ほとんどいたるところ $p(x) = q(x)$ である，と言い直す必要がある．「ほとんどいたるところ (almost everywhere)」はルベーグ積分の概念である．応用上問題になることはほとんどないので，気にする必要はないが，数理統計学の専門的文献を読む際には知っておく必要があるだろう．

4.6 章末問題

(R) マークは R を使って解答する問題，**(数)** マークは数学的な問題である．

問題 4-1 **(R)** アメリカの 30 歳から 39 歳の女性の平均身長 (インチ) と体重 (ポンド) のデータ women[*10] に対し，直線回帰，2 次式による回帰を行え．データをプロットし，回帰直線，回帰放物線を重ね描きした上で，両者の当てはまりを調べよ．AIC の観点で見たとき，どちらが当てはまりがよいと言えるか．ここで，データ women を呼び出すには data(women) とすればよいことに注意．

問題 4-2 **(数)** $N(0,1)$ に近いのは，$N(0.1,1)$ と $N(0,1.1)$ のうちのどちらか，KL 情報量を求めて比較せよ．$P : N(\mu_0, \sigma_0^2)$ と $Q : N(\mu, \sigma^2)$ に対して，
$$I(P||Q) = \log \frac{\sigma}{\sigma_0} + \frac{1}{2}\left(\frac{\sigma_0^2}{\sigma^2} + 1\right) + \frac{(\mu - \mu_0)^2}{2\sigma^2}$$
であることを利用してよい．

問題 4-3 **(数)** $\log x \leq x - 1 \ (x > 0)$ を証明せよ．

問題 4-4 **(R)** filled.contour 関数を用いて，$P : N(0,1)$ に対する $N(\mu, \sigma^2)$ の KL 情報量の等高線をグラデーションで表現せよ (環境によっては描画に時間がかかるので注意)．

問題 4-5 **(数)** パラメータ λ_0 を持つ指数分布 P に対し，パラメータ λ を持つ指数分布 Q の KL 情報量を求めよ．

問題 4-6 **(数)** パラメータ λ_0 のポアソン分布を P_0 とし，パラメータ λ のポアソン分布を P とする．このとき，KL 情報量 $I(P_0||P)$ を求めよ．

問題 4-7 **(数)** 二項分布 $\mathrm{Bi}(n, p_0)$ を P_0 とし，$\mathrm{Bi}(n, p)$ を P とする．このとき，KL 情報量 $I(P_0||P)$ を求めよ．

問題 4-8 **(数)** 次の多項分布 P_0 に従う確率変数 X を考える．ただし，n_j は事象 A_j が起きた回数である．
$$P(X = (n_1, n_2, \ldots, n_k)) = \frac{n!}{n_1! n_2! \cdots n_k!} p_1^{n_1} p_2^{n_2} \cdots p_k^{n_k}$$
このとき，n 回の試行により，それぞれ $(n_1, n_2, \ldots, n_k)$ 回観測された．
$(q_1, q_2, \ldots, q_k) = (n_1/n, n_2/n, \ldots, n_k/n)$ に対し，多項分布 Q を
$$P(X = (n_1, n_2, \ldots, n_k)) = \frac{n!}{n_1! n_2! \cdots n_k!} q_1^{n_1} q_2^{n_2} \cdots q_k^{n_k}$$
とする．このとき，$W = P(X = (n_1, n_2, \ldots, n_k))$ の情報量[*11] $J = -\log W$ に対し，n が十分大きければ，
$$I(Q||P) \approx \frac{J}{n}$$
であることを示せ．ただし，ここでスターリングの公式
$$\log m! = m \log m - m + \frac{1}{2} \log m + \log \sqrt{2\pi} + O(1/m)$$
を利用してよい．ここで $O(1/m)$ とは，適当な定数 $M > 0$ に対して，その絶対値が M/m でおさえられるという意味である．

[*10] 着衣で靴を履いた状態とあるので，身長も体重も大きめに出ていると思われる．
[*11] 情報科学では，対数の底を 2 とするが，ここでは自然対数を考える．

第5章

線形モデル

　第3章では，直線ないし曲線をデータにどのようにフィッティングさせるかという問題を考えた．その数学的原理は最小二乗法であり，残差平方和を最小にするようにモデルの係数を選び，残差平方和を用いて当てはまりの程度を決定係数で表した．

　lmでは，係数が0であるという帰無仮説の下でのP値が出力されていたが，第3章ではその計算原理を説明してはいなかった．その意味を理解するには，データに対して直線(や曲線)を当てはめるという発想とは逆に，もともと直線(ないし曲線)的な関係がある現象に誤差が入ったものが実際に観測されていると考える必要がある．ここでは，残差を確率変数と見なして線形モデルを正確に定式化し，残差が正規分布するという条件のもとで，切片と傾きが正規分布することを証明する．

5.1 線形モデルの定式化

　データ x と y の間に，
$$y = \alpha + \beta x$$
という関係が想定される場合を考える．このとき，実際に y を観測する際に誤差があり，次のように表せると仮定する．
$$y_j = \alpha + \beta x_j + \epsilon_j, \quad j = 1, 2, \ldots, n \tag{5.1}$$
ここで $\epsilon_j\,(j = 1, 2, \ldots, n)$ が観測毎の誤差にあたるものである．これらは独立な確率変数で，平均 $E(\epsilon_j) = 0$，$V(\epsilon_j) = \sigma^2$，$j = 1, 2, \ldots, n$ を満たすものとする．さしあたり分布の具体的な形は指定しないが，検定では分布を固定する．このようなモデルを**線形単回帰モデル** (simple linear regression model) と言う．線形単回帰モデルにおいては，α, β が真の値である．データがあってそれに直線を当てはめるのではなく，もともと直線的な関係があることが前提で，実際の観測値は誤差を伴うと考え，実際の観測値から真の α, β を推定するのである．

5.2 最小二乗推定パラメータの性質

　誤差を含む観測結果 $\mathcal{S} = \{(x_j, y_j)|j = 1, 2, \ldots, n\}$ から α, β を残差平方和が最小になるように決める (最小二乗推定)．ここでは，これらが推定量であることを露わにするため，$\hat{\alpha}, \hat{\beta}$ と書くことにしよう．これらの推定量は，次の性質を持つ．

定理7. $\hat{\alpha}, \hat{\beta}$ は α, β の不偏推定量である．すなわち，$E(\hat{\alpha}) = \alpha$，$E(\hat{\beta}) = \beta$ が成り立つ．

証明． (5.1) の両辺の期待値をとると，
$$E(y_j) = \alpha + \beta x_j + E(\epsilon_j) = \alpha + \beta x_j \tag{5.2}$$
が成り立つことに注意しよう．

　第3章 (3.1) および (5.2) を用いれば，

$$E(\hat{\beta}) = E\left(\frac{\overline{xy} - \overline{x} \cdot \overline{y}}{\overline{x^2} - \overline{x}^2}\right)$$

$$= \frac{1}{\overline{x^2} - \overline{x}^2} E(\overline{xy} - \overline{x} \cdot \overline{y})$$

$$= \frac{1}{\overline{x^2} - \overline{x}^2} E\left(\frac{1}{n}\sum_{j=1}^{n} x_j y_j - \overline{x}\left(\frac{1}{n}\sum_{j=1}^{n} y_j\right)\right)$$

$$= \frac{1}{\overline{x^2} - \overline{x}^2}\left(\frac{1}{n}\sum_{j=1}^{n} x_j E(y_j) - \overline{x}\left(\frac{1}{n}\sum_{j=1}^{n} E(y_j)\right)\right)$$

$$= \frac{1}{\overline{x^2} - \overline{x}^2}\left(\frac{1}{n}\sum_{j=1}^{n} x_j(\alpha + \beta x_j) - \overline{x}\left(\frac{1}{n}\sum_{j=1}^{n}(\alpha + \beta x_j)\right)\right)$$

$$= \frac{1}{\overline{x^2} - \overline{x}^2} \cdot \beta(\overline{x^2} - \overline{x}^2) = \beta$$

となる．この結果を用いて，

$$E(\hat{\alpha}) = E(\overline{y} - \hat{\beta}\overline{x})$$

$$= \frac{1}{n}\sum_{j=1}^{n} E(y_j) - E(\hat{\beta})\overline{x}$$

$$= \frac{1}{n}\sum_{j=1}^{n}(\alpha + \beta x_j) - \beta\overline{x} = \alpha$$

が得られる． □

定理 8. 最小二乗推定量 $\hat{\alpha}, \hat{\beta}$ の分散，共分散はそれぞれ以下のようになる．

$$V(\hat{\alpha}) = \sigma^2\left\{\frac{1}{n} + \frac{\overline{x}^2}{\sum_{j=1}^{n}(x_j - \overline{x})^2}\right\}$$

$$V(\hat{\beta}) = \frac{\sigma^2}{\sum_{j=1}^{n}(x_j - \overline{x})^2}$$

$$\mathrm{Cov}(\hat{\alpha}, \hat{\beta}) = \frac{-\sigma^2\,\overline{x}}{\sum_{i=1}^{n}(x_i - \overline{x})^2}$$

証明. 最初に $\hat{\beta}$ の分散を計算する．

$$V(\hat{\beta}) = V\left(\frac{\overline{xy} - \overline{x} \cdot \overline{y}}{\overline{x^2} - \overline{x}^2}\right)$$

$$= V\left(\frac{\frac{1}{n}\sum_{j=1}^{n} x_j y_j - \overline{x} \cdot \frac{1}{n}\sum_{j=1}^{n} y_j}{\frac{1}{n}\sum_{j=1}^{n}(x_j - \overline{x})^2}\right)$$

$$\left(\because \sum_{j=1}^{n}(x_j - \overline{x})^2 = \sum_{j=1}^{n}(x_j^2 - 2x_j\overline{x} + \overline{x}^2) = \sum_{j=1}^{n} x_j^2 - 2\overline{x}\sum_{j=1}^{n} x_j + \overline{x}^2\sum_{j=1}^{n} 1\right.$$

$$\left.= n\,\overline{x^2} - 2\overline{x} \cdot n\,\overline{x} + n\,\overline{x}^2 = n(\overline{x^2} - \overline{x}^2)\right)$$

$$= V\left(\frac{\sum_{j=1}^n x_j y_j - \overline{x}\sum_{j=1}^n y_j}{\sum_{j=1}^n (x_j - \overline{x})^2}\right)$$

$$= V\left(\frac{\sum_{j=1}^n (x_j - \overline{x}) y_j}{\sum_{j=1}^n (x_j - \overline{x})^2}\right)$$

$$= \frac{\sum_{j=1}^n (x_j - \overline{x})^2}{\left(\sum_{j=1}^n (x_j - \overline{x})^2\right)^2} V(y_j)$$

$$(\because V\left(\sum_{j=1}^n (x_j - \overline{x}) y_j\right) = V((x_1 - \overline{x})y_1 + (x_2 - \overline{x})y_2 + \cdots + (x_n - \overline{x})y_n)$$

$$= (x_1 - \overline{x})^2 V(y_1) + (x_2 - \overline{x})^2 V(y_2) + \cdots + (x_n - \overline{x})^2 V(y_n)$$

$$= \sum_{j=1}^n (x_j - \overline{x})^2 V(y_j))$$

$$= \frac{\sigma^2}{\sum_{j=1}^n (x_j - \overline{x})^2}$$

$\hat{\alpha}$ の分散を計算するために，$\hat{\alpha}$ を $\hat{\beta}$ で表そう．

$$\hat{\alpha} = \overline{y} - \hat{\beta}\overline{x}$$

$$= \frac{1}{n}\sum_{j=1}^n y_j - \frac{\sum_{j=1}^n (x_j - \overline{x})y_j}{\sum_{j=1}^n (x_j - \overline{x})^2}\overline{x}$$

$$= \sum_{j=1}^n \left\{\frac{1}{n} - \frac{(x_j - \overline{x})\overline{x}}{\sum_{j=1}^n (x_j - \overline{x})^2}\right\} y_j$$

よって，

$$V(\hat{\alpha}) = \sum_{j=1}^n \left\{\frac{1}{n} - \frac{(x_j - \overline{x})\overline{x}}{\sum_{j=1}^n (x_j - \overline{x})^2}\right\}^2 V(y_j)$$

$$= \sigma^2 \sum_{j=1}^n \left\{\frac{1}{n} - \frac{(x_j - \overline{x})\overline{x}}{\sum_{j=1}^n (x_j - \overline{x})^2}\right\}^2$$

$$= \sigma^2 \sum_{j=1}^n \left\{\frac{1}{n^2} - 2\frac{1}{n}\frac{(x_j - \overline{x})\overline{x}}{\sum_{j=1}^n (x_j - \overline{x})^2} + \frac{(x_j - \overline{x})^2 \overline{x}^2}{(\sum_{j=1}^n (x_j - \overline{x})^2)^2}\right\}$$

$$= \sigma^2 \sum_{j=1}^n \frac{1}{n^2} - \frac{2\sigma^2}{n}\frac{\sum_{j=1}^n (x_j - \overline{x})\overline{x}}{\sum_{j=1}^n (x_j - \overline{x})^2} + \sigma^2 \frac{\sum_{j=1}^n (x_j - \overline{x})^2 \overline{x}^2}{(\sum_{j=1}^n (x_j - \overline{x})^2)^2}$$

$$= \sigma^2 \left\{\frac{1}{n} + \frac{\overline{x}^2}{\sum_{j=1}^n (x_j - \overline{x})^2}\right\}$$

が得られる．ここで，

$$\sum_{j=1}^n (x_j - \overline{x})\overline{x} = \overline{x}\left(\sum_{j=1}^n x_j - \sum_{j=1}^n \overline{x}\right) = 0$$

であることを用いた．最後に共分散を計算する．簡単のため，$S_{xx} = \sum_{j=1}^n (x_j - \overline{x})^2$ とおけば，

$$\mathrm{Cov}(\hat{\alpha},\hat{\beta}) = \mathrm{Cov}\left(\sum_{i=1}^n\left\{\frac{1}{n} - \frac{(x_i-\overline{x})\overline{x}}{S_{xx}}\right\}y_i, \frac{\sum_{j=1}^n(x_j-\overline{x})y_j}{S_{xx}}\right) \quad (5.3)$$

と書ける．$\mathrm{Cov}(y_i,y_j) = \sigma^2\,(i=j), = 0\,(i\neq j)$ であることから，(5.3) は，

$$\begin{aligned}
\mathrm{Cov}(\hat{\alpha},\hat{\beta}) &= \sum_{i=1}^n\sum_{j=1}^n\left\{\frac{1}{n} - \frac{(x_i-\overline{x})\overline{x}}{S_{xx}}\right\}\frac{(x_j-\overline{x})}{S_{xx}}\mathrm{Cov}\left(y_i,y_j\right) \\
&= \sigma^2\sum_{i=1}^n\left\{\frac{1}{n} - \frac{(x_i-\overline{x})\overline{x}}{\sum_{i=1}^n(x_i-\overline{x})^2}\right\}\cdot\frac{x_i-\overline{x}}{\sum_{i=1}^n(x_i-\overline{x})^2} \\
&= -\sigma^2\frac{\overline{x}}{\sum_{i=1}^n(x_i-\overline{x})^2} \qquad\qquad \square
\end{aligned}$$

最小二乗推定量 $\hat{\alpha},\hat{\beta}$ は次の意味で最良のものであることが知られている．

定理 9. (ガウス＝マルコフの定理) 最小二乗推定量 $\hat{\alpha},\hat{\beta}$ は，それぞれ α,β の**最良線形不偏推定量** (Best Linear Unbiased Estimator：BLUE) である．すなわち，$\hat{\alpha},\hat{\beta}$ は，各々線形不偏推定量の中で最小の分散を持つ．

つまり，α,β の線形不偏推定量をいかに工夫しても，最小二乗推定量 $\hat{\alpha},\hat{\beta}$ よりも分散を小さくすることはできないのである．

ここでは定理を述べるに止め，後に重回帰分析の章でより一般的な枠組みのもとで証明する．

5.3 分散 σ^2 の不偏推定量

$\hat{\alpha},\hat{\beta}$ を α,β の最小二乗推定量とする．y_j の推定値 $\hat{y}_j$ と観測値との差 (残差) $e_j = y_j - \hat{y}_j = y_j - (\hat{\alpha}+\hat{\beta}x_j)$ を考えよう．もちろん，これは $\epsilon_j = y_j - (\alpha+\beta x_j)$ とは別の量である．

線形回帰モデルの仮定から，$E(\epsilon_j) = 0, V(\epsilon_j) = \sigma^2$ であり，各々独立であるから，

$$E\left(\frac{1}{n}\sum_{j=1}^n\epsilon_j^2\right) = \sigma^2$$

である．

しかし，一般に

$$E\left(\frac{1}{n}\sum_{j=1}^n e_j^2\right) \neq \sigma^2$$

である．しかし，2 つの推定値 $\hat{\alpha},\hat{\beta}$ が入っているので，その分自由度が減ることを考慮して，n の代わりに $n-2$ で割れば等号が成り立つと予想される．実際，次の定理が成り立つ．

定理 10.
$$E\left(\frac{1}{n-2}\sum_{j=1}^n e_j^2\right) = \sigma^2$$

が成り立つ．つまり，$\frac{1}{n-2}\sum_{j=1}^n e_j^2$ は σ^2 の不偏推定量である．

証明. 定理 10 を示すためには，次の (5.4) を示せばよい．

$$\sum_{j=1}^n e_j^2 = \sum_{j=1}^n \epsilon_j^2 - n(\overline{y} - \alpha - \beta\overline{x})^2 - (\hat{\beta} - \beta)^2 \sum_{j=1}^n (x_j - \overline{x})^2 \tag{5.4}$$

(5.4) から，定理 10 を導くには次のようにする．実際，(5.4) の両辺の期待値をとると，定理 8 における $\hat{\beta}$ の分散公式より

$$E\left(\sum_{j=1}^n e_j^2\right) = \sum_{j=1}^n E(\epsilon_j^2) - nE((\overline{y} - \alpha - \beta\overline{x})^2) - E((\hat{\beta} - \beta)^2) \sum_{j=1}^n (x_j - \overline{x})^2$$

$$= n\sigma^2 - nV(\overline{y}) - V(\hat{\beta}) \sum_{j=1}^n (x_j - \overline{x})^2$$

$$= n\sigma^2 - n \cdot \frac{\sigma^2}{n} - \sigma^2$$

$$= (n-2)\sigma^2$$

となり，

$$E\left(\frac{1}{n-2}\sum_{j=1}^n e_j^2\right) = \sigma^2$$

であることがわかる．

(5.4) を示そう．$\overline{y} = \hat{\alpha} + \hat{\beta}\overline{x}$ に注意すると，

$$\sum_{j=1}^n \epsilon_j^2 = \sum_{j=1}^n (y_j - \alpha - \beta x_j)^2$$

$$= \sum_{j=1}^n \left\{(y_j - \hat{\alpha} - \hat{\beta}x_j) + (\overline{y} - \alpha - \beta\overline{x}) + (\hat{\beta} - \beta)(x_j - \overline{x})\right\}^2$$

$$= \sum_{j=1}^n (y_j - \hat{\alpha} - \hat{\beta}x_j)^2 + \sum_{j=1}^n (\overline{y} - \alpha - \beta\overline{x})^2 + \sum_{j=1}^n (\hat{\beta} - \beta)^2 (x_j - \overline{x})^2$$

$$+ 2\sum_{j=1}^n (y_j - \hat{\alpha} - \hat{\beta}x_j)(\overline{y} - \alpha - \beta\overline{x}) \tag{5.5}$$

$$+ 2\sum_{j=1}^n (\overline{y} - \alpha - \beta\overline{x})(\hat{\beta} - \beta)(x_j - \overline{x}) \tag{5.6}$$

$$+ 2\sum_{j=1}^n (\hat{\beta} - \beta)(x_j - \overline{x})(y_j - \hat{\alpha} - \hat{\beta}x_j) \tag{5.7}$$

(5.5) は，

$$2\sum_{j=1}^n (y_j - \hat{\alpha} - \hat{\beta}x_j)(\overline{y} - \alpha - \beta\overline{x})$$

$$= 2(\overline{y} - \alpha - \beta\overline{x}) \sum_{j=1}^n (y_j - \hat{\alpha} - \hat{\beta}x_j)$$

$$= 2(\overline{y} - \alpha - \beta\overline{x})n(\overline{y} - \hat{\alpha} - \hat{\beta}\overline{x}) = 0$$

(5.6) は,
$$2\sum_{j=1}^{n}(\overline{y}-\alpha-\beta\overline{x})(\hat{\beta}-\beta)(x_j-\overline{x})$$
$$=2(\hat{\beta}-\beta)(\overline{y}-\alpha-\beta\overline{x})\sum_{j=1}^{n}(x_j-\overline{x})=0$$

(5.7) は,
$$2\sum_{j=1}^{n}(\hat{\beta}-\beta)(x_j-\overline{x})(y_j-\hat{\alpha}-\hat{\beta}x_j)$$
$$=2(\hat{\beta}-\beta)\sum_{j=1}^{n}(x_j-\overline{x})(y_j-\hat{\alpha}-\hat{\beta}x_j)$$
$$=2(\hat{\beta}-\beta)\left\{\sum_{j=1}^{n}x_j(y_j-\hat{\alpha}-\hat{\beta}x_j)-\overline{x}\sum_{j=1}^{n}(y_j-\hat{\alpha}-\hat{\beta}x_j)\right\}$$
$$=2(\hat{\beta}-\beta)\sum_{j=1}^{n}x_j(y_j-\hat{\alpha}-\hat{\beta}x_j)$$
$$=2n(\hat{\beta}-\beta)(\overline{xy}-\hat{\alpha}\overline{x}-\hat{\beta}\overline{x^2})$$
$$=2n(\hat{\beta}-\beta)(\overline{xy}-(\overline{y}-\hat{\beta}\overline{x})\overline{x}-\hat{\beta}\overline{x^2})$$
$$=2n(\hat{\beta}-\beta)(\overline{xy}-\overline{x}\cdot\overline{y}-\hat{\beta}(\overline{x^2}-\overline{x}^2))$$
$$=2n(\hat{\beta}-\beta)(\overline{xy}-\overline{x}\cdot\overline{y}-\frac{\overline{xy}-\overline{x}\cdot\overline{y}}{\overline{x^2}-\overline{x}^2}\cdot(\overline{x^2}-\overline{x}^2))=0$$

となるので,
$$\sum_{j=1}^{n}\epsilon_j^2=\sum_{j=1}^{n}(y_j-\hat{\alpha}-\hat{\beta}x_j)^2+\sum_{j=1}^{n}(\overline{y}-\alpha-\beta\overline{x})^2+\sum_{j=1}^{n}(\hat{\beta}-\beta)^2(x_j-\overline{x})^2$$
$$=\sum_{j=1}^{n}e_j^2+n(\overline{y}-\alpha-\beta\overline{x})^2+(\hat{\beta}-\beta)^2\sum_{j=1}^{n}(x_j-\overline{x})^2$$

となり, (5.4) が示された. □

残差の不偏分散 $s^2 = \frac{1}{n-2}\sum_{j=1}^{n}e_j^2$ の平方根で各々の残差 e_j を割った値 e_j/s を **標準化残差** (standardized residuals) と言う.

5.4 母数の検定

線形回帰モデルにおいて α, β が 0 か 0 でないかは重大な関心事である. cars の直線回帰を行った際, サマリに,

```
Coefficients:
            Estimate Std. Error t value Pr(>|t|)
(Intercept) -17.5791     6.7584  -2.601   0.0123 *
speed         3.9324     0.4155   9.464 1.49e-12 ***
```

という部分があったことを思い出そう．まさに α, β が各々 0 であるという帰無仮説の下で P 値が計算され，検定されている．なぜ P 値が計算できるかを説明するのが本節の目的である．

これまで線形回帰モデルにおいては，残差 $\epsilon_j\,(j=1,2,\ldots,n)$ の分布は指定していなかったが，$\epsilon_j\,(j=1,2,\ldots,n)$ は独立かつ**正規分布** $\mathrm{N}(0,\sigma^2)$ **に従うと仮定している**．読者はすでにお気づきと思うが，サマリにある Estimate Std. Error t value Pr(>|t|) における t とは t 分布の t 統計量のことである．検定は次の定理に基づいている．

定理 11. $\epsilon_j\,(j=1,2,\ldots,n)$ が独立かつ $\mathrm{N}(0,\sigma^2)$ に従うとする．このとき，以下が成り立つ．
 (1) 最小二乗推定量 $\hat{\alpha}$ と σ^2 の不偏推定量 s^2 および $\hat{\beta}$ と s^2 は独立である．
 (2) $\hat{\alpha}$ は，$\mathrm{N}\left(\alpha,\sigma^2\left\{\dfrac{1}{n}+\dfrac{\overline{x}^2}{\sum_{j=1}^n(x_j-\overline{x})^2}\right\}\right)$, $\hat{\beta}$ は，$\mathrm{N}\left(\beta,\dfrac{\sigma^2}{\sum_{j=1}^n(x_j-\overline{x})^2}\right)$ に従う．
 (3) $\dfrac{n-2}{\sigma^2}s^2$ は自由度 $n-2$ のカイ二乗分布に従う．

証明． 次の形の直交行列 Q を考える．$S_{xx}=\sum_{j=1}^n(x_j-\overline{x})^2$ とする．

$$Q=\begin{pmatrix} \frac{1}{\sqrt{n}} & \frac{1}{\sqrt{n}} & \cdots & \frac{1}{\sqrt{n}} \\ \frac{x_1-\overline{x}}{\sqrt{S_{xx}}} & \frac{x_2-\overline{x}}{\sqrt{S_{xx}}} & \cdots & \frac{x_n-\overline{x}}{\sqrt{S_{xx}}} \\ * & * & \cdots & * \\ \vdots & \vdots & & \vdots \end{pmatrix}$$

1 行目と 2 行目が直交することは，2 行目の合計が 0 になることからわかる．3 行目以降は，適当に一次独立なベクトルをとってからグラム＝シュミットの直交化法によって直交ベクトルとすれば望みの直交行列ができる．

Q を用いて，残差ベクトル $\epsilon=(\epsilon_1,\epsilon_2,\ldots,\epsilon_n)^T$ に対し，$\mathbf{z}=(z_1,z_2,\ldots,z_n)^T$ を，$\mathbf{z}=Q\epsilon$ とする．ϵ は，$\mathrm{N}(\mathbf{0},\sigma^2 I)$ に従うが，Q は直交行列であるから，「一変量統計編」7.6 節，定理 9 より，$\mathbf{z}=(z_1,z_2,\ldots,z_n)$ は n 次元の正規分布 $\mathrm{N}(\mathbf{0},Q\sigma^2 I Q^T)=\mathrm{N}(\mathbf{0},\sigma^2 I)$ に従う．Q の 1 行目の取り方から，

$$z_1=\frac{1}{\sqrt{n}}\sum_{j=1}^n \epsilon_j=\sqrt{n}(\overline{y}-\alpha-\beta\overline{x})$$

がすぐにわかる．また 2 行目から，

$$z_2=\sum_{j=1}^n \frac{x_j-\overline{x}}{\sqrt{S_{xx}}}\epsilon_j$$

$$=\frac{1}{\sqrt{S_{xx}}}\sum_{j=1}^n(x_j-\overline{x})(y_j-\alpha-\beta x_j)$$

$$=\frac{1}{\sqrt{S_{xx}}}\sum_{j=1}^n((x_j-\overline{x})y_j-\alpha(x_j-\overline{x})-\beta(x_j-\overline{x})x_j)$$

$$=\frac{1}{\sqrt{S_{xx}}}\left(\sum_{j=1}^n(x_j-\overline{x})y_j-\alpha\sum_{j=1}^n(x_j-\overline{x})-\beta\sum_{j=1}^n(x_j-\overline{x})x_j\right)$$

$$=\frac{1}{\sqrt{S_{xx}}}\left(\sum_{j=1}^n(x_j-\overline{x})y_j-\beta\sum_{j=1}^n(x_j-\overline{x})x_j\right)$$

となるが，ここで，
$$\hat{\beta} = \frac{\overline{xy} - \overline{x}\,\overline{y}}{\overline{x^2} - \overline{x}^2}$$
$$= \frac{\sum_{j=1}^n (x_j y_j - \overline{x} \cdot y_j)}{\sum_{j=1}^n (x_j - \overline{x})^2}$$
$$= \frac{\sum_{j=1}^n (x_j - \overline{x}) y_j}{S_{xx}}$$

および，
$$\sum_{j=1}^n (x_j - \overline{x}) x_j = \sum_{j=1}^n (x_j - \overline{x}) x_j - \sum_{j=1}^n (x_j - \overline{x})\overline{x} = \sum_{j=1}^n (x_j - \overline{x})^2 = S_{xx}$$

を用いると，
$$z_2 = \frac{1}{\sqrt{S_{xx}}}(\hat{\beta} S_{xx} - \beta S_{xx})$$
$$= \sqrt{S_{xx}}(\hat{\beta} - \beta)$$

となることがわかる．以上より，
$$\overline{y} = \alpha + \beta\,\overline{x} + \frac{1}{\sqrt{n}} z_1$$
$$\hat{\beta} = \beta + \frac{1}{\sqrt{S_{xx}}} z_2$$

となる．これより，$\hat{\beta}$ は平均 β，分散
$$V(\hat{\beta}) = V\left(\beta + \frac{1}{\sqrt{S_{xx}}} z_2\right)$$
$$= V\left(\frac{1}{\sqrt{S_{xx}}} z_2\right)$$
$$= \frac{1}{S_{xx}} V(z_2)$$
$$= \frac{\sigma^2}{S_{xx}} = \frac{\sigma^2}{\sum_{j=1}^n (x_j - \overline{x})^2}$$

の正規分布に従うことがわかる．

z_1 と z_2 は独立なので，$\overline{y}$ と $\hat{\beta}$ も独立であることがわかる．さらに，
$$\hat{\alpha} = \overline{y} - \hat{\beta}\,\overline{x} = \alpha + \frac{1}{\sqrt{n}} z_1 - \frac{\overline{x}}{\sqrt{S_{xx}}} z_2$$

という表示も得られる．

「一変量統計編」第 8 章で説明した正規分布の再生性より，$\hat{\alpha}$ は，平均 α で，分散が，
$$V(\hat{\alpha}) = V\left(\alpha + \frac{1}{\sqrt{n}} z_1 - \frac{\overline{x}}{\sqrt{S_{xx}}} z_2\right)$$
$$= V\left(\frac{1}{\sqrt{n}} z_1 - \frac{\overline{x}}{\sqrt{S_{xx}}} z_2\right)$$
$$= V\left(\frac{1}{\sqrt{n}} z_1\right) + V\left(\frac{\overline{x}}{\sqrt{S_{xx}}} z_2\right)$$
$$= \frac{\sigma^2}{n} + \frac{\overline{x}^2 \sigma^2}{S_{xx}} = \sigma^2 \left\{ \frac{1}{n} + \frac{\overline{x}^2}{\sum_{j=1}^n (x_j - \overline{x})^2} \right\}$$

の正規分布に従うことがわかる.

Q は直交行列であるから等長である.また,定理 10 の証明における (5.4) より,

$$\sum_{j=1}^n z_j^2 = \sum_{j=1}^n \epsilon_j^2$$
$$= \sum_{j=1}^n e_j^2 + n(\overline{y} - \alpha - \beta\overline{x})^2 + S_{xx}(\hat{\beta} - \beta)^2$$
$$= \sum_{j=1}^n e_j^2 + z_1^2 + z_2^2$$

となることもわかる.よって,

$$\sum_{j=1}^n e_j^2 = \sum_{j=3}^n z_j^2$$

となる.したがって,

$$s^2 = \frac{1}{n-2}\sum_{j=1}^n e_j^2 = \frac{1}{n-2}\sum_{j=3}^n z_j^2$$

と表される.s^2 は $z_3, \ldots, z_n$ の関数であるから,$\hat{\alpha}, \hat{\beta}$ のいずれとも独立であることがわかる.また,$z_3, \ldots, z_n$ は独立であり,$N(0, \sigma^2)$ に従うため,

「一変量統計編」8.6 節,定理 11 より,

$$\frac{n-2}{\sigma^2}s^2 = \frac{1}{\sigma^2}\sum_{j=3}^n z_j^2 = \sum_{j=3}^n \left(\frac{z_j}{\sigma}\right)^2$$

の右辺は,$z_3/\sigma, z_4/\sigma, \ldots, z_n/\sigma$ (各々は,独立かつ $N(0, 1)$ に従う) の $n - 2$ 個の二乗の和であるから自由度 $n - 2$ のカイ二乗分布に従うことがわかる. □

補足 12. $\hat{\alpha}, \hat{\beta}$ の表示から,$\hat{\alpha}, \hat{\beta}$ が独立でないことがわかるが,n が十分大きければ $\hat{\alpha}, \hat{\beta}$ はほぼ独立に振る舞うことがわかる.実際,$E(z_1) = E(z_2) = 0$ で,z_1 と z_2 は独立であるから,

$$E(\hat{\alpha}\hat{\beta}) = E\left(\left(\alpha + \frac{1}{\sqrt{n}}z_1 - \frac{\overline{x}}{\sqrt{S_{xx}}}z_2\right)\left(\beta + \frac{1}{\sqrt{S_{xx}}}z_2\right)\right)$$
$$= E\left(\alpha\beta + \frac{\alpha}{\sqrt{S_{xx}}}z_2 + \frac{\beta}{\sqrt{n}}z_1 + \frac{1}{\sqrt{nS_{xx}}}z_1z_2 - \frac{\beta\overline{x}}{\sqrt{S_{xx}}}z_2 - \frac{\overline{x}}{S_{xx}}z_2^2\right)$$
$$= \alpha\beta + \frac{\alpha}{\sqrt{S_{xx}}}E(z_2) + \frac{\beta}{\sqrt{n}}E(z_1) + \frac{1}{\sqrt{nS_{xx}}}E(z_1z_2) - \frac{\beta\overline{x}}{\sqrt{S_{xx}}}E(z_2) - \frac{\overline{x}}{S_{xx}}E(z_2^2)$$
$$= \alpha\beta + \frac{\alpha}{\sqrt{S_{xx}}}E(z_2) + \frac{\beta}{\sqrt{n}}E(z_1) + \frac{1}{\sqrt{nS_{xx}}}E(z_1)E(z_2) - \frac{\beta\overline{x}}{\sqrt{S_{xx}}}E(z_2) - \frac{\overline{x}}{S_{xx}}E(z_2^2)$$
$$= \alpha\beta - \frac{\overline{x}}{S_{xx}}E(z_2^2)$$

となるが,大数の法則より,$\frac{1}{n}S_{xx}$ は σ^2 に近づく (正確には,σ^2 とのずれが一定値以上である確率が 0 に近づく (確率収束)) から,高確率で $\frac{1}{n}S_{xx} \approx \sigma^2$ となり,結果 $S_{xx} \approx n\sigma^2$ となる.よって確率収束の意味で,$\frac{\overline{x}}{S_{xx}}E(z_2^2) \to 0 \ (n \to \infty)$ となるので,$E(\hat{\alpha}\hat{\beta}) \to \alpha\beta = E(\hat{\alpha})E(\hat{\beta}) \ (n \to \infty)$ となる.

これらから，次の系が得られる．

系 13. (1) 仮説 $H_0 : \alpha = \alpha_0$ のもとで，

$$t_\alpha = \frac{\hat{\alpha} - \alpha_0}{s\sqrt{\frac{1}{n} + \frac{\overline{x}^2}{\sum_{j=1}^n (x_j - \overline{x})^2}}}$$

は，自由度 $n-2$ の t 分布に従う．

(2) 仮説 $H_0 : \beta = \beta_0$ のもとで，

$$t_\beta = \frac{\sqrt{\sum_{j=1}^n (x_j - \overline{x})^2}(\hat{\beta} - \beta_0)}{s}$$

は，自由度 $n-2$ の t 分布に従う．

証明． 定理 11 の (2) より，

$$\frac{\hat{\alpha} - \alpha_0}{\sqrt{\frac{1}{n} + \frac{\overline{x}^2}{\sum_{j=1}^n (x_j - \overline{x})^2}}}$$

は N$(0,1)$ に従い，定理 11 の (3) より，$\frac{n-2}{\sigma^2}s^2$ は自由度 $n-2$ のカイ二乗分布に従う．定理 11 と「一変量統計編」13.4 節，定理 19 (X が N$(0,1)$ に従い，Y が自由度 n のカイ二乗分布に従い，かつ独立なとき，$t = X/\sqrt{Y/n}$ は自由度 n の t 分布に従う) より，

$$t_\alpha = \frac{\hat{\alpha} - \alpha_0}{\sqrt{s^2\left(\frac{1}{n} + \frac{\overline{x}^2}{\sum_{j=1}^n (x_j - \overline{x})^2}\right)}}$$

は，自由度 $n-2$ の t 分布に従う．t_β についても同様にして，自由度 $n-2$ の t 分布に従うことがわかる． □

系 13 を用いれば，$\hat{\alpha}, \hat{\beta}$ の t 検定ができる．

5.5 $\hat{\alpha}, \hat{\beta}$ の分布を見る

シミュレーションにより，定理 11 の (2) を確認してみよう．

$$y_j = 1 + \frac{1}{2}x_j + \epsilon_j, \quad j = 1, 2, \ldots, n$$

とする．ここで，ϵ_j を N$(0,1)$ に従う乱数とする．つまり，$\alpha = 1, \beta = 1/2, \sigma^2 = 1$ とする．このとき，定理 11 の (2) により，

$$\hat{\alpha} \sim \mathrm{N}\left(1, \frac{1}{n} + \frac{\overline{x}^2}{\sum_{j=1}^n (x_j - \overline{x})^2}\right)$$

$$\hat{\beta} \sim \mathrm{N}\left(\frac{1}{2}, \frac{1}{\sum_{j=1}^n (x_j - \overline{x})^2}\right)$$

となるはずである．$\hat{\alpha}, \hat{\beta}$ のヒストグラムと，対応する正規分布の密度関数を重ね合わせてみることにする．

---スクリプト 2 (5_5.R)---
```
MAX <- 1000
mesh <- 0.1
v <- 1
x <- seq(0,10,by=mesh)
n <- length(x)
alpha <- beta <- numeric(MAX)
for(i in 1:MAX){
  y <- 1 + 0.5*x + rnorm(n,0,v)
  res <- lm(y~x)
  alpha[i] <- summary(res)$coefficients[1,1]
  beta[i] <- summary(res)$coefficients[2,1]
}
```

スクリプトについて簡単に説明しておこう．最初の 5 行は，初期値の設定である．適当に修正して使ってほしい．6 行目は，α, β の初期化である．for ループの中では，$1+0.5x$ に rnorm で生成された正規乱数を加えて y を作っている．y を x で回帰して結果を res に格納．res のサマリから切片と傾きを取り出し，それぞれを alpha[i], beta[i] に格納して推定値を並べたベクトル alpha と beta を生成する．

```
> hist(alpha,ylim=c(0,2.5),prob=TRUE)
> sdev <- sqrt(1/MAX+mean(x)^2/sum((x-mean(x))^2))
> curve(dnorm(x,1,sdev),add=TRUE)
```

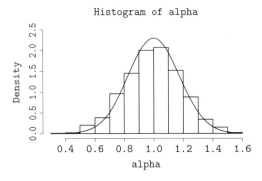

図 5.1：$\hat{\alpha}$ の分布

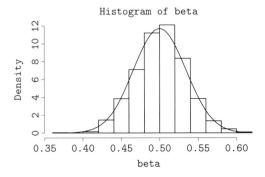

図 5.2：$\hat{\beta}$ の分布

```
> hist(beta,prob=TRUE)
> sdev2 <- sqrt(1/sum((x-mean(x))^2))
> curve(dnorm(x,0.5,sdev2),add=TRUE)
```

図 5.1 と **図 5.2** のように，ヒストグラムに正規分布の密度関数がよく当てはまっていることがわかる．

補足 14. ここでは，誤差が正規分布するという仮定で，$\hat{\alpha}, \hat{\beta}$ が正規分布することを示したが，誤差が期待値と分散を持つ確率分布に従い，かつサンプルサイズが大きいときには，定理 11 の主張が漸近的に正しいことを示すことができる．この結果は，例えば Greene[2] の 5.6 に詳細があるので，興味がある向きは参照いただきたい．ごく大雑把に言えば，定理 11 の証明において推定値を計算する過程で $z = Q\epsilon$ とするが，ϵ の各成分が正規分布していなくても z の成分ではそれらの和をとるため中心極限定理が働くのである．章末の問題 5–1，問題 5–2 で一様分布の場合 (確率密度関数が左右対称) において，ガンマ分布の場合 (確率密度関数が左右非対称) に，推定値 $\hat{\alpha}, \hat{\beta}$ の分布を調べるので参考にしてほしい．

5.6 章末問題

(R) マークは R を使って解答する問題，**(数)** マークは数学的な問題である．

問題 5–1 **(数)(R)** 5.5 節で示されたとおり，残差分布が正規分布の場合には，定理 11 の主張が正しいことは証明がなされている以上当然であるが，分布を変えた場合はどうであろうか．ここでは正規分布以外の分布に対する $\hat{\alpha}, \hat{\beta}$ の分布を検討してみよう．なお，5.5 節の R スクリプトを参考にするとよい．

(1) $[a,b]$ を台に持つ連続一様分布の平均が 0, 分散が 1 になるように，a,b の値を定めよ．
(2) (1) で求めた一様分布に従う残差に対し，$\hat{\alpha}$ の分布を調べよ．
(3) (1) で求めた一様分布に従う残差に対し，$\hat{\beta}$ の分布を調べよ．

問題 5–2 **(数)(R)** 問題 5–1 では誤差分布が一様分布の場合を見たが，ここではガンマ分布の場合を調べよう．

(1) 形状母数 k, 尺度母数 θ のガンマ分布の確率密度関数は，
$$f(x) = \frac{1}{\Gamma(k)\theta^k} x^{k-1} e^{-\frac{x}{\theta}}$$
であり，その平均は $k\theta$, 分散は $k\theta^2$ であった．非対称な分布であることに注意せよ．$k=3$ の場合に，分散が 1 になるように，母数 θ の値を定めよ．
(2) (1) で定めた k,θ に対するガンマ分布に従う確率変数を X とする．X に適当な数 c を加えて，$Y = X + c$ が平均 0, 分散 1 の確率変数になるようにせよ．
(3) 残差の確率変数が (2) で定めた Y の場合の $\hat{\alpha}$ の分布を調べよ．
(4) 残差の確率変数が (2) で定めた Y の場合の $\hat{\beta}$ の分布を調べよ．

第6章

曲線の当てはめ

　実際にデータ分析を始めると，データに多項式以外の曲線 (関数) を当てはめたいケースも頻繁に生ずるが，その際は，単純に lm を用いるわけにはいかないことがある．曲線当てはめはその重要性に比して詳しい解説があまりないので，一章を割いて解説を行う．なお，ここで行うのはあくまで曲線の当てはめであって，当てはめ誤差の確率分布については考慮しないので注意されたい．

6.1　lm を用いた曲線当てはめがうまくいく場合

　回帰分析のときと同様に，残差平方和を最小にすればよいのではないか，と考えることは自然だが，直線や多項式関数による回帰とは異なる問題が発生する．この事情を説明するために，lm がうまく機能するケースを最初に説明し，次節でうまく機能しないケースを説明する．

　データに 2 次関数を当てはめる場合を考えよう．最小化すべきは残差平方和

$$\mathcal{E}(a,b,c) = \frac{1}{n} \sum_{j=1}^{n} (y_j - (a + bx_j + cx_j^2))^2$$

である．これを a, b, c それぞれで偏微分して 0 とおくと，次のようになる．

$$\mathcal{E}_a(a,b,c) = \frac{2}{n} \sum_{j=1}^{n} (a + bx_j + cx_j^2 - y_j)$$
$$= 2(a + \overline{x}b + \overline{x^2}c - \overline{y}) = 0$$
$$\mathcal{E}_b(a,b,c) = \frac{2}{n} \sum_{j=1}^{n} x_j(a + bx_j + cx_j^2 - y_j)$$
$$= 2(\overline{x}a + \overline{x^2}b + \overline{x^3}c - \overline{xy}) = 0$$
$$\mathcal{E}_c(a,b,c) = \frac{2}{n} \sum_{j=1}^{n} x_j^2(a + bx_j + cx_j^2 - y_j)$$
$$= 2(\overline{x^2}a + \overline{x^3}b + \overline{x^4}c - \overline{x^2 y}) = 0$$

よって解くべき連立方程式は，行列形式で書くと，

$$\begin{pmatrix} 1 & \overline{x} & \overline{x^2} \\ \overline{x} & \overline{x^2} & \overline{x^3} \\ \overline{x^2} & \overline{x^3} & \overline{x^4} \end{pmatrix} \begin{pmatrix} a \\ b \\ c \end{pmatrix} = \begin{pmatrix} \overline{y} \\ \overline{xy} \\ \overline{x^2 y} \end{pmatrix} \tag{6.1}$$

となる．つまり，これは連立「一次」方程式であって，解は 1 つに定まるし[1]，代数的な解法も定まっている．lm が有効なのは，このように最小化条件において係数の一次式が得られる場合である．よって，例えば，

$$y = a + b\sin x + c\cos 2x \tag{6.2}$$

---

[1] 左辺の行列の行列式が 0 でないという条件が必要．

のような曲線を当てはめる場合も lm を使うことができる．残差平方の最小化方程式は，a, b, c の一次式だからである．

試してみよう．$y = 1 + 2\sin x + 3\cos 2x$ に平均 0，標準偏差 0.2 の正規乱数をノイズとして加えたデータに対し，(6.2) をモデルとして a, b, c を推定する．

```
> pi <- 3.141592
> x <- seq(0,2*pi,length=100)
> y <- 1 + 2*sin(x) + 3*cos(2*x)+rnorm(length(x),0,0.2)
> plot(x,y)
> res_sin <- lm(y~I(sin(x))+I(cos(2*x)))
> lines(x,fitted(res_sin))
> summary(res_sin)

Call:
lm(formula = y ~ I(sin(x)) + I(cos(2 * x)))

Residuals:
     Min       1Q   Median       3Q      Max
-0.41618 -0.12940  0.00796  0.12897  0.39566

Coefficients:
              Estimate Std. Error t value Pr(>|t|)
(Intercept)    1.00164    0.01956   51.20   <2e-16 ***
I(sin(x))      2.01783    0.02780   72.58   <2e-16 ***
I(cos(2 * x))  2.98961    0.02753  108.60   <2e-16 ***
---
Signif. codes:  0 '***' 0.001 '**' 0.01 '*' 0.05 '.' 0.1 ' ' 1

Residual standard error: 0.1956 on 97 degrees of freedom
Multiple R-squared:  0.9943,Adjusted R-squared:  0.9942
F-statistic:  8531 on 2 and 97 DF,  p-value: < 2.2e-16
```

推定した関数は，
$$y = 1.00164 + 2.01783 \sin x + 2.98961 \cos 2x$$
となり，ほぼ正しい係数が得られることがわかる (**図 6.1**)．

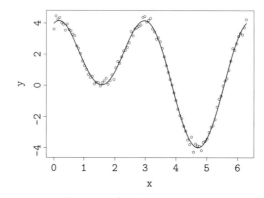

図 6.1：三角関数による近似

6.2 lmによる当てはめが使えない場合–非線形最小二乗法

一方，係数の関係が一次式にならない場合は，一般的な解法がないことが多い[*2]．
例えば，データにロジスティック曲線

$$y = f(x) = \frac{a}{1 + be^{-cx}} \qquad (6.3)$$

を当てはめたいとしよう．ここで，a, b, c はいずれも正の定数である．(6.3) で表されるロジスティック曲線 ($a = b = c = 1$ の場合) は，**図 6.2** のような曲線で，例えば食品における細菌の増殖 (細菌の数) や噂の伝播などを記述する際に使われる．x を増加させていくとあるところから急に増え始め，徐々に増え方がゆるやかになって上限 a に漸近するところがこの曲線の特徴である．図 6.2 を出力するには，次のようにする．

```
> curve(1/(1+exp(-x)),-10,10,ylab="y")
```

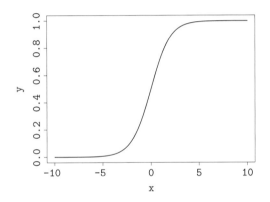

図 6.2：$a = b = c = 1$ の場合のロジスティック曲線

データに (6.3) を当てはめる場合，前節の例と異なり，平均二乗誤差は a, b, c の一次式にはならない．非常に面倒な式になってしまう．前節では有効だった線形代数はここでは使えないわけである．

R では，このような場合にも nls 関数を用いて曲線当てはめを行うことができる．nls は，nonlinear least squares の略で，非線形最小二乗法を適用してパラメータの値を決める関数である．

早速，nls 関数を使ってみよう．内閣府が発表している PC (パーソナルコンピュータ) の普及率のデータを利用しよう．sampledata2.xlsx の PC 普及率タブを開き，普及率 (%) のデータを選んでコピー (C 列 6 行から C 列 33 行まで) し，次のように操作すると**図 6.3** が描かれる．

```
> diffusion_rate <- scan("clipboard")
> year <- 1987:2014
> plot(year,diffusion_rate)
```

次のようにして nls 関数を使ってみる．nls 関数は反復法と呼ばれる数値計算アルゴリズムによって，適当な初期値から出発してより残差平方和が小さくなるようにパラメータを更新し，誤差が要求以下になったところで更新を停止し，結果を出力する．本書の目的は統計学の解説をすることであって数値解析の解説をすることではないので，詳細は割愛するが，nls を使う際には，反復

[*2] 運が悪いと答が 1 つでないこともある．

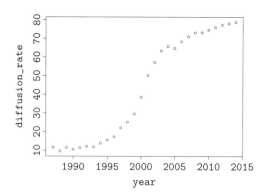

図 6.3：日本における PC の普及率 (%)

法の考え方 (初期値が必要なこと，初期値から出発して真の解に接近していくこと) だけは理解しておく必要がある．

後で説明する理由により，year ではなく，year から 1987 を引いて 1987 年からの経過年数にした year0 を用いて計算させている．trace = TRUE というオプションは，反復法の計算ステップ毎の a, b, c を表示させるために使っている．start=c(a=80,b=1,c=1) は初期値の指定である．a はほぼ 80 程度の値なので，初期値として 80 を選んでいる．b, c に関しては何も情報がないので，それぞれ 1 とした．

```
> year0 <- year - 1987
> res <-nls(diffusion_rate ~ a/(1+b*exp(-c*year0)),
            start=c(a=80,b=1,c=1),trace = TRUE)
50139.17 :  80   1   1
29739.03 :  72.5170701   1.0346153   0.3826346
11711.3  :  70.47085248  1.06722368  0.07099902
6664.014 :  104.8972157  3.0478309   0.0650449
5063.07  :  84.22802474  3.25924030  0.09463527
2410.674 :  83.8833120   5.2514733   0.1400597
1394.916 :  86.587213   10.598805    0.199742
641.6215 :  84.3373829  16.9723247   0.2257461
493.8297 :  82.2808993  23.1838517   0.2477569
467.4292 :  81.6273780  27.3315894   0.2584358
464.6063 :  81.2968745  29.2864288   0.2635173
464.3555 :  81.1893069  29.9923678   0.2653881
464.3336 :  81.1561267  30.2145400   0.2659927
464.3318 :  81.1465229  30.2806149   0.2661735
464.3316 :  81.1437253  30.2999226   0.2662265
464.3316 :  81.1429150  30.3055322   0.2662419
464.3316 :  81.1426801  30.3071592   0.2662464
464.3316 :  81.1426118  30.3076318   0.2662477
```

ここで，左端の数字は残差平方和であり，反復計算毎に小さくなっていくことがわかるだろう．残差平方和の横に並んだ 3 つの数字は，a, b, c の値である．反復計算しても推定値が，ほぼ動かなくなったところで停止している．res のサマリを見てみよう．

```
> summary(res)
```

```
Formula: diffusion_rate ~ a/(1 + b * exp(-c * year0))

Parameters:
  Estimate Std. Error t value Pr(>|t|)
a 81.14261    2.54320  31.906  < 2e-16 ***
b 30.30763    7.53606   4.022 0.000469 ***
c  0.26625    0.02304  11.557  1.6e-11 ***
---
Signif. codes:  0 '***' 0.001 '**' 0.01 '*' 0.05 '.' 0.1 ' ' 1

Residual standard error: 4.31 on 25 degrees of freedom

Number of iterations to convergence: 17
Achieved convergence tolerance: 3.628e-06
```

結果を見てみると，$a = 81.14261$, $b = 30.30763$, $c = 0.26625$ となっている．ロジスティック曲線と PC 普及率を，次のように fitted を用いて重ね合わせてみると，**図 6.4** のようになる．

```
> lines(year,fitted(res))
```

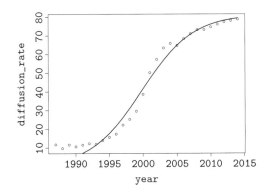

図 6.4：日本における PC の普及率をロジスティック曲線で近似

図 6.4 を見ると若干当てはまりのよくない部分もあるが，おおむねこの曲線に沿っていると言ってよいだろう．この推定で最も興味深いのは，最終的な普及率 $a = 81.14261$ であろう．PC 普及率は今後ほとんど上がらず 81% 程度で飽和すると推定される[*3].

6.3 nls 関数に関するいくつかの注意

初期値次第で推定パラメータの値は若干変わる．例えば，初期値を start=c(a=80,b=2,c=2) とすると，パラメータの推定値は，$a = 81.1426211$, $b = 30.3075678$, $c = 0.2662475$ となり，先ほどの推定値とわずかに異なる．これは反復の終了条件が相対的なものだからである．

実は初期値の選び方というのはなかなか難しい問題である．誰でも陥りそうな落とし穴を 1 つ紹

[*3] 経験的に言うと，急上昇しているあたりでロジスティック曲線を当てはめて最終的な普及率を予想することはあまり得策ではないようである．

介しておこう．

次のように素直に year を使って nls 関数を使ってみるとうまくいかない．

```
> res <-nls(diffusion_rate ~ a/(1+b*exp(-c*year)),
            start=c(a=80,b=1,c=1),trace = TRUE)
Error in nlsModel(formula, mf, start, wts) :
   パラメータの初期値で勾配行列が特異です
```

これは反復計算ができないことを意味している．year の値が大きすぎ，結果 b が極端に大きくなる[*4]ためである．

year0 を使った場合でも，反復計算がうまくいかないことがある．

例えば，start=c(a=80,b=0.1,c=0.1) とすると以下のようになる．

```
> res <-nls(diffusion_rate ~ a/(1+b*exp(-c*year0)),
            start=c(a=80,b=0.1,c=0.1),trace = TRUE)
50730.49 :   80.0  0.1  0.1
38982.03 :   82.526247474   0.193318358  -0.007938087
17927.42 :   12.996071873  -0.662976676  -0.002842816
11884.44 :  -25.618040139  -1.653563249   0.008407764
・・・・・・
Error in nls(diffusion_rate ~ a/(1 + b * exp(-c * year0)), start = c(a = 80,  :
   step 因子 0.000488281 は 0.000976562 の 'minFactor' 以下に縮小しました
```

このように反復計算がうまくいかないことは「よくあること」であり，スクリプトのバグを疑うよりも，初期値を変えて再度計算させてみたほうがよい．

反復計算で最小二乗法の解を求めるために，R には，2 つのアルゴリズムが標準で用意されている．デフォルトは Gauss = Newton アルゴリズムである．何も指定しなければこのアルゴリズムが選ばれる．algorithm="plinear" とすれば Golub = Pereyra による局所線形最小二乗法のアルゴリズムが選択される．これらはいずれも代数的な解法ではなく，反復法である．

Gauss = Newton 法は関数の最小化アルゴリズムであるが，二乗和の最小化に特化したアルゴリズムであり，他の場合には適用することができない．また，nls では誤差 0 の人工的なデータに使ってはならない．収束判定条件がうまく機能しないためである．

6.4 変数変換と直線回帰を組み合わせる方法

ここでは，変数変換と直線回帰を組み合わせる技術を紹介する．

6.4.1 両対数グラフが直線的な場合

最初に，典型的なべき法則に従うデータを見てみよう（「一変量統計編」第 15 章参照）．sampledata2.xlsx の population タブを開き，人口総数をクリップボードにコピー（C 列 4 行から C 列 24 行まで）して，次のように操作する．

```
> city <- scan("clipboard")
Read 21 items
```

[*4] 先ほどの結果を使うと，この場合の b は，先ほどの b, c を用いて be^{1987c} と書ける．$be^{1987c} = 30.30763 \times \exp(1987 \times 0.26625) \approx 10^{231.2402}$ という 232 桁の巨大な数になる．

```
> ord <- order(city,decreasing=TRUE)
> city_popl <- city[ord]
> rank <- 1:21
> plot(rank,city_popl)
```

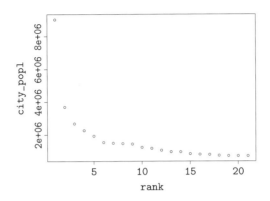

図 6.5：日本の大都市の人口ランキング

図 6.5 は，大都市の人口を降順に並べたものである．操作にわかりにくい点があるので，簡単に説明しておこう．ord には，city を大きさの順 (降順：decreasing=TRUE) にしたときの「順位」が格納されている．中身を見てみると，次のようになる．

```
> ord
 [1]  5  7 14 12  1 16 20 13  6  3 18  2 19  4 15  9 11 21  8 17 10
```

この順位に従って city のデータを並べ替える操作は次のとおりである．

```
> city_popl <- city[ord]
```

このデータは直線的ではないので，単純な直線回帰が適当ではないことはすぐにわかる．指数的に減衰しているようにも見えるが，この段階でははっきりしたことは言えない．一般にランキングデータは，「べき型」の関係が期待できることが多い．このような場合，両軸のデータの対数をとると直線的な関係が得られることがある．実際，$y = Cx^\beta$ のとき，この両辺の対数をとると，

$$\log y = \log C + \beta \log x$$

となる．$X = \log x$, $Y = \log y$, $\alpha = \log C$ とすれば，

$$Y = \alpha + \beta X$$

となり，これは X–Y 平面における直線の式になる．x, y の対数をとったデータに直線を当てはめ，α, β を推定すれば，β, C が求まることになる．

試しに，このグラフの両辺を対数グラフに変換してみよう[*5]．

```
> plot(log(rank),log(city_popl))
```

図 6.6 を見ると，右下がりの直線的な関係があることがわかる．

そこで，rank, city_popl の対数をとって lm を適用してみよう．

[*5] plot(rank,city_popl,log="xy") とする方法もある．log="xy"は両対数のオプションであり，横軸のみなら log="x"，縦軸のみなら log="y"を指定する．ただし，この両対数グラフでは，常用対数 (底を 10 とした対数) しか指定できないので注意が必要である．

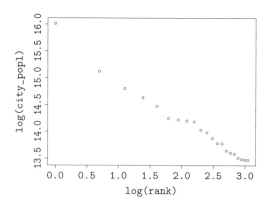

図 6.6：日本の大都市の人口ランキング (両対数グラフ)

```
> result <- lm(log(city_popl) ~ log(rank))
> summary(result)

Call:
lm(formula = log(city_popl) ~ log(rank))

Residuals:
      Min        1Q    Median        3Q       Max
-0.140237 -0.049099 -0.004739  0.038851  0.238977

Coefficients:
            Estimate Std. Error t value Pr(>|t|)
(Intercept) 15.77573    0.05476  288.10   <2e-16 ***
log(rank)   -0.77548    0.02377  -32.62   <2e-16 ***
---
Signif. codes:  0 '***' 0.001 '**' 0.01 '*' 0.05 '.' 0.1 ' ' 1

Residual standard error: 0.08692 on 19 degrees of freedom
Multiple R-squared:  0.9825,Adjusted R-squared:  0.9815
F-statistic:  1064 on 1 and 19 DF,  p-value: < 2.2e-16
```

R^2 値は 0.9825 となり，当てはまりが極めてよいことがわかる．実際，次のように回帰直線を引いてみると，直線的関係が一目瞭然である (**図 6.7**).

```
> abline(result)
```

サマリを見ると，回帰直線として

$$\log(\texttt{city\_popl}) = 15.77573 - 0.77548 \log(\texttt{rank})$$

が得られている．これを対数の入らない形に直すと，

$$\texttt{city\_popl} = \frac{e^{15.77573}}{\texttt{rank}^{0.77548}} = \frac{7100885}{\texttt{rank}^{0.77548}}$$

というランキングルールが導かれる．

　この方法では，本来の最小二乗近似関数が導かれるわけではなく，**今の場合では，対数値の残差が最小化されているという点に注意が必要である**．例えば，先ほどの R^2 値は，あくまで両対数グ

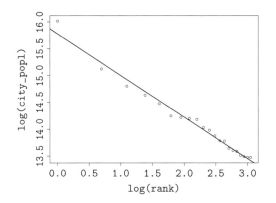

図 6.7：日本の大都市の人口ランキング (両対数グラフ)

ラフを直線近似した場合の R^2 値である．

6.4.2 より複雑な変換を必要とする場合

Rには，水銀のセ氏温度 temperature(t) と圧力 pressure(p) の関係を調べたデータ pressure が用意されている．

plot(pressure) とすると**図 6.8** が表示される．

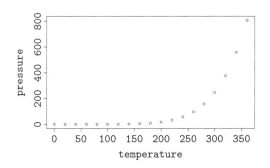

図 6.8：水銀の温度と圧力の関係 (pressure)

このデータにうまくフィットする曲線を見つけたい．温度が大きなところで急激に圧力が上がっているので，多項式モデルを当てはめようとする次数がかなり大きくなりそうである．

まず，温度をセ氏温度から絶対温度 T[K] に変換して abstemp とし，圧力を pres としよう．絶対温度 [K] は，セ氏温度 [℃]+273.15 である．

```
> abstemp <- pressure$temperature+273.15
> pres <- pressure$pressure
```

いくつかのモデルが考えられる．ここで考えたモデルは以下の 5 つである．T を絶対温度とする．

- (モデル 1) $p = a + bT$
- (モデル 2) $p = a + b\log T$
- (モデル 3) $\log p = a + bT$
- (モデル 4) $\log p = a + b\log T$
- (モデル 5) $\log p = a + b/T$

AIC と R^2 を見ると以下のようになる．

```
> model1 <- lm(pres~abstemp)
> model2 <- lm(pres~log(abstemp))
> model3 <- lm(log(pres)~abstemp)
> model4 <- lm(log(pres)~log(abstemp))
> model5 <- lm(log(pres)~I(1/abstemp))
> AIC(model1,model2,model3,model4,model5)
       df       AIC
model1  3 248.41628
model2  3 252.17725
model3  3  61.30362
model4  3  36.68719
model5  3 -56.81158
> summary(model1)$r.squared
[1] 0.5742492
> summary(model2)$r.squared
[1] 0.481054
> summary(model3)$r.squared
[1] 0.9464264
> summary(model4)$r.squared
[1] 0.9853351
> summary(model5)$r.squared
[1] 0.9998931
```

AIC の観点ではモデル 5 が最良である．さらに，R^2 値で見てもモデル 5 が最良であることがわかる (**図 6.9**)．

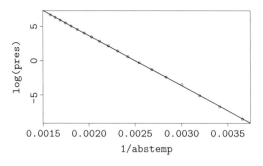

図 6.9：水銀の温度と圧力の関係 (モデル 5)

```
> plot(1/abstemp,log(pres))
> abline(model5)

> summary(model5)

Call:
lm(formula = log(pres) ~ I(1/abstemp))

Residuals:
```

```
          Min        1Q    Median       3Q      Max
-0.074562 -0.029292 -0.002077  0.021496  0.151712

Coefficients:
              Estimate Std. Error t value Pr(>|t|)
(Intercept)   1.827e+01  4.453e-02   410.4   <2e-16 ***
I(1/abstemp) -7.307e+03  1.833e+01  -398.7   <2e-16 ***
---
Signif. codes:  0 '***' 0.001 '**' 0.01 '*' 0.05 '.' 0.1 ' ' 1

Residual standard error: 0.04898 on 17 degrees of freedom
Multiple R-squared:  0.9999,Adjusted R-squared:  0.9999
F-statistic: 1.59e+05 on 1 and 17 DF,  p-value: < 2.2e-16
```

サマリから，$\log p = 18.27 - 7307/T$ という関係式が得られる．

以上のようにモデル選択の過程では試行錯誤が必要になることが多い．ここでは AIC と R^2 値でモデルの良し悪しを判断したが，他の観点もありうる．

6.5 章末問題

(R) マークは R を使って解答する問題，**(数)** マークは数学的な問題である．

問題 6-1 **(R)** sampledata2.xlsx の population2 タブに 2018 年の世界人口のデータ (単位 100 万人) がある (多い方から順に並んでいる)．これについて，以下の問に答えよ．

(1) 横軸に順位 n (多い方から順に)，縦軸に人口 p をとってプロットせよ．

(2) (1) のグラフを両対数グラフにせよ．ただし，対数とは常用対数である．

(3) $\log p$ を $\log n$ で回帰することで，$p = Ce^{\alpha n}$ という曲線を当てはめよ．

(4) nls を用いて直接 $p = Ce^{\alpha n}$ という曲線の当てはめを行え．(3) で求めた曲線と同じものになるかを調べよ．

(5) インドを除いて，$\log p$ を $\log n$ で回帰することで，$p = Ce^{\alpha n}$ という曲線を当てはめよ [研究課題 (解答なし)]．

問題 6-2 **(R)** ϵ_j $(j = 1, 2, \ldots, n)$ は，独立かつ同分布 $N(0, \sigma^2)$ に従う乱数とする．$x_j = -2 + 0.1(j-1)$ $(j = 1, 2, \ldots, 41)$ としたとき，$y_j = x_j^3 - 3x_j + \epsilon_j$ で生成される y_j を考える．次の問に答えよ．

(1) $\sigma = 0.2$ のとき，(x_j, y_j) $(j = 1, 2, \ldots, 41)$ をプロットし，$y = x^3 - 3x$ のグラフを重ね描きするスクリプトを書き，実行せよ．

(2) (1) で生成されたデータに対して，最小二乗法を用いて $y = a + bx + cx^2 + dx^3$ という多項式をフィッティングせよ．2 つの帰無仮説 $H_0(a) : a = 0$, $H_0(c) : c = 0$ が棄却されるか調べよ．

(3) σ の値を大きくして，2 つの帰無仮説 $H_0(a) : a = 0$, $H_0(c) : c = 0$ が棄却されるか調べてみよ．他の係数はどうか．

問題 6-3 **(数)** pressure の分析で得られた $\log p = 18.27 - 7307/T$ の右辺をセ氏温度 $(t = 0)$ の付近でテイラー展開し，p の近似式を求めよ．ただし，絶対零度は -273.15°C とせよ．

第7章

重回帰分析（1）

単回帰分析では説明変数は1つしかなかったが，これを複数にしたものが重回帰分析である．重回帰分析は，形式的には単回帰分析の拡張にすぎないが，話は一気に複雑化する．困難は大きく分けて2つある．第一の困難は認知的な問題で，散布図がわかりにくいことである．説明変数が2つのとき，散布図は3次元空間上に分布する点の雲のようなものになる．かろうじて目では見えるものだが，データの特徴を把握するのは容易でない．説明変数が3つ以上のときは，4次元以上の空間の散布図になってしまい，視覚的に把握することは難しい．第二の困難は線形代数の問題で，説明変数同士の関係が複雑になり，数値計算がうまくいかない場合があるということである(多重共線性)．本章では，重回帰分析の原理と適用例を示し，目に見えないデータをどのように扱うのか説明する．多重共線性については，第8章で説明する．

7.1 ワインの価格を予想する

最初に導入として，イアン・エアーズ[6]から，面白い例を引いておこう[*1]．経済学者のオーリー・アッシェンフェルターは，ワインの愛好家でもある．ワインは一種の農産品なので，その質は，気象条件に左右される．経験的に知られているのは，収穫期に雨が少なくて，夏の平均気温が高かったときによいワインができるということだった．彼は重回帰分析の手法を使ってボルドーの赤ワインの平均価格を次の公式にまとめてみせた．

$$\log(\text{ボルドー赤ワインの平均価格})$$
$$= 定数 + 0.001173 \times 冬の降雨量$$
$$+ 0.616 \times 育成期平均気温 - 0.0386 \times 収穫期降雨量$$
$$+ 0.0238 \times 熟成年数$$

これは面白い公式だ．この公式は当てはまりがよく，赤ワインの価格をうまく予測することができた．1989年のボルドー(赤)ワインに関する予測は驚異的だった．オーリーは，1961年のワインを100としたとき，1989年のそれは149になると予想．「過去35年のどんなワインよりも高額で売れるだろう」と宣言した．ワイン評論家たちは激怒し「ばかげていてふざけている」と罵倒した．しかしその後，この予測が正しいことが証明された．オーリーは，1990年，火に油を注いだ．1990年のボルドーワインは1989年を凌ぐと予想したのだ．この予想は当たった．ワイン評論家の「経験に基づく」方法では，これは予想できなかった．ワイン評論家は，統計の前に敗れ去ったのだった．

このような真似ができるのは，重回帰分析の手法が現実に役立つからだ．重回帰分析は強力な武器なのである[*2]．

[*1] ただし，この本の方程式と原論文には食い違いがあり，ここでは，原論文 Orley Ashenfelter, Predicting the Quality and Prices of Bordeaux Wines, Journal of Wine Economics, Volume 5, Issue 1 Spring 2010, pp.40–52 にある公式を引用する．

[*2] ワインは投機の対象にもなるから，公式を使って将来の価格を予想して儲けることもできるかもしれない．

7.2 重回帰分析の原理

y を複数の説明変数 $x_1, x_2, \ldots, x_m$ の一次式として，

$$y = \beta_0 + \beta_1 x_1 + \beta_2 x_2 + \cdots + \beta_m x_m \tag{7.1}$$

をデータに当てはめることを考える．単回帰分析の場合と同じく，平均二乗誤差

$$\mathcal{E}(\beta_0, \beta_1, \ldots, \beta_m) = \frac{1}{n}\sum_{j=1}^{n}(y_j - (\beta_0 + \beta_1 x_{1j} + \cdots + \beta_m x_{mj}))^2$$

を最小化するように $\beta_0, \beta_1, \ldots, \beta_m$ を選べばよい．この $\beta_0, \beta_1, \ldots, \beta_m$ は**偏回帰係数** (partial regression coefficient) と呼ばれる．特に，目的変数 y と説明変数 x_i について，標準化 (平均 0, 標準偏差 1 となるように変換) した値から算出される偏回帰係数のことを**標準化偏回帰係数** (standard partial regression coefficient) と呼び，このとき $\beta_0, \beta_1, \ldots, \beta_m$ は，各変数の単位とは無関係な値となる．これにより各説明変数の相対的な影響の大きさを比較することができる．$\beta_0, \beta_1, \ldots, \beta_m$ の推定のためにやるべきことは単純で，単回帰のときと同じく，それぞれのパラメータで偏微分して 0 とおいた方程式を解けばよいだけである．しかし変数が増えているため，直接的な計算は能率がよくない．そこで問題を幾何学的に捉え直す．そのために次の行列とベクトルを用意する．

$$\boldsymbol{y} = \begin{pmatrix} y_1 \\ y_2 \\ \vdots \\ y_n \end{pmatrix}, \quad X = \begin{pmatrix} 1 & x_{11} & \cdots & x_{m1} \\ 1 & x_{12} & \cdots & x_{m2} \\ \vdots & \vdots & & \vdots \\ 1 & x_{1n} & \cdots & x_{mn} \end{pmatrix}, \quad \boldsymbol{\beta} = \begin{pmatrix} \beta_0 \\ \beta_1 \\ \vdots \\ \beta_m \end{pmatrix}$$

すると，

$$\mathcal{E} = \frac{1}{n}\|\boldsymbol{y} - X\boldsymbol{\beta}\|^2$$

よって，$\|\boldsymbol{y} - X\boldsymbol{\beta}\|^2$ を最小化するようなベクトル $\boldsymbol{\beta}$ を選ぶ問題となる．

幾何学的には，$\boldsymbol{\beta}$ を動かしたときの $X\boldsymbol{\beta}$ 全体 (X の値域) は線形の集合 (直線，平面，超平面) である．これを $\mathrm{Ran}(X)$ と書くことにしよう．$\boldsymbol{y}$ から $\mathrm{Ran}(X)$ に下ろした垂線の足が $\|\boldsymbol{y} - X\boldsymbol{\beta}\|^2$ を最小化することは明らかであろう．$\boldsymbol{\beta}$ をそのような最小化ベクトルとする．このとき他の $\boldsymbol{\beta}'$ に対し，$X\boldsymbol{\beta}' - X\boldsymbol{\beta}$ は $\boldsymbol{y} - X\boldsymbol{\beta}$ と直交しなければならない (**図 7.1**)．

よって両者の内積は常に 0 となる．すなわち，

$$0 = (\boldsymbol{y} - X\boldsymbol{\beta}, X\boldsymbol{\beta}' - X\boldsymbol{\beta}) = (\boldsymbol{y} - X\boldsymbol{\beta}, X(\boldsymbol{\beta}' - \boldsymbol{\beta}))$$

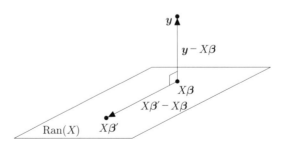

図 7.1：最適な $\boldsymbol{\beta}$

$$= (X^T(\boldsymbol{y} - X\boldsymbol{\beta}), \boldsymbol{\beta}' - \boldsymbol{\beta})$$
$$= (X^T\boldsymbol{y} - X^TX\boldsymbol{\beta}, \boldsymbol{\beta}' - \boldsymbol{\beta})$$

$X^T\boldsymbol{y} - X^TX\boldsymbol{\beta}$ は m 次元のベクトルであり，$\boldsymbol{\beta}'$ は自由に動けるから，この内積が常に 0 であるためには，

$$X^T\boldsymbol{y} - X^TX\boldsymbol{\beta} = \boldsymbol{0} \tag{7.2}$$

でなければならない．(7.2) を**正規方程式**と言う．X^TX の行列式が 0 でないと仮定すると，正規方程式 (7.2) を $\boldsymbol{\beta}$ について解いて，

$$\boldsymbol{\beta} = (X^TX)^{-1}X^T\boldsymbol{y} \tag{7.3}$$

を得ることができる．この種の線形計算 (行列やベクトルの計算) は，計算機の得意とするところであり，かなり大規模なデータを扱わない限りは処理に大した時間はかからない[*3].

7.3 分析例

例1：カナダの職業威信のデータ

典型的な重回帰分析の例として，Prestige というデータセットを分析してみよう．Prestige は，car というライブラリに含まれているので，事前にインストールしておく (インストールに時間がかかるので注意)．

まずは，データがどんなものか見てみよう．

```
> head(Prestige)
                    education  income  women  prestige  census  type
gov.administrators      13.11   12351  11.16      68.8    1113  prof
general.managers        12.26   25879   4.02      69.1    1130  prof
accountants             12.77    9271  15.70      63.4    1171  prof
purchasing.officers     11.42    8865   9.11      56.8    1175  prof
chemists                14.62    8403  11.68      73.5    2111  prof
physicists              15.64   11030   5.13      77.6    2113  prof
```

これは，カナダの (現職の労働者の) 職業威信スコア (職業に対する人々の主観的な評価を数値化したもの) について調べたものである[*4]．職業毎に，1971年時点での平均教育年数 education，平均収入 (ドル) income，女性比率 women，職業威信スコア prestige[*5]，カナダのセンサスコード census，職業のタイプ type (bc：ブルーカラー，prof：専門職・管理職・技術職，wc：ホワイトカラー) である[*6]．

[*3] 逆に言えば大規模な計算ではまだまだ改良の余地があり，研究者が日夜改良を重ねている．線形計算は数値計算技術が発達した領域だが，ハードウェアの性能を使い切るレベルでは極めて高度かつ精緻な技術が必要となる．数値計算を専門とする応用数学者フランソワーズ・シャトランは，その著書 F. シャトラン著，伊理正夫・伊理由美訳，『行列の固有値―最新の解法と応用』，シュプリンガーフェアラーク東京 (2003) の中で，ハードウェアの高速化と同じくらい数値計算アルゴリズムも高速化に寄与していると述べている．

[*4] Canada (1971), Census of Canada. Vol.3, Part 6. Statistics Canada.

[*5] ここで使われているのは，ピネオ＝ポーターの職業威信スコアである．職業威信が高いほど大きな数値になる．例えば，大工の職業威信スコアは 38.9 であるのに対し，警察官は 51.6 であり，大工より警察官の方が職業威信が高いことがわかる．Pineo–Porter prestige score for occupation, from a social survey conducted in the mid-1960s.

[*6] 厳密には，専門職・管理職・技術職もホワイトカラーである．社会階層研究では prof に相当するものを「上層ホワイトカラー」，wc に相当するものを「下層ホワイトカラー」と呼ぶ．コンソールで ?Prestige とタイプすると詳細が表示される．

職業威信スコアとは，人々にいろいろな職業について「最も高い」「やや高い」「ふつう」「やや低い」「最も低い」などから主観的な評価を選んでもらい，それぞれを 100, 75, 50, 25, 0 などのように数値化し，各職業ごとに数値の平均をとったものである．

ここでは，職業威信スコアと平均教育年数，平均収入の関係を調べてみよう．データ間の関係を把握するために，散布図行列を見てみよう．次のようにすれば，**図 7.2** が得られる．

```
> plot(Prestige[c(1,2,4)])
```

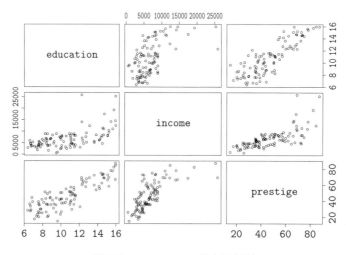

図 7.2：Prestige の散布図行列

予想されることだが，教育年数と職業威信スコア，教育年数と収入，収入と職業威信スコアの間には正の相関がある．

ここから重回帰分析に入るが，収入の分布は，「一変量統計編」7.2 節にある対数正規分布でうまく近似できることが知られている[*7]ので，分析に先だってこの点を確認しておこう．試しに収入の分布のヒストグラムと対数正規分布を重ね描きしてみよう．次のようにすると，**図 7.3** が得られる

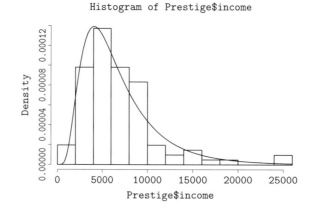

図 7.3：Prestige の収入の分布

[*7] 厳密には中程度の収入についてのみうまく近似できる．高収入の分布は，「一変量統計編」第 15 章で扱ったべき分布になっている．ここでは，多くの人の収入を説明する対数正規分布のみ考えている．

(ここでは見やすさを優先して，階級数を強制的に 10 にしている).

```
> income <- Prestige$income
> hist(income,breaks=10,prob=TRUE)
> curve(dlnorm(x,meanlog=mean(log(income)),sdlog=sd(log(income))),add=TRUE)
```

図 7.3 を見ると，対数正規分布がよく当てはまっていることがわかるだろう．income のまま回帰するのが一般的と思われるが，ここでは，income が対数正規分布しているので，log(income) のように対数をとったモデルを考えることにする (対数をとらないモデルについては問題 7–2 参照).

そこで，
$$\text{職業威信スコア} = a_0 + a_1 \cdot \text{教育年数} + a_2 \cdot \log(\text{収入}) + \text{誤差}$$
というモデルを当てはめることを考える．これは，一般に職業威信スコアが各職業の平均収入および平均教育年数と強く相関する[*8]ためである．次のようにすればよい．

```
> res <- lm(prestige ~ education + log(income), data=Prestige)
```

サマリを見てみよう．

```
> summary(res)

Call:
lm(formula = prestige ~ education + log(income), data = Prestige)

Residuals:
     Min      1Q  Median      3Q     Max
-17.0346 -4.5657 -0.1857  4.0577 18.1270

Coefficients:
             Estimate Std. Error t value Pr(>|t|)
(Intercept) -95.1940    10.9979  -8.656 9.27e-14 ***
education     4.0020     0.3115  12.846  < 2e-16 ***
log(income)  11.4375     1.4371   7.959 2.94e-12 ***
---
Signif. codes:  0 '***' 0.001 '**' 0.01 '*' 0.05 '.' 0.1 ' ' 1

Residual standard error: 7.145 on 99 degrees of freedom
Multiple R-squared:  0.831,Adjusted R-squared:  0.8275
F-statistic: 243.3 on 2 and 99 DF,  p-value: < 2.2e-16
```

a_0, a_1, a_2 のいずれも有意であり，R^2 も 0.831 となって，よく近似できていることがわかる．得られた結果は，
$$\texttt{prestige} = -95.1940 + 4.0020 \cdot \texttt{education} + 11.4375 \cdot \log(\texttt{income})$$
という回帰式である．職業威信スコアは，教育年数が 1 年増えると約 4 増え，収入が倍になると，約 8 ($11.4375 \log 2 = 7.927871$) 増えることがわかる．この回帰式に従うなら，収入を倍にするの

[*8] Duncan, Otis D. "A Socioeconomic Index for All Occupations," A. J. Reiss, Otis D. Duncan, Paul K. Hatt, and Cecil C. North eds. Occupations and Social Status, New York: Free Press, 109–138, 1961 などに詳細がある．

と，教育年数を 2 年増やすのは職業威信スコアに対し，ほぼ同じ効果があるということである (2 年間の教育の方がやや効果が高い)．この他にもいろいろなモデルを考えることができる．その一部は章末問題を見てもらいたい．

分析例 2：ブラックチェリーの倒木

次に，R に標準で用意されている trees の重回帰分析をしてみよう．trees は，31 本のブラックチェリーの倒木について，Girth(周長 (インチ))，Height(高さ (フィート))，Volume(体積 (立法フィート)) を記録したデータセットである．データの最初の方を見てみると次のようになる．

```
> head(trees)
  Girth Height Volume
1   8.3     70   10.3
2   8.6     65   10.3
3   8.8     63   10.2
4  10.5     72   16.4
5  10.7     81   18.8
6  10.8     83   19.7
```

もっとも測定しづらいのは体積 Volume であろうから，Girth と Height を説明変数，Volume を被説明変数として回帰するのが適当であると思われる．

次のように操作して散布図行列 (**図 7.4**) を見てみよう．

```
> plot(trees)
```

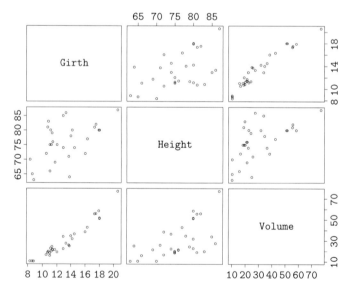

図 7.4：ブラックチェリーの倒木のデータ

これらを見ると，いずれも正の相関がありそうに見える．実際，相関行列を計算すると次のようになる．

```
> cor(trees)
            Girth    Height    Volume
Girth   1.0000000 0.5192801 0.9671194
Height  0.5192801 1.0000000 0.5982497
Volume  0.9671194 0.5982497 1.0000000
```

VolumeとGirthの相関係数は0.9671194と高く，VolumeとHeightの相関係数は0.5982497であり，GirthとHeightを説明変数，Volumeを被説明変数とした回帰に意味がありそうである．このような場合，formulaとして，Volume ~ Girth + Heightと書けばよい．

```
> res <- lm(Volume ~ Girth + Height, data=trees)
> summary(res)

Call:
lm(formula = Volume ~ Girth + Height, data = trees)

Residuals:
    Min      1Q  Median      3Q     Max
-6.4065 -2.6493 -0.2876  2.2003  8.4847

Coefficients:
            Estimate Std. Error t value Pr(>|t|)
(Intercept) -57.9877     8.6382  -6.713 2.75e-07 ***
Girth         4.7082     0.2643  17.816  < 2e-16 ***
Height        0.3393     0.1302   2.607   0.0145 *
---
Signif. codes:  0 '***' 0.001 '**' 0.01 '*' 0.05 '.' 0.1 ' ' 1

Residual standard error: 3.882 on 28 degrees of freedom
Multiple R-squared:  0.948,Adjusted R-squared:  0.9442
F-statistic:   255 on 2 and 28 DF,  p-value: < 2.2e-16
```

(Intercept)，Girthが0.1%有意であり，Heightが5%で有意になっている．得られた回帰式は次のようになる．

$$\text{Volume} = -57.9877 + 4.7082 \text{Girth} + 0.3393 \text{Height} \tag{7.4}$$

さらに当てはまりのよい回帰モデルを考える

Girth, Heightいずれかが0であれば，Volumeは0にならなければならないので，(7.4)の定数項は0になるべきである．しかし，(Intercept)は0.1%有意であり0と見なすことはできない．

こういう場合は，対数線形関係を疑ってみよう．もし，

$$\log(\text{Volume}) = a + b\log(\text{Girth}) + c\log(\text{Height})$$

のような関係があれば

$$\text{Volume} = e^a \text{Girth}^b \text{Height}^c$$

となり，$b>0, c>0$であれば，Girth, Heightいずれかが0であればVolumeは0になり合理的

である．先に見た相関行列では，GirthとVolumeの相関係数は0.9671194もあり，ひょっとすると説明変数としてHeightは不要なのかもしれない．

そこで，最初にformulaをlog(Volume) ~ log(Girth)として単回帰し，後でlog(Height)を投入して比較してみよう．まずformulaをlog(Volume) ~ log(Girth)のサマリを見てみる．

```
> res_VG <- lm(log(Volume) ~ log(Girth), data = trees)
> summary(res_VG)

Call:
lm(formula = log(Volume) ~ log(Girth), data = trees)

Residuals:
      Min        1Q    Median        3Q       Max
-0.205999 -0.068702  0.001011  0.072585  0.247963

Coefficients:
            Estimate Std. Error t value Pr(>|t|)
(Intercept) -2.35332    0.23066  -10.20 4.18e-11 ***
log(Girth)   2.19997    0.08983   24.49  < 2e-16 ***
---
Signif. codes:  0 '***' 0.001 '**' 0.01 '*' 0.05 '.' 0.1 ' ' 1

Residual standard error: 0.115 on 29 degrees of freedom
Multiple R-squared:  0.9539,Adjusted R-squared:  0.9523
F-statistic: 599.7 on 1 and 29 DF,  p-value: < 2.2e-16
```

R^2値は0.9539となり，やはり当てはまりは非常によい．次に，変数log(Height)を追加して回帰してみよう．この場合は，update関数を使って変数を追加できる．

```
> res_VGH <- update(res_VG, ~ . + log(Height), data = trees)
> summary(res_VGH)

Call:
lm(formula = log(Volume) ~ log(Girth) + log(Height), data = trees)

Residuals:
      Min        1Q    Median        3Q       Max
-0.168561 -0.048488  0.002431  0.063637  0.129223

Coefficients:
            Estimate Std. Error t value Pr(>|t|)
(Intercept) -6.63162    0.79979  -8.292 5.06e-09 ***
log(Girth)   1.98265    0.07501  26.432  < 2e-16 ***
log(Height)  1.11712    0.20444   5.464 7.81e-06 ***
---
Signif. codes:  0 '***' 0.001 '**' 0.01 '*' 0.05 '.' 0.1 ' ' 1

Residual standard error: 0.08139 on 28 degrees of freedom
```

```
Multiple R-squared:  0.9777,Adjusted R-squared:  0.9761
F-statistic: 613.2 on 2 and 28 DF,  p-value: < 2.2e-16
```

R^2 値は 0.9539 から 0.9777，自由度補正付き R^2 値は 0.9523 から 0.9761 となり，いずれも改善している．AIC を見てみよう．

```
> AIC(res_VG,res_VGH)
        df       AIC
res_VG   3 -42.21102
res_VGH  4 -62.71125
```

となり，Height を追加したモデルの方が AIC が下がっている (当てはまりがよくなっている) ことがわかる．

得られたモデルは，次のとおりである．

$$\mathtt{log(Volume)} = -6.63162 + 1.98265\mathtt{log(Girth)} + 1.11712\mathtt{log(Height)}$$

Volume について解けば，

$$\mathtt{Volume} = 0.001318026\mathtt{Girth}^{1.98265}\mathtt{Height}^{1.11712}$$

となる．指数はそれぞれ 2, 1 に近く，体積の単位は長さの 3 乗であり，周長，高さはいずれも長さの単位を持つので，指数の合計は 3 であるべきである．以上をまとめると次の関係が成り立つと考えるのが自然であろう[*9]．

$$\mathtt{Volume} \propto \mathtt{Girth}^2\mathtt{Height}$$

この結果は，木を単純化して大きな円柱のようなものと考えるとおよそ納得のいくものである．円柱の体積は，断面 (円) の面積 (半径の 2 乗に比例) × 高さとなる．周長はこの円の半径に比例するから，結果，体積は，周長の 2 乗 × 高さに比例することになる．このような単純化したモデルと結論がほぼ同じになることは興味深い．

7.4 Excel ファイルのデータを読み込む

これまで，データは R に標準で用意されているものか，クリップボードにコピーして scan 関数で読み込む方法でしかデータを扱っていなかった．しかし，データの多くは Excel ファイル形式になっていることが多いし，表形式でデータを見たり入力したりする際は，R よりも Excel の方が便利である．そこで，ここでは Excel のデータシートからデータを読み込んで回帰分析する例を説明する．

例として経済学で頻繁に登場するコブ・ダグラス (Cobb-Douglas) 型の生産関数のパラメータ推定をやってみよう．trees の例ではモデルそのものを探索したが，この例では，はじめからモデルがあり，そのパラメータを推定するという点が異なっている．経済学のシンプルなモデルでは，生産量 (GDP などで測定される) Q は，労働力 (労働者数) L と投下された資本 K を用いて，

$$Q = AL^\alpha K^\beta \tag{7.5}$$

のように表せると仮定する．A, α, β は正の定数であり，A は全要素生産性 (TFP: Total Factor Productivity) と呼ばれる．これをコブ・ダグラス型の生産関数という．経済学の教科書を開くと，

[*9] ここで，$A \propto B$ は A は B に比例するという意味である．

このタイプの生産関数が突然登場して驚かされる．確かに労働力を増やせば生産は増えるであろうし，資本を投下すればそれだけ生産手段を増やせるので生産も増えるだろうが，その掛け算で生産量が決まるというのは，あまりに単純すぎるのではないか．事実に裏付けられているのかどうか疑問に思うのが自然であろう．そこで，この問題を実際のデータを用いて統計的に検証してみることにしよう．

sampledata2.xlsx の Production シートに，1899 年から 1922 年までの米国の生産量，労働力，資本のデータがある[*10]．1899 年を 100 とした相対量である．このデータを読み込むには次のようにする．フォルダ (ディレクトリ) の位置は各自の PC で異なるので対応するパスを書いてもらう必要がある．

```
> install.packages("xlsx")
> library(xlsx)
> econ <- read.xlsx("C:/Users/kaminaga/statistics/sampledata2.xlsx",
                    sheetName="Production")
```

最初に xlsx パッケージをインストールする必要がある．ここでデータを読み込む際にデータフォルダ (ディレクトリ) を指定しなければならないが，フォルダの区切りは Windows 標準の円マーク￥やバックスラッシュ\ではなく，スラッシュ/にする必要があるので注意してほしい．また xlsx パッケージは，java(JRE)(https://www.java.com/ja) を必要とするため，java(JRE) を未インストールの場合は，前述のサイトよりインストールを行うこと．ここで注意が必要なことは，利用している R の種類 (32 bit or 64 bit) と java(JRE) の種類 (32 bit or 64 bit) を合わせる必要があることである．

データオブジェクト econ の中身を見てみよう (最初と最後のあたりのデータだけ表示している)．

```
> econ
   Year Output Labor Capital NA. NA..1 NA..2 NA..3 NA..4
1  1899    100   100     100  NA    NA    NA    NA    NA
2  1900    101   105     107  NA    NA    NA    NA    NA
...
23 1921    179   147     417  NA    NA    NA    NA    NA
24 1922    240   161     431  NA    NA    NA    NA    NA
25   NA     NA    NA      NA  NA    NA    NA    NA    NA
26   NA     NA    NA      NA  NA    NA    NA    NA    NA
27   NA     NA    NA      NA  NA    NA    NA    NA    NA
```

NA(Not Available) が並んでいてちょっと気になるかもしれないが，無視してよい．Output が生産量，Labor が労働力，Capital が資本である．

(7.5) の両辺の対数 (ここでは自然対数) をとれば，次のようになる．

$$\log Q = \log A + \alpha \log L + \beta \log K \tag{7.6}$$

(7.6) の意味するところは，コブ・ダグラス型の生産関数の関係は，対数で見れば，一次式になるということである．

縦軸を片対数 (自然対数) にしてグラフを描くと，**図 7.5** のようになる．参考までにこの図を表示

[*10] Source: Pesaran, M. H. and Pesaran, B., Microfit 4.0. Cambridge:Camfit DataLtd., 1997. 日本では，明治時代から大正時代のあたりである．この頃にあった日本史上の大きな事件として，日露戦争 (1904–1905)，韓国併合 (1910)，第一次世界大戦 (1914–1918) がある．

するRスクリプトも示しておく．

---スクリプト3 (7_4.R)---
```
plot(econ$Year,log(econ$Output),type="l",xlab="",
     ylab="",ylim=c(4.5,6.2),lwd=2,lty="solid")
par(new=TRUE)
plot(econ$Year,log(econ$Labor),type="l",xlab="",
     ylab="",ylim=c(4.5,6.2),lwd=2, lty="dotted")
par(new=TRUE)
plot(econ$Year,log(econ$Capital),type="l",xlab="Year",
     ylab="",ylim=c(4.5,6.2),lwd=2,lty="dotdash")
labels <- c("log(Output)", "log(Labor)", "log(Capital)")
lstyle <- c("solid", "dotted", "dotdash")
legend("topleft", legend = labels, lty = lstyle)
```

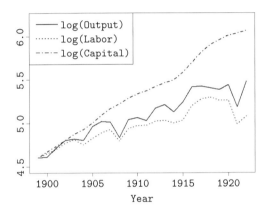

図 7.5：生産量，労働力，資本の年次推移 (1899=100) (片対数グラフ)

log(Output) を log(Labor) と log(Capital) で回帰してみると次のようになる．

```
> res <- lm(log(Output) ~ log(Labor)+log(Capital),data=econ)
> summary(res)

Call:
lm(formula = log(Output) ~ log(Labor) + log(Capital), data = econ)

Residuals:
      Min        1Q    Median        3Q       Max
-0.075282 -0.035234 -0.006439  0.038782  0.142114

Coefficients:
             Estimate Std. Error t value Pr(>|t|)
(Intercept)  -0.17731    0.43429  -0.408  0.68721
log(Labor)    0.80728    0.14508   5.565 1.6e-05 ***
log(Capital)  0.23305    0.06353   3.668 0.00143 **
---
Signif. codes:  0 '***' 0.001 '**' 0.01 '*' 0.05 '.' 0.1 ' ' 1
```

```
Residual standard error: 0.05814 on 21 degrees of freedom
  (3 observations deleted due to missingness)
Multiple R-squared:  0.9574,Adjusted R-squared:  0.9534
F-statistic: 236.1 on 2 and 21 DF,  p-value: 4.038e-15
```

(3 observations deleted due to missingness) とあるが，これは読み込んだデータの最後の 3 行 (全てが NA になっている行) を削除して処理したことを表している．

切片は有意ではないが，log(Labor)，log(Capital) いずれも有意であり，決定係数も 1 に近い．Q について解けば，

$$Q = 0.8375201 L^{0.80728} K^{0.23305}$$

となる[*11]．

生産関数は数学的に都合がよいだけのフィクションではないようである．

[*11] 式 (7.6) において $\alpha + \beta > 1$ のとき収穫逓増，$\alpha + \beta = 1$ のとき収穫一定，$\alpha + \beta < 1$ のとき収穫逓減と言う．この結果は，$\alpha + \beta = 0.80728 + 0.23305 = 1.04033 > 1$ なので収穫逓増にあたるが，この程度の超過では収穫一定と考えるべきかもしれない．収穫一定とは，全ての生産要素 (ここでは労働力と資本) を t 倍すると，生産量も t 倍される $((tL)^\alpha (tK)^{1-\alpha} = tL^\alpha K^{1-\alpha})$ ということを意味する．

7.5 章末問題

(R) マークは R を使って解答する問題, **(数)** マークは数学的な問題である.

問題 7-1 (数)
$$\mathcal{E}(\beta_0, \beta_1, \beta_2) = \frac{1}{n} \sum_{j=1}^{n} (y_j - (\beta_0 + \beta_1 x_{1j} + \beta_2 x_{2j}))^2$$
を最小化するような $\beta_0, \beta_1, \beta_2$ が満たす方程式を求めよ.

問題 7-2 (R) Prestige を education と income で回帰し, 回帰式を求めよ. Prestige を education と log(income) で回帰した (本文で扱ったモデル) と比較し, AIC の観点で見たときに当てはまりがよいと考えられるのはどちらのモデルか.

問題 7-3 (数) データセット Prestige における収入 income の分布は, 図 7.3 にあるように対数正規分布でよく近似できそうである. その理由は何なのか考えてみよ. また, 高収入部分に不一致があるように見えるが, その理由は何であろうか (この問題には, はっきりした正解があるわけではない).

問題 7-4 (数) 収穫一定を仮定したコブ・ダグラス型生産関数 $Q = AL^\alpha K^{1-\alpha}$ を考える. 右辺において L を ΔL, K を ΔK だけ変化させたとき, Q が ΔQ だけ変化するとき, 近似式
$$\frac{\Delta Q}{Q} \approx \alpha \frac{\Delta L}{L} + (1-\alpha) \frac{\Delta K}{K}$$
が成り立つことを示せ. 経済学ではこの関係を使って α を推計することもある. この近似式の意味するところは, 生産量変化率 (売上の変化率と思ってよいだろう) は, 労働力の変化率と資本の変化率を $\alpha : 1-\alpha$ に按分したものだということである. このことから α は人件費率と呼ばれる.

問題 7-5 (R) 本文では収穫一定を仮定しなかったが, これを仮定して Production のデータにコブ・ダグラス型生産関数 $Q = AL^\alpha K^{1-\alpha}$ を当てはめてみよ. α はいくらと推定されるか.

第8章

重回帰分析(2)

本章は重回帰分析の続きである．ここでは，前章で解説しきれなかった問題として，多重共線性，交互作用効果について説明する．これらは変数間の絡み合いの問題であり，多変量統計特有の問題である．

8.1 多重共線性とは何か

7.2節，式 (7.2) に関する議論を思い出そう．(7.2) における係数ベクトル $\boldsymbol{\beta}$ が求まるためには，$X^T X$ が逆行列を持たなければならない．逆に言えば，$X^T X$ が逆行列を持たないときは係数ベクトルは一意に定まらなかったり，そもそも存在しなかったりする．

線形代数のクラメルの公式によれば，$\widetilde{X^T X}$ を $X^T X$ の余因子行列としたとき，$\boldsymbol{\beta}$ は次のように書くことができる．

$$\boldsymbol{\beta} = \frac{1}{|X^T X|} \widetilde{X^T X} X^T \boldsymbol{y}$$

ここで，正方行列 A に対し，$|A|$ は A の行列式を表している．ここからわかることは，$|X^T X| \approx 0$ のときは数値計算の際に分子のわずかの違いが $1/|X^T X|$ 倍されて $\boldsymbol{\beta}$ の成分の大きな差となって現れる可能性がある[*1]．多くの統計学の教科書では，この状況を「計算結果が不安定になる」というように表現している．

$X^T X$ が逆行列を持つということは，m 次元のベクトル $\boldsymbol{u}$ に対し，$X^T X \boldsymbol{u} = \boldsymbol{0}$ となる $\boldsymbol{u}$ が $\boldsymbol{0}$ に限るということと同値である．転置行列の性質を使って，これを書き換えてみよう．

$$0 = (X^T X \boldsymbol{u}, \boldsymbol{u}) = (X \boldsymbol{u}, X \boldsymbol{u}) = \|X \boldsymbol{u}\|^2$$

となるから，$X^T X \boldsymbol{u} = \boldsymbol{0}$ であるということと，$X \boldsymbol{u} = \boldsymbol{0}$ であることとは同値である．この解が $\boldsymbol{0}$ に限るということは，$\mathrm{rank}\, X = m$ であるということと同値である．逆に，$\mathrm{rank}\, X < m$ となる場合 (ランク落ちの場合) は逆行列がなく，係数の計算ができない．統計データは確率的に散らばるのでランク落ちすることはまずないが，実際には $\mathrm{rank}\, X = m$ であっても，$|X^T X| \approx 0$ のときは計算結果が不安定になる．これが**多重共線性** (multicollinearity) である[*2]．

8.2 多重共線性の数学的仕組み

多重共線性の数学的仕組みを理解するため，$\mathrm{rank}\, X < m$ となる場合を考えよう．$\mathrm{rank}\, X < m$ となるということは，どれかの変数，どれでもよいが，例えば x_m が $1, x_1, x_2, \ldots, x_{m-1}$ の一

[*1] 数値解析学では，正則行列 M に対し，その行列ノルムを $\|M\|$ と書いたとき，$\kappa(M) = \|M\| \|M^{-1}\|$ を条件数と呼んでいる．条件数が大きいときは数値計算の誤差が大きいことが知られている．$|M| \approx 0$ は，条件数が大きくなる原因になる．

[*2] 説明変数の間に「関係」があると重回帰分析がうまくいかないのではないかという質問を受けることがあるが，数値計算上の問題が生ずるのは，一次式の関係であって，それ以外の関係ではない．例えば，第3章で多項式関数による回帰を紹介したが，x, x^2, x^3 は当然ながら関係がある．それがなぜうまくいったかと言えば，関係が一次式ではなかったからである．回帰分析において係数の推定値は (線形の) 連立方程式を解くことによって得られるので，問題は線形関係 (一次式関係) だけなのである．

次結合で書ける (ここで **1** は全ての成分が 1 であるようなベクトル), つまり,

$$\begin{pmatrix} x_{m1} \\ x_{m2} \\ \vdots \\ x_{mn} \end{pmatrix} = \alpha_0 \begin{pmatrix} 1 \\ 1 \\ \vdots \\ 1 \end{pmatrix} + \alpha_1 \begin{pmatrix} x_{11} \\ x_{12} \\ \vdots \\ x_{1n} \end{pmatrix} + \cdots + \alpha_{m-1} \begin{pmatrix} x_{(m-1)1} \\ x_{(m-1)2} \\ \vdots \\ x_{(m-1)n} \end{pmatrix} \quad (8.1)$$

ということである. このとき, X は列基本変形で第 m 列が全て 0 になる.

これはようするに変数が無駄に多いということである. 今の場合で言えば, x_m は不要だということになる.

多重共線性を検知するためには, 次のように考えるのが自然である. x_m を他の説明変数で回帰するのである.

$$x_m = \alpha_0 + \alpha_1 x_1 + \cdots + \alpha_{m-1} x_{m-1}$$

というモデルを考えて回帰分析する. すると決定係数 R_m^2 が求まる. この回帰式で説明できなかった分散の割合は, $1 - R_m^2$ である. これを**トレランス** (torelance) と言い, その逆数

$$\mathrm{VIF}_m = \frac{1}{1 - R_m^2}$$

を **VIF** (Variance Infration Factor) と言う. VIF は, 決定係数が 1 に近づくと急激に大きくなる性質を持つ. これを説明変数毎に考えると m 個の

$$\mathrm{VIF}_k = \frac{1}{1 - R_k^2}, \quad k = 1, 2, 3, \ldots, m$$

が得られる. これらを多重共線性のメジャーにするのである.

先ほどの trees のモデルで VIF を計算するには, (パッケージがインストールされていなければ) DAAG パッケージをインストールし, 次のように操作すると VIF が得られる. なお, res_VGH は 7.3 節で生成したオブジェクトである.

```
> library(DAAG)
> vif(res_VGH)
 log(Girth) log(Height)
      1.391       1.391
```

この計算は次のように行われている. まず, log(Girth) を log(Height) を説明変数として回帰する. 結果は次のようになる.

```
> res_check <- lm(log(Girth) ~ log(Height),data=trees)
> summary(res_check)

Call:
lm(formula = log(Girth) ~ log(Height), data = trees)

Residuals:
     Min      1Q  Median      3Q     Max
-0.32730 -0.14931  0.01673  0.19313  0.31060

Coefficients:
            Estimate Std. Error t value Pr(>|t|)
```

```
(Intercept)  -3.6956     1.8572  -1.990  0.05611 .
log(Height)   1.4450     0.4291   3.367  0.00216 **
---
Signif. codes:  0 '***' 0.001 '**' 0.01 '*' 0.05 '.' 0.1 ' ' 1

Residual standard error: 0.2015 on 29 degrees of freedom
Multiple R-squared:  0.2811,Adjusted R-squared:  0.2563
F-statistic: 11.34 on 1 and 29 DF,  p-value: 0.002155
```

ここで Multiple R-squared: 0.2811(R^2 値) を取り出して，1 から引いて逆数をとってみると，次のようになる．

```
> 1/(1-summary(res_check)$r.squared)
[1] 1.391027
```

確かに vif の結果と一致している[*3]ことがわかる．2 つが同じ数字になっているのは，説明変数が 2 つしかないので単回帰になっており，どちらを説明変数にして回帰しても得られる決定係数が同じだからである．

広く使われている基準は，VIF $\geq$ 10 のときは多重共線性があると見なすというものである[*4]．これは，トレランスが 0.1 以下ということと同値である．また，VIF が 5 以上のときも多重共線性を疑うべきとされている．これは，トレランスが 0.2 以下ということと同値である．VIF やトレランスの代わりに R^2 値を見てもよい[*5]．

これらを見てもわかるとおり，この基準は絶対的なものではなく，便宜的なものである．統計学は数学というより技術の一種なので，このような便宜的な基準が数多く存在する (検定のところで学んだ有意水準 5% などもその例)．

8.3 多重共線性のシミュレーション例

状況をクリアにするために，人工的なデータを使って多重共線性で何が起きるのかを確認しよう．極端な場合の方が状況を捉えやすいので，例もかなり極端なものにする．次のように設定して z を x_1, x_2, x_3 で回帰する．サンプルサイズは切りのよいところで 100 とした．

$$x_1 = \text{N}(100, 1) \text{ に従う乱数}$$
$$x_2 = \text{N}(50, 1) \text{ に従う乱数}$$
$$x_3 = x_1 + x_2 + \text{N}(0, 0.0001) \text{ に従う乱数}$$
$$z = 5x_1 + 10x_2 + 20x_3 + \text{N}(0, 0.1) \text{ に従う乱数}$$

R では次のようにする．サマリも示す．

```
> x1 <- rnorm(100,100,1)
> x2 <- rnorm(100,50,1)
> x3 <- x1 + x2 + rnorm(100,0,0.0001)
```

[*3] この例に限ったことではないが，理解を確かめる上でも，結果を定義に従って計算しなおしてみるとよい．
[*4] Kutner, M. H.; Nachtsheim, C. J.; Neter, J. (2004). Applied Linear Regression Models (4th ed.). McGraw-Hill Irwin.
[*5] 個人的には VIF と R^2 は本質的には同じものなので，あえて VIF という概念を使わなくてもよいように思うが，慣例に従って VIF を説明した．

8.3 多重共線性のシミュレーション例

```
> z <- 5*x1 + 10*x2 + 20*x3 + rnorm(100,0,0.1)
> res_test <- lm(z ~ x1 + x2 + x3)
> summary(res_test)

Call:
lm(formula = z ~ x1 + x2 + x3)

Residuals:
     Min       1Q   Median       3Q      Max
-0.26635 -0.06468 -0.00210  0.08669  0.33449

Coefficients:
             Estimate Std. Error t value Pr(>|t|)
(Intercept)   -0.4172     1.4345  -0.291    0.772
x1          -161.6527   116.6915  -1.385    0.169
x2          -156.6541   116.6890  -1.342    0.183
x3           186.6561   116.6886   1.600    0.113

Residual standard error: 0.1163 on 96 degrees of freedom
Multiple R-squared:      1,	Adjusted R-squared:     1
F-statistic: 3.53e+06 on 3 and 96 DF,  p-value: < 2.2e-16
```

同じ操作をもう一度やってサマリを見てみよう.

```
> summary(res_test)

Call:
lm(formula = z ~ x1 + x2 + x3)

Residuals:
      Min        1Q    Median        3Q       Max
-0.242601 -0.062790 -0.000099  0.058830  0.280747

Coefficients:
             Estimate Std. Error t value Pr(>|t|)
(Intercept)    0.4071     1.2192   0.334    0.739
x1            55.4872   107.5941   0.516    0.607
x2            60.4693   107.5944   0.562    0.575
x3           -30.4839   107.5957  -0.283    0.778

Residual standard error: 0.09211 on 96 degrees of freedom
Multiple R-squared:      1,	Adjusted R-squared:     1
F-statistic: 4.694e+06 on 3 and 96 DF,  p-value: < 2.2e-16
```

サマリを見るといずれの係数も有意ではない. 2つの回帰式を並べてみよう.

$$z = -0.4172 - 161.6527x_1 - 156.6541x_2 + 186.6561x_3$$
$$z = 0.4071 + 55.4872x_1 + 60.4693x_2 - 30.4839x_3$$

これらを見ると, ほぼ同じデータを回帰したにもかかわらず全く異なる係数になっている (符号す

ら合っていない！) ことがわかる．にもかかわらず決定係数はいずれも 1 である．これが「推定が不安定になる」ということの意味である．

上の 2 度目の結果の VIF を求めてみると次の結果が得られる．

```
> vif(res_test)
        x1         x2         x3
 106590000  128970000  209430000
```

VIF が極端に大きな値になっていることがわかるだろう．このような場合は，推定結果があてにならないのである．

この際，一次式関係にある変数はいずれも VIF が高くなる．高いものは全て一次関係にある可能性が高い．

そうでないものは外すことができる．今のシミュレーションで独立な変数 x_4 を追加してみよう (ただし以下の結果は新たに行ったもので，x_4 がない場合も先ほどのとは異なる)．

```
> x1 <- rnorm(100,100,1)
> x2 <- rnorm(100,50,1)
> x3 <- x1 + x2 + rnorm(100,0,0.0001)
> x4 <- rnorm(100,50,10)
> z <- 5*x1 + 10*x2 + 20*x3 + rnorm(100,0,0.1)
> res_test <- lm(z ~ x1 + x2 + x3 + x4)
```

よく見ると，x_4 のみ 1.0994e+00 でほぼ 1 であり，残りの 3 つの説明変数で VIF が高い．このようなときは，x_1, x_2, x_3 の間に多重共線性があると考えられる (**図 8.1**)．

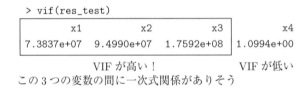

図 8.1：独立な変数 x_4 を追加した場合の VIF

8.4 正しく推定できる場合

前節で紹介した例はかなり極端なものである．実際には，説明変数の間に一次式の関係があっても，ノイズがある程度大きい場合は正しい係数が推定できることもある．

```
x3 <- x1 + x2 + rnorm(100,0,1)
```

としてあらためてシミュレーションしなおしてみよう．これは x_3 に乗せるノイズを大きくした (標準偏差を大きくした) ものである．結果は次のようになる．

```
> summary(res_test)

Call:
lm(formula = z ~ x1 + x2 + x3)

Residuals:
```

```
              Min        1Q    Median        3Q       Max
        -0.266369 -0.068322 -0.004172  0.062378  0.268438

        Coefficients:
                     Estimate Std. Error  t value Pr(>|t|)
        (Intercept)   2.45644    1.15055    2.135   0.0353 *
        x1            4.99294    0.01297  384.963   <2e-16 ***
        x2            9.98534    0.01424  701.199   <2e-16 ***
        x3           19.99312    0.01046 1911.598   <2e-16 ***
        ---
        Signif. codes:  0 '***' 0.001 '**' 0.01 '*' 0.05 '.' 0.1 ' ' 1

        Residual standard error: 0.1028 on 96 degrees of freedom
        Multiple R-squared:      1,Adjusted R-squared:     1
        F-statistic: 5.375e+06 on 3 and 96 DF,  p-value: < 2.2e-16
```

となり，ほぼ正しい係数が得られる．このケースでは VIF は小さい．

```
> vif(res_test)
    x1     x2     x3
1.9471 2.1743 2.6925
```

このように VIF が小さくなる場合には計算はうまくいくが，これはいわばノイズのいたずらである．VIF はあくまで係数計算がうまくいくかどうかを調べるための道具で，変数間の関係を検出できるとは限らないのである．VIF が小さければ，係数の推定値はおおむね正しいと思ってよいが，変数間に一次式の関係があるという意味の (真の) 多重共線性についてはわからないのである．

経験的に言えることは，仮に VIF が小さく，計算がうまくいくとしても説明変数をむやみに増やさない方がよいということである．説明変数を増やすと変数相互の関係が複雑化し，VIF では検出できない一次従属関係が見逃される可能性がある．

8.5 交互作用

今，2 つの変数 x_1, x_2 と y の関係を知りたいとする．このとき，第 7 章で見た重回帰分析では，

$$y = a_0 + a_1 x_1 + a_2 x_2 + \epsilon \tag{8.2}$$

という線形モデルを考えることになる．ここで，ϵ は誤差項である．これはデータに (8.2) の形の平面の式を当てはめるということである．

多変量の場合も，多項式回帰することはもちろんできるので，二次式

$$y = a_0 + a_1 x_1 + a_2 x_2 + a_{11} x_1^2 + a_{22} x_2^2 + \epsilon \tag{8.3}$$

を当てはめてもよい．統計学では，特に，x_1 と x_2 の積を含めたモデル

$$y = a_0 + a_1 x_1 + a_2 x_2 + a_{12} x_1 x_2 + \epsilon \tag{8.4}$$

$$y = a_0 + a_1 x_1 + a_2 x_2 + a_{11} x_1^2 + a_{12} x_1 x_2 + a_{22} x_2^2 + \epsilon \tag{8.5}$$

を考えることが多い．(8.5) で誤差項を 0 にしたものは空間の曲面 (二次曲面) を表している．(8.4) は，

$$y = a_0 + (a_{12} x_2 + a_1) x_1 + a_2 x_2 + \epsilon \tag{8.6}$$

と書くことができる. (8.6) を見ると, x_1 の効果は, x_2 によって左右されることがわかる. このように, $a_{12} x_1 x_2$ は, x_1 と x_2 の絡み合いを表す項であり, これを**交互作用項** (interaction term) と言う.

誤差項が 0 のとき, (8.6) は, 双曲放物面を表している. 平行移動して縮尺を適当に変えれば, $z = xy$ という形にすることができる. この曲面の形は, 次のようにすれば見ることができる (**図 8.2**).

```
> f <- function(x,y) x*y
> x <- y <- seq(-2, 2, length=30)
> z <- outer(x, y, f)
> persp(x, y, z)
> persp(x, y, z, theta=60, phi=20, expand=0.7, ticktype="detailed")
```

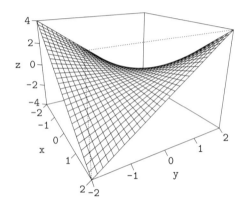

図 8.2: $z = xy$ で表される曲面 (双曲放物面)

8.5.1 交互作用の例

「一変量統計編」で扱った airquality というデータセットを見てみよう. airquality は, 1973 年の 5 月から 9 月までのニューヨークの大気の状態を調べたデータである. オゾンの量 Ozone(ppb), 太陽の放射の量 Solar.R, 風速 Wind(mph), 気温 Temp(F), 月 Month, 日 Day という変数で構成されている. まず, 散布図行列を見てみよう. 次のようにすると, **図 8.3** が表示される.

```
> plot(airquality[,1:4])
```

図 8.3 を見ると, オゾンの量は, 風速と気温と相関がありそうであるが, まずは普通に線形回帰してみよう.

```
> res <- lm(Ozone ~ Solar.R + Wind + Temp, data=airquality)
> summary(res)

Call:
lm(formula = Ozone ~ Solar.R + Wind + Temp, data = airquality)

Residuals:
    Min      1Q  Median      3Q     Max
-40.485 -14.219  -3.551  10.097  95.619
```

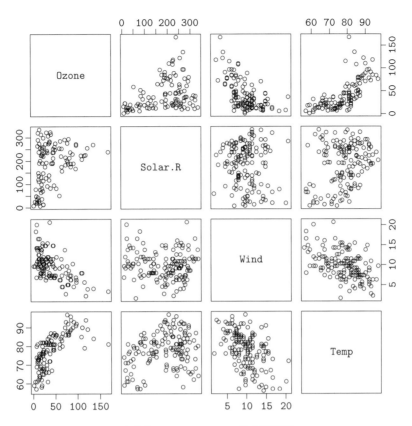

図 8.3：airquality の散布図行列

```
Coefficients:
            Estimate Std. Error t value Pr(>|t|)
(Intercept) -64.34208   23.05472  -2.791  0.00623 **
Solar.R       0.05982    0.02319   2.580  0.01124 *
Wind         -3.33359    0.65441  -5.094 1.52e-06 ***
Temp          1.65209    0.25353   6.516 2.42e-09 ***
---
Signif. codes:  0 '***' 0.001 '**' 0.01 '*' 0.05 '.' 0.1 ' ' 1

Residual standard error: 21.18 on 107 degrees of freedom
  (42 observations deleted due to missingness)
Multiple R-squared:  0.6059,Adjusted R-squared:  0.5948
F-statistic: 54.83 on 3 and 107 DF,  p-value: < 2.2e-16
```

切片を含めいずれの係数も有意であり，特に風速はオゾン量を下げる方向に作用し，気温は上げる方向に作用していることがわかる．回帰式は，

$$\text{Ozone} = -64.34208 + 0.05982 \cdot \text{Solar.R} - 3.33359 \cdot \text{Wind} + 1.65209 \cdot \text{Temp}$$

となる．

次に，交互作用モデルを考えよう．今，説明変数は3つあるので，このうち2つの積を考えると3通りの組み合わせがある．つまり，Solar.R·Wind, Solar.R·Temp, Wind·Temp という項を追加して調べればよい．交互作用項は，例えば，Solar.R·Wind であれば，Solar.R:Wind のように書

けばよいので，

Ozone ~ Solar.R + Wind + Temp + Solar.R:Wind + Solar.R:Temp + Wind:Temp

とすればよいが，いかにも冗長である．これは，

Ozone ~ (Solar.R + Wind + Temp)^2

と簡潔に表現することができる．代表的な回帰式の書式を**表 8.1** に示す．

表 8.1：代表的な回帰式の書式

書式	意味
y ~ x	y を x の一次式で回帰
y ~ x - 1	y を x の一次式で回帰 (切片 $= 0$)
y ~ x1 + x2	y を x1 と x2 の一次式で回帰
y ~ x1 + x2 + x1:x2	y を x1, x2, x1x2 の一次式で回帰
y ~ (x1 + x2)^2	y を x1, x2, x1x2 の一次式で回帰
y ~ x1+x2+x3+x1:x2+x2:x3+x3:x1	y を x1, x2, x3, x1x2, x2x3, x3x1 の一次式で回帰
y ~ (x1 + x2 + x3)^2	y を x1, x2, x3, x1x2, x2x3, x3x1 の一次式で回帰
y ~ .	y を全ての説明変数で回帰
y ~ .-x1	y を x1 以外の説明変数で回帰

回帰の結果は，次のようになる．

```
> res.interact <- lm(Ozone ~ (Solar.R + Wind + Temp)^2, data=airquality)
> summary(res.interact)

Call:
lm(formula = Ozone ~ (Solar.R + Wind + Temp)^2, data = airquality)

Residuals:
    Min      1Q  Median      3Q     Max
-38.685 -11.727  -2.169   7.360  91.244

Coefficients:
                Estimate Std. Error t value Pr(>|t|)
(Intercept)   -1.408e+02  6.419e+01  -2.193  0.03056 *
Solar.R       -2.260e-01  2.107e-01  -1.073  0.28591
Wind           1.055e+01  4.290e+00   2.460  0.01555 *
Temp           2.322e+00  8.330e-01   2.788  0.00631 **
Solar.R:Wind  -7.231e-03  6.688e-03  -1.081  0.28212
Solar.R:Temp   5.061e-03  2.445e-03   2.070  0.04089 *
Wind:Temp     -1.613e-01  5.896e-02  -2.735  0.00733 **
---
Signif. codes:  0 '***' 0.001 '**' 0.01 '*' 0.05 '.' 0.1 ' ' 1

Residual standard error: 19.17 on 104 degrees of freedom
  (42 observations deleted due to missingness)
Multiple R-squared:  0.6863,Adjusted R-squared:  0.6682
F-statistic: 37.93 on 6 and 104 DF,  p-value: < 2.2e-16
```

サマリを見ると，有意になっているのは，切片の他，Wind, Temp, Solar.R:Temp, Wind:Tempの計5項である．AICを見てみると，

```
> AIC(res)
[1] 998.7171
> AIC(res.interact)
[1] 979.3775
```

となり，交互作用モデルの方が適切と言える (問題 8–1 参照)．ここで有意になっている交互作用項は，Solar.R:Temp, Wind:Tempである．これは，日射量が強いと気温の効果が強まること，および風が強いと気温の効果が弱まることを示している．交互作用の問題は，分散分析のところでも説明する．

8.6 ダミー変数

性別や喫煙の有無などは，0と1の2つの値を持つ変数と見なすことができる．このような変数を**ダミー変数** (dummy variable) という[6]．

ここではダミー変数を説明変数に使った回帰について説明する．

説明のために，ISLR ライブラリの Carseats というデータセットを使おう．次のように install.packages 関数を使って ISLR ライブラリをインストールし，ライブラリを呼び出しておく．

```
> install.packages("ISLR", dependencies = TRUE)
> library(ISLR)
```

Carseats は，チャイルドシート (child car seats) の 400 の異なる店舗における売上のデータで以下の 11 の変数からなるデータセットである．

- Sales: 各拠点での販売数 (単位千ドル)
- CompPrice: 競合他社の製品価格
- Income: コミュニティの所得水準 (単位千ドル)
- Advertising: 各会社の地域広告予算 (単位千ドル)
- Population: 地域の人口のサイズ (千人単位)
- Price: 各サイトでのカーシートの価格設定
- Age: 年齢
- ShelveLoc: 各サイトのチャイルドシートの品質 (良，中，悪)
- Education: 各拠点の教育レベル
- Urban: 都会か否か (Yes/No)
- US: アメリカ合衆国か否か (Yes/No)

ここで，Urban, US は，Yes/No という 2 つの値をとるダミー変数である．lm 関数はカテゴリカルな変数を説明変数とすると自動的にダミー変数に変換して分析を行う．ただし，カテゴリカルな変数であっても，値が数値をとる場合は量的変数として扱われてしまう．そのような場合には，base パッケージの関数 factor() を使って，変数にカテゴリカル変数としての特性を加える必要が

---

[6] その他, indicator variable, design variable, Boolean indicator, categorical variable, binary variable, qualitative variable などと呼ばれることもある．

ある.恣意的ではあるが,説明のため,あえてShelveLocを除いた変数でSales (売上) を回帰してみよう.売上と関係するのはどの変数なのか.例えば,都市であるかどうかは関係するのだろうか.ここで,Sales~.-ShelveLocは,ShelveLocを除いた変数で回帰するという意味である.

```
> res <- lm(Sales~.-ShelveLoc,data=Carseats)
> summary(res)

Call:
lm(formula = Sales ~ . - ShelveLoc, data = Carseats)

Residuals:
    Min     1Q Median     3Q    Max
-5.026 -1.341 -0.187  1.141  4.867

Coefficients:
              Estimate Std. Error t value Pr(>|t|)
(Intercept)  7.8243876  1.1298792   6.925 1.81e-11 ***
CompPrice    0.0942545  0.0078637  11.986  < 2e-16 ***
Income       0.0130501  0.0034908   3.738 0.000213 ***
Advertising  0.1369399  0.0210394   6.509 2.33e-10 ***
Population  -0.0002007  0.0007010  -0.286 0.774780
Price       -0.0924395  0.0050621 -18.261  < 2e-16 ***
Age         -0.0447919  0.0060226  -7.437 6.59e-13 ***
Education   -0.0423034  0.0373738  -1.132 0.258371
UrbanYes    -0.1559036  0.2133519  -0.731 0.465380
USYes       -0.1062926  0.2832192  -0.375 0.707640
---
Signif. codes:  0 '***' 0.001 '**' 0.01 '*' 0.05 '.' 0.1 ' ' 1

Residual standard error: 1.932 on 390 degrees of freedom
Multiple R-squared:  0.5425, Adjusted R-squared:  0.5319
F-statistic: 51.38 on 9 and 390 DF,  p-value: < 2.2e-16
```

結果を見ると,競合他社の製品価格CompPrice,所得水準Income,広告Advertisingの係数は正でいずれも有意である (これは当然期待される結果であろう).製品価格Priceが上がれば売上が落ちそうだし,年齢Ageが上がれば子どもの年齢も上がってチャイルドシートの必要性は下がる傾向にあるだろうと考えられるが,回帰の結果は予想どおり有意で,係数は負になっている.しかし,地域の人口のサイズPopulationや各拠点の教育レベルEducationは有意でない.また,ダミー変数は2つとも有意ではないようである.

このようにダミー変数を用いた回帰も,lm関数を使えば連続変数を説明変数にした場合と同様に処理できるのである.

8.7 章末問題

(R) マークは R を使って解答する問題，**(数)** マークは数学的な問題である．

問題 8-1 **(R)** airquality において，Wind, Temp, Solar.R:Temp, Wind:Temp という項のみで回帰した場合の回帰式を求めよ．さらに，本文のモデルと AIC を比較せよ．

問題 8-2 **(R)** car ライブラリの Prestige というデータについて，教育年数と収入の対数の交互作用を含めたモデルで回帰し，どの係数が有意になったかを調べよ．また，交互作用を含めないモデルと AIC を比較せよ．

第9章

一般化線形モデルの基礎

　持ち家かどうかを，世帯年収や世帯主の年齢などで説明するモデルを考えたいとしよう．この場合，持ち家かどうかは，「持ち家である」，「持ち家ではない」という2つの値しかとらない離散的な変数である．事故の回数や入場者数のようなデータも離散的であり，原因と考えられる変数を用いて回帰分析しようと思っても，被説明変数が連続的で誤差が正規分布に従うことを前提とした，これまでの回帰分析の手法はそのままでは通用しない．このような問題を解決するために，線形モデルの概念を拡張した一般化線形モデルが使われる．本章では，このような場合に回帰分析を拡張した一般化線形モデルの概要を述べ，数学的な側面について述べる．

9.1 一般化線形モデルの定義

9.1.1 条件付き期待値

　一般化線形モデル (Generalized Linear Model：GLM) においては条件付き期待値の概念が表に出てくるので，まず，条件付き期待値を定義しておこう．条件付き確率の概念から自然に条件付き期待値の概念が導かれる[*1]．

　離散的な確率変数の場合を考える．確率変数 Y の値が y であるという条件 ($P(Y=y)>0$ とする) のもとでの X の期待値を**条件付き期待値** (conditional expectation) と言い，$E(X|Y=y)$ と書く．条件付き確率を用いて書けば，

$$E(X|Y=y) = \sum_x x P(X=x|Y=y) \tag{9.1}$$

となる．ただし，右辺の収束性を仮定する．ここで $P(X=x|Y=y)$ は，$Y=y$ という条件のもとで $X=x$ となる条件付き確率である．x に関して和をとっているので，$E(X|Y=y)$ は y だけの関数である．

　事象 B が与えられたときの条件付き期待値は，

$$E(X|B) = \sum_x x P(X=x|B) \tag{9.2}$$

と書くことができる．これは事象 B の関数ということもできる．

　例を見てみよう．サイコロを考え，奇数の目が出るという事象を A とする．サイコロの目を確率変数と見たものを X とすると，$E(X) = 7/2$ であったが，

$$E(X|A) = 1 \cdot \frac{1}{3} + 3 \cdot \frac{1}{3} + 5 \cdot \frac{1}{3} = 3$$

$$E(X|A^c) = 2 \cdot \frac{1}{3} + 4 \cdot \frac{1}{3} + 6 \cdot \frac{1}{3} = 4$$

となる．A を情報だと思えば，A という情報を得たときの X の期待値が $E(X|A)$ となるわけである．つまり，上の計算結果は，サイコロの目が奇数だという情報を得たときのサイコロの目の期待

[*1] (測度論的な) 確率論においては，条件付き確率よりも条件付き期待値の方が本質的な概念であり，条件付き期待値は $P(B)=0$ の場合でも定義できる．

値が3であり,偶数であるという情報を得たときのサイコロの目の期待値が4であることを示している.これらは,情報が何もないときの期待値 $E(X) = 7/2$ とは異なっていることがわかる.つまり,奇数である,偶数である,という情報が条件付き期待値に影響を与えていると解釈できる.

補足 15. 測度論について予備知識があれば,次のようにして,連続的な確率変数に関する条件付き期待値を定義することができる.$(\Omega, \mathcal{F}, P)$ を確率空間とし,X を確率変数とする.つまり,Ω を標本空間,$\mathcal{F}$ を事象の集合,P を確率測度とする.1_A を $A \in \mathcal{F}$ の定義関数,すなわち,X が A に含まれているときに1を返し,含まれていないときに0を返す関数として,$E(X; A) = E(X \cdot 1_A)$ とする.$\mathcal{G}$ を $\mathcal{F}$ の部分 σ 加法族とするとき,$\mathcal{G}$ が与えられたときの X の条件付き期待値 $E(X|\mathcal{G})$ とは,全ての $A \in \mathcal{G}$ に対し,$E(X; A) = E(Y; A)$ を満たす $\mathcal{G}$ 可測な確率変数 Y のことである.このような Y の存在はラドン・ニコディムの定理によって保証される.このような定義は,確率論の立場では重要なものであるが,一般化線形モデルの結果を解釈する上では特に意識する必要はないので,本書では省略する.

9.1.2 一般化線形モデルの概要

被説明変数 Y を確率変数と見なし,説明変数 $X_1, \ldots, X_k$ を与えたときの Y の条件付き期待値 $E(Y|X_1, \ldots, X_k)$ を考えると,これは $X_1, \ldots, X_k$ の関数である.今,一対一の関数 (増加または減少関数) g を用いて $g(E(Y|X_1, \ldots, X_k))$ が (9.3) のように $X_1, \ldots, X_k$ の一次結合 (線形結合) になるように変形できる場合を考える.

$$g(E(Y|X_1, \ldots, X_k)) = \beta_0 + \beta_1 X_1 + \cdots + \beta_k X_k \tag{9.3}$$

(9.3) における g を**リンク関数** (link function) と言う.g の取り方は原理的には無数に存在する.$X_1, X_2, \ldots, X_k$ は通常の回帰と同様に**説明変数** (explanatory variable) と呼ばれるが,Y は一般化線形モデルでは,被説明変数ではなく,**応答変数** (responce variable) と呼ばれることが多い.

注意すべき点は2つある.1つは,リンク関数は Y を変換しているのではなく,条件付き期待値を変換しているということである.一般に,g が一次関数でなければ,$g(E(Y|X_1, \ldots, X_k))$ と $E(g(Y)|X_1, \ldots, X_k)$ は**一致しない**ことに注意しよう.もう1つは,(9.3) の右辺には誤差項がないことである.これは左辺が確率変数の条件付き期待値の関数であるためである.

ここで,「一次結合」であるとは**パラメータ** $\beta_0, \ldots, \beta_k$ **に対して一次である**という意味であり,例えば,

$$g(E(Y|X_1, X_2)) = \beta_0 + \beta_1 X_1 + \beta_2 X_1^2 + \beta_3 X_2 + \beta_4 X_1 X_2 \tag{9.4}$$

のようなものでもよい.$\beta_0, \beta_1, \beta_2, \beta_3, \beta_4$ について一次だからである.

g の形によっては,(9.3) を

$$E(Y|X_1, \ldots, X_k) = g^{-1}(\beta_0 + \beta_1 X_1 + \cdots + \beta_k X_k) \tag{9.5}$$

という形にした方が見やすい場合もある.

一般化線形モデルにおいて,重要なポイントは,元になる確率分布 (E を計算する元になる確率分布) とリンク関数 g の2つを指定する必要があるということである.確率分布は,一般化線形モデルの**誤差構造** (error structure) と呼ばれる.

図 9.1 は,説明変数が1つの場合の一般化線形モデルを模式的に表したものである.各 x の値毎に y の値 (白丸) がある.x 毎に y の値の確率分布が貼り付いている.黒丸は期待値であり,期待値

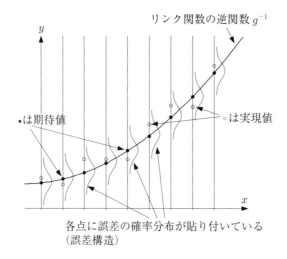

図 9.1：一般化線形モデルの概念図

をつないだ曲線がリンク関数の逆関数 g^{-1} である．この図は，各 x に対して y の確率分布の分散が同じように描かれているが，例えば，ポアソン分布の場合では，期待値と分散が等しいので，y の値が大きくなれば，それにつれて分散も大きくなる．

通常の回帰分析 (線形モデル：第 5 章参照) では，g は恒等関数 (identity) であり，誤差構造は正規分布である．一般化線形モデルでは g を様々な単調増加 (減少) 関数に変えることができ，誤差構造として正規分布に限らず様々な確率分布を当てはめることができる．確率分布はどんなものでもよいわけではないが，正規分布だけでなく，二項分布，ポアソン分布，負の二項分布など馴染みの確率分布を広く含む**指数型分布族** (exponential family) と呼ばれる確率分布のファミリーを適用することができる．

9.2 指数型分布族

ここでは指数型分布族を定義し，その例をいくつか挙げる．

定義 16. 確率変数 Y の確率分布が，確率関数 (または確率密度関数) $f(y;\theta,\phi)$ が指数型分布族に属するとは，以下の形を持つことを言う．

$$f(y;\theta,\phi) = \exp\left[\frac{y\theta - b(\theta)}{a(\phi)} + c(y,\phi)\right] \tag{9.6}$$

ここで，a,b,c は適当な関数で，ϕ は既知のパラメータで**分散パラメータ** (dispersion parameter)，θ は**正準パラメータ** (canonical parameter) と呼ばれる．

指数型分布族に属する確率分布は，y と正準パラメータ θ に積になっているところが最大の特徴で，これは，y と正準パラメータ θ の絡まり具合が単純であることを意味する．

指数型分布族には別の定義もあるが，これについては後述する．ここでは，定評ある McCullagh = Nelder のテキスト[4] に従った[*2]．

[*2] 指数型分布族以外にも有用な分布族，例えば混合型分布族等があるが，本書では解説しない．

指数型分布族の例を挙げておこう.

例 1：正規分布 (分散が既知の場合)

正規分布の確率密度関数は,

$$f(y;\theta,\phi) = \frac{1}{\sqrt{2\pi}\sigma} \exp\left[-\frac{(y-\mu)^2}{2\sigma^2}\right]$$

$$= \exp\left[\frac{\mu y - \frac{1}{2}\mu^2}{\sigma^2} - \frac{y^2}{2\sigma^2} - \frac{1}{2}\log(2\pi\sigma^2)\right] \tag{9.7}$$

となるから，σ を既知とすれば，$\theta = \mu$, $\phi = \sigma^2$, $a(\phi) = \phi$, $b(\theta) = \theta^2/2$, $c(y,\phi) = -\frac{1}{2}(y^2/\phi + \log(2\pi\phi))$ ととることができ，指数型分布族に属することがわかる．

例 1 において，分散パラメータは分散そのものになっている．これがその名の由来である．一般化線形モデルでは，最尤推定されるパラメータは 1 つだけで，その他のパラメータは**局外パラメータ** (nuisance parameter) と呼ばれ，他の方法で推定される．例えば，分散既知の正規分布の場合には，分散パラメータは不偏推定で求めるのが一般的である．

例 2：ポアソン分布

$$f(y;\theta,\phi) = \frac{\lambda^y}{y!}e^{-\lambda} = \exp[y\log\lambda - \lambda - \log(y!)] \tag{9.8}$$

となるから，$a(\phi) = 1$(定数), $\theta = \log\lambda$, $b(\theta) = \lambda = e^\theta$, $c(y,\phi) = -\log(y!)$ が対応する．

例 3：二項分布

二項分布の確率関数は,

$$f(y;\theta,\phi) = {}_nC_y p^y(1-p)^{n-y} = \exp\left[y\log\frac{p}{1-p} + n\log(1-p) + \log{}_nC_y\right] \tag{9.9}$$

となるから，$a(\phi) = 1$(定数), $\theta = \log\frac{p}{1-p}$, $b(\theta) = -n\log(1-p) = n\log(1+e^\theta)$, $c(y,\phi) = \log{}_nC_y$ が対応する．

例 4：指数型分布族ではない例

指数型分布族は多くの確率分布を含んでいるが，もちろん指数型分布族でない確率分布もある．例えば，コーシー分布

$$f(y;x_0) = \frac{1}{\pi}\frac{\gamma}{\gamma^2 + (y-x_0)^2} \tag{9.10}$$

において，$\gamma > 0$ を固定して x_0 を動かす場合を考える．(9.10) の両辺の対数をとると,

$$\log f(y;x_0) = \log\frac{\gamma}{\pi} - \log\{\gamma^2 + (y-x_0)^2\}$$

右辺の第二項を見ると，これが $y\theta$ の形になるように，θ を選ぶことはできないことがわかる．つまりコーシー分布は指数型分布族ではない．

補足 17. Dobson[5] における指数型分布族の定義は，定義 16 とは若干異なるので簡単に説明しておく．Dobson における指数型分布族の定義は，

$$f(y;\theta) = \exp[a(y)b(\theta) + c(\theta) + d(y)] \tag{9.11}$$

となる．正規分布，ポアソン分布，二項分布は (9.11) の形に書くことができるが (詳細は，問題 9–8 を参照のこと)，次の例のように，定義 16 では指数型分布族に含まれないものも含んでいる．

例 5：ワイブル分布 (形状母数 k を既知とした場合)

形状母数 $k > 0$, 尺度母数 $\lambda > 0$ のワイブル分布の確率密度関数は $y \leq 0$ で 0 であり, $y > 0$ では,

$$f(y; \lambda) = \frac{k}{\lambda} \left(\frac{y}{\lambda}\right)^{k-1} e^{-\left(\frac{y}{\lambda}\right)^k}$$
$$= \exp\left[-\frac{y^k}{\lambda^k} + \log k - k \log \lambda + (k-1) \log y\right] \tag{9.12}$$

となるから, $a(y) = y^k$, $b(\lambda) = -1/\lambda^k$, $c(\lambda) = \log k - k \log \lambda$, $d(y) = (k-1) \log y$ が対応する.

9.2.1 指数型分布族の期待値と分散

定義 16 から, Y の平均 $E(Y)$, 分散 $V(Y)$ を a, b, c を用いて表現しておこう.

定理 18. 定義 16 で定義される指数型分布族の確率分布に従う確率変数 Y に対し, Y の期待値 $E(Y)$, 分散 $V(Y)$ は以下のようになる.

$$E(Y) = b'(\theta)$$
$$V(Y) = b''(\theta) a(\phi)$$

証明. 連続な場合のみを示す (離散的な場合は, 積分を和に置き換えればよい). 自明な関係式

$$\int f(y; \theta, \phi) dy = 1 \tag{9.13}$$

の両辺を θ で微分し, 積分と微分の順序を交換する (f に関して無条件でできる話ではないが, ここではこうしたことが全て正当化される状況のみ考える) と,

$$\int \frac{d}{d\theta} f(y; \theta, \phi) dy = \int \frac{y - b'(\theta)}{a(\phi)} \cdot f(y; \theta, \phi) dy = 0 \tag{9.14}$$

となる. (9.14) より,

$$\int \frac{y - b'(\theta)}{a(\phi)} \cdot f(y; \theta, \phi) dy = \frac{1}{a(\phi)} \int y \cdot f(y; \theta, \phi) dy - \frac{b'(\theta)}{a(\phi)} \int f(y; \theta, \phi) dy$$
$$= \frac{1}{a(\phi)} (E(Y) - b'(\theta)) = 0$$

よって, $E(Y) = b'(\theta)$ が得られる.

次に分散を求めよう. (9.13) の両辺を 2 回微分すると (積分記号下の微分ができると仮定すると),

$$0 = \int \frac{d^2}{d\theta^2} f(y; \theta, \phi) dy$$
$$= \frac{1}{a(\phi)} \int \frac{d}{d\theta} \{(y - b'(\theta)) f(y; \theta, \phi)\} dy$$
$$= \frac{1}{a(\phi)} \int (-b''(\theta)) f(y; \theta, \phi) dy + \frac{1}{a(\phi)} \int \frac{(y - b'(\theta))^2}{a(\phi)} \cdot f(y; \theta, \phi) dy$$
$$= -\frac{b''(\theta)}{a(\phi)} + \frac{V(Y)}{a(\phi)^2}$$

よって, $V(Y) = b''(\theta) a(\phi)$ が従う. □

定理 18 における期待値と分散の公式が正しいことをポアソン分布で確認してみよう．

ポアソン分布 (9.8) においては，$a(\phi)=1$(定数)，$\theta=\log\lambda$，$b(\theta)=\lambda=e^\theta$，$c(y,\phi)=-\log(y!)$ であった．よって，
$$E(Y)=(e^\theta)'=e^\theta=\lambda$$
が確かに成り立っていることがわかる．

分散も以下のようになり，確かに正しいことがわかる．
$$V(Y)=(e^\theta)''=e^\theta=\lambda$$

9.3 フィッシャー情報行列

パラメータの最尤推定に必要なフィッシャー情報行列を定義しよう．

定義 19. $\theta=(\theta_1,\theta_2,\ldots,\theta_N)$ をパラメータに持つ確率密度関数 (確率関数) $f(Y;\theta)$ を持つ確率分布に従う確率変数 Y を考え，$l(Y;\theta)=\log f(Y;\theta)$ とする．このとき，(i,j) 成分が
$$(\mathcal{I}(\theta))_{ij}=E\left(\frac{\partial l}{\partial \theta_i}\cdot\frac{\partial l}{\partial \theta_j}\right)$$
で与えられる行列を**フィッシャー情報行列** (Fisher information matrix) という．

フィッシャー情報行列は「一変量統計編」の最尤推定の際に活躍したフィッシャー情報量の多次元版である．

フィッシャー情報行列は確率分布のパラメータの作る空間 (集合) に計量的な遠，近の構造を入れたものである．

例えば，正規分布 $\mathrm{N}(\mu,\sigma^2)$ の場合は，
$$f(y;\mu,\sigma)=\frac{1}{\sqrt{2\pi}\sigma}e^{-\frac{(y-\mu)^2}{2\sigma^2}}$$
であるから，
$$l=-\frac{(y-\mu)^2}{2\sigma^2}-\log\sigma-\log\sqrt{2\pi}$$
となる．すると，
$$\frac{\partial l}{\partial \mu}=\frac{y-\mu}{\sigma^2}$$
$$\frac{\partial l}{\partial \sigma}=\frac{(y-\mu)^2}{\sigma^3}-\frac{1}{\sigma}$$
であるから，
$$E\left(\left(\frac{\partial l}{\partial \mu}\right)^2\right)=E\left(\frac{(Y-\mu)^2}{\sigma^4}\right)=\frac{1}{\sigma^2}$$
$$E\left(\frac{\partial l}{\partial \mu}\cdot\frac{\partial l}{\partial \sigma}\right)=E\left(\frac{Y-\mu}{\sigma^2}\left(\frac{(Y-\mu)^2}{\sigma^3}-\frac{1}{\sigma}\right)\right)$$
$$=E\left(\frac{(Y-\mu)^3}{\sigma^5}\right)-E\left(\frac{Y-\mu}{\sigma^3}\right)=0$$

$$E\left(\left(\frac{\partial l}{\partial \sigma}\right)^2\right) = E\left(\left(\frac{(Y-\mu)^2}{\sigma^3} - \frac{1}{\sigma}\right)^2\right)$$

$$= E\left(\frac{(Y-\mu)^4}{\sigma^6}\right) - \frac{2}{\sigma^4}E((Y-\mu)^2) + \frac{1}{\sigma^2}$$

$$= \frac{3}{\sigma^2} - \frac{2}{\sigma^2} + \frac{1}{\sigma^2} = \frac{2}{\sigma^2}$$

上記の計算において，正規分布に対して，$E(Y-\mu) = E((Y-\mu)^3) = 0$（奇数次なら 0）であること，$E((Y-\mu)^2) = \sigma^2$, $E((Y-\mu)^4) = 3\sigma^4$ であることを用いた（問題 9-3 を参照のこと）．つまり，正規分布のフィッシャー情報行列は，

$$\mathcal{I}(\mu, \sigma) = \begin{pmatrix} \frac{1}{\sigma^2} & 0 \\ 0 & \frac{2}{\sigma^2} \end{pmatrix}$$

となる．

さしあたり必要なのは情報行列だけであるが，少し，この行列の意味を補足しておこう．ただし，次の説明を理解するには，リーマン幾何学の初歩の知識を必要とする．

(μ, σ) $(\sigma > 0)$ という集合を考える（上半平面）．正規分布のパラメータの空間と言ってもよい．このとき，μ, σ をわずかに動かしたとき，分布の間の距離 s の変化 Δs を，

$$(\Delta s)^2 \approx (\Delta\mu, \Delta\sigma) \begin{pmatrix} \frac{1}{\sigma^2} & 0 \\ 0 & \frac{2}{\sigma^2} \end{pmatrix} \begin{pmatrix} \Delta\mu \\ \Delta\sigma \end{pmatrix} = \frac{(\Delta\mu)^2 + 2(\Delta\sigma)^2}{\sigma^2}$$

のように定めることができる．この式を，リーマン幾何学では，次のように表現し，これを線素と呼ぶ．

$$ds^2 = \frac{d\mu^2 + 2d\sigma^2}{\sigma^2}$$

これは，今考えている (μ, σ) $(\sigma > 0)$ という空間[*3]では，通常のピタゴラスの定理が成り立っていないことを意味している．つまり，分散が小さい正規分布では，期待値がわずかでも変わると分布も大きく違うが，分散が大きくなるとちょっとくらい期待値が違っても分布にあまり違いがない，ということを正確に述べたものと考えてよい．このように確率分布のパラメータ空間を幾何学的に扱う学問分野を**情報幾何学** (information geometry) と言う[*4]．

9.4 一般化線形モデルのパラメータ最尤推定

ここでは，指数型分布族に属する誤差構造を持つ一般化線形モデルのパラメータ最尤推定について述べる．一般に尤度方程式は陽に解くことができないので，数値計算する必要がある．ここでは，R で使われているフィッシャーのスコア法に持ち込むまでのプロセスを示す．

一般化線形モデルの性質を満たす独立な確率変数 $Y_1, \ldots, Y_n$ を考える．指数型分布族に属する誤差構造を持つ場合を考える．ここでは，簡単のため $a(\phi) = 1$ とおく．リンク関数を g, 説明変数を $x_{i1}, \ldots, x_{im}$ とする一般化線形モデルは，$E(Y_i) = \mu_i$ として，

$$g(\mu_i) = (1, x_{i1}, \ldots, x_{im}) \begin{pmatrix} \beta_0 \\ \beta_1 \\ \vdots \\ \beta_m \end{pmatrix} = \boldsymbol{x}_i^T \boldsymbol{\beta} = \eta_i \tag{9.15}$$

[*3] **ポアンカレ上半平面**と呼ばれる．σ の縮尺は定数倍の差があるが．
[*4] KL 情報量も分布の違いを表しているが，対称性を満たさないなど距離として扱うのは無理がある．

で表される．対数尤度は，
$$l_i = Y_i\theta_i - b(\theta_i) + c(Y_i, \phi)$$
としたとき，$l = \sum_{i=1}^n l_i$ と書ける．前節の計算結果から，
$$\mu_i = b'(\theta_i)$$
$$V(Y_i) = b''(\theta_i)$$

最尤推定値を得るには，対数尤度 $l = \sum_{i=1}^n l_i$ を β_j 各々で微分して 0 とおいて得られた方程式を解けばよい．偏微分の連鎖法則より，

$$\frac{\partial l_i}{\partial \beta_j} = \frac{\partial l_i}{\partial \theta_i} \cdot \frac{d\theta_i}{d\mu_i} \cdot \frac{d\mu_i}{d\eta_i} \cdot \frac{\partial \eta_i}{\partial \beta_j}$$
$$= (Y_i - b'(\theta_i)) \cdot \frac{1}{b''(\theta_i)} \cdot \frac{d\mu_i}{d\eta_i} \cdot x_{ij}$$
$$= (Y_i - \mu_i) \cdot \frac{1}{V(Y_i)} \cdot \frac{d\mu_i}{d\eta_i} x_{ij}$$

となる．ここで，$\mu_i = b'(\theta_i)$, $b''(\theta_i) = V(Y_i)$, $\frac{\partial \eta_i}{\partial \beta_j} = x_{ij}$ を用いた．i について和をとれば，スコア U_j が得られる．

$$U_j = \frac{\partial l}{\partial \beta_j} = \sum_{i=1}^n \frac{Y_i - \mu_i}{V(Y_i)} \cdot \frac{d\mu_i}{d\eta_i} x_{ij} \tag{9.16}$$

フィッシャー情報行列を，
$$\mathcal{I}_{jk} = E(U_j U_k)$$
を (j,k) 成分に持つ行列 $\mathcal{I} = (\mathcal{I}_{jk})$ とすれば，$E((Y_j - \mu_j)(Y_k - \mu_k)) = 0$ $(j \neq k)$ に注意して，

$$\mathcal{I}_{jk} = E\left(\sum_{i=1}^n \frac{Y_i - \mu_i}{V(Y_i)} \cdot \frac{d\mu_i}{d\eta_i} x_{ij} \sum_{l=1}^n \frac{Y_l - \mu_l}{V(Y_l)} \cdot \frac{d\mu_l}{d\eta_l} x_{lk}\right)$$
$$= \sum_{i=1}^n \sum_{l=1}^n E\left(\frac{Y_i - \mu_i}{V(Y_i)} \cdot \frac{d\mu_i}{d\eta_i} x_{ij} \frac{Y_l - \mu_l}{V(Y_l)} \cdot \frac{d\mu_l}{d\eta_l} x_{lk}\right)$$
$$= \sum_{i=1}^n \sum_{l=1}^n E((Y_i - \mu_i)(Y_l - \mu_l)) \frac{x_{ij} x_{lk}}{V(Y_i)V(Y_l)}$$
$$= \sum_{i=1}^n E((Y_i - \mu_i)^2) \frac{x_{ij} x_{ik}}{V(Y_i)^2}$$

となる．$X = (x_{ij})$, $w_i = \dfrac{E((Y_i - \mu_i)^2)}{V(Y_i)^2}$, $W = \text{diag}(w_1, w_2, \ldots, w_n)$ とすると，

$$\mathcal{I} = X^T W X$$

と書くことができる（$\mathcal{I}$ は，$(m+1) \times (m+1)$ 行列）．

$\mathcal{I}$ を用いれば，フィッシャーのスコア法を適用して $\boldsymbol{\beta}$ の近似ができる．具体的には次のように反復法で求める．

$$\boldsymbol{\beta}^{(k)} = \boldsymbol{\beta}^{(k-1)} + (\mathcal{I}^{(k-1)})^{-1} U^{(k-1)} \tag{9.17}$$

ここで，$\boldsymbol{\beta}^{(k)}$ は反復回数が k のときのパラメータ（係数）の推定ベクトルである．$(\mathcal{I}^{(k-1)})^{-1}$ は反復回数が $k-1$ のときのフィッシャー情報行列の逆行列であり，$U^{(k-1)}$ は反復回数が $k-1$ のときのスコアベクトル（成分が (9.16) で与えられるベクトル）である．

9.5 スコア関数の具体的な形

ここでは，次の章で詳しく説明するロジスティックモデルのシンプルな場合を例に，スコア関数がどのような形になっているかを見ておこう．

リンク関数を $g(y) = \log \frac{y}{1-y}$，誤差構造を二項分布としたモデルを**ロジスティックモデル** (logistic model) と言う．このモデルでは，$p_i = y_i/n_i$ $(i = 1, 2, \ldots, N)$ として，

$$\log \frac{p_i}{1 - p_i} = \beta_0 + \beta_1 x_{i1} = \eta_i \ (i = 1, 2, \ldots, N) \tag{9.18}$$

を当てはめる (右辺はもっと複雑でもよいが，ここでは一次式の場合を考える)．

二項分布の確率関数は，${}_{n_i}C_{y_i} p_i^{y_i}(1-p_i)^{n_i-y_i}$ であるから，対数尤度は，

$$\begin{aligned}
l &= \sum_{i=1}^{N} \log({}_{n_i}C_{y_i} p_i^{y_i}(1-p_i)^{n_i-y_i}) \\
&= \sum_{i=1}^{N} \left[\log({}_{n_i}C_{y_i}) + y_i \log p_i + (n_i - y_i) \log(1 - p_i)\right] \\
&= \sum_{i=1}^{N} \left[\log({}_{n_i}C_{y_i}) + y_i(\beta_0 + \beta_1 x_{i1}) - n_i \log[1 + e^{\beta_0 + \beta_1 x_{i1}}]\right]
\end{aligned}$$

となる．これを β_0, β_1 で微分すれば次のようなスコアが求まる．

$$U_0 = \frac{\partial l}{\partial \beta_0} = \sum_{i=1}^{N} \left\{ y_i - n_i \frac{e^{\beta_0 + \beta_1 x_{i1}}}{1 + e^{\beta_0 + \beta_1 x_{i1}}} \right\} = \sum_{i=1}^{N} (y_i - n_i p_i)$$

$$U_1 = \frac{\partial l}{\partial \beta_1} = \sum_{i=1}^{N} \left\{ y_i x_{i1} - n_i x_{i1} \frac{e^{\beta_0 + \beta_1 x_{i1}}}{1 + e^{\beta_0 + \beta_1 x_{i1}}} \right\} = \sum_{i=1}^{N} x_{i1}(y_i - n_i p_i)$$

$U_0 = U_1 = 0$ を解けばよいのだが，見てのとおり非線形の関数であり，線形代数を適用できないので，フィッシャーのスコア法で β_0, β_1 の近似解を求めるのである．

9.6 残差逸脱度

一般化線形モデルの当てはまりの良し悪しの判断は，**残差逸脱度** (deviance residuals) で行う．これは決定係数とは異なる概念なのでここで説明しておく．データ $y_1, y_2, \ldots, y_N$ から，尤度方程式を解いて係数 β を決めれば，最大対数尤度 $l(\beta; \boldsymbol{y})$ が求まる．サンプルサイズ分の係数を投入して無理矢理データに当てはめたモデル「= フルモデル」を考え，その最大対数尤度 $l(\beta_{\max}; \boldsymbol{y})$ が求まる．これらの対数尤度比の -2 倍を**逸脱度** (deviance) と言い，D で表す．これは 1.5 節で見たように，近似的に χ^2 分布に従うので，逸脱度を使った検定ができる．逸脱度は，当てはまりの悪さ (どれだけ逸脱しているか) を表す指標になる (パラメータ数を k としたとき，AIC は $D + 2k$ であった)．

ここでは**ポアソンモデル** (Poisson model) と呼ばれるモデル (誤差構造をポアソン分布としたモデル) を考え，その残差逸脱度を具体的に書いてみよう．$Y_1, \ldots, Y_N$ が独立で各々期待値 λ_i のポアソン分布に従うとする．対数尤度は，

$$l(\beta; \boldsymbol{y}) = \sum_{i=1}^{N} y_i \log \lambda_i - \sum_{i=1}^{N} \lambda_i - \sum_{i=1}^{N} \log y_i!$$

となる.データから得られた最尤推定値は,$m+1=N$ だから $\hat{\lambda}_i = y_i$ である.よって最大対数尤度は,

$$l(\beta_{\max}; \boldsymbol{y}) = \sum_{i=1}^{N} y_i \log y_i - \sum_{i=1}^{N} y_i - \sum_{i=1}^{N} \log y_i!$$

今,比較したいモデルでは $m+1 < N$ だから,(通常は) 上記の最大値を達成できない.最尤推定値 β から推定値 $\hat{\lambda}_i$,さらに当てはめ値 $\hat{y}_i = \lambda_i$ を求めることができる.このときの最大対数尤度は,

$$l(\beta; \boldsymbol{y}) = \sum_{i=1}^{N} y_i \log \hat{y}_i - \sum_{i=1}^{N} \hat{y}_i - \sum_{i=1}^{N} \log y_i!$$

残差逸脱度は,

$$\begin{aligned} D &= -2[l(\beta; \boldsymbol{y}) - l(\beta_{\max}; \boldsymbol{y})] \\ &= 2[l(\beta_{\max}; \boldsymbol{y}) - l(\beta; \boldsymbol{y})] \\ &= 2\left(\sum_{i=1}^{N} y_i \log y_i - \sum_{i=1}^{N} y_i - \sum_{i=1}^{N} \log y_i!\right) \\ &\quad - 2\left(\sum_{i=1}^{N} y_i \log \hat{y}_i - \sum_{i=1}^{N} \hat{y}_i - \sum_{i=1}^{N} \log y_i!\right) \\ &= 2\left(\sum_{i=1}^{N} y_i \log \frac{y_i}{\hat{y}_i} - \sum_{i=1}^{N}(y_i - \hat{y}_i)\right) \\ &= 2\sum_{i=1}^{N} y_i \log \frac{y_i}{\hat{y}_i} \end{aligned}$$

となる.最後の等式で,$\sum_{i=1}^{N}(y_i - \hat{y}_i) = 0$ になることを使った (問題 9–2).これは KL 情報量の 2 倍になっている.この KL 情報量は,元の分布と推定値の分布の違いを表現したものだから,残差逸脱度を最小にすることは,KL 情報量で見てもっとも元のデータに近くなるように推定値を選ぶということにほかならない.

9.7 章末問題

(R) マークは R を使って解答する問題，**(数)** マークは数学的な問題である．

問題 9–1 (数) 2つのサイコロを振って，目の積が 6 であるという情報を得た．このとき，サイコロの目の和の条件付き期待値を求めよ．

問題 9–2 (数) $Y_1, Y_2, \ldots, Y_N$ が各々期待値 λ_i $(i = 1, 2, \ldots, N)$ を持つポアソン分布に従うものとする．$\log \lambda_i = \beta_0 + \sum_{j=1}^m \beta_j x_{ij}$ となる独立な確率変数とする．このとき，$\sum_{i=1}^N (y_i - \hat{\lambda}_i) = 0$ となることを示せ．

問題 9–3 (数) 正規分布 $N(\mu, \sigma^2)$ に従う確率変数 Y に対して，$E((Y-\mu)^k) = 0$ (k は奇数) であることを示し，$E((Y-\mu)^4)$ を求めよ．

問題 9–4 (数) 正規分布のパラメータ空間 $\{(\mu, \sigma) \mid \sigma > 0\}$ において，フィッシャー情報行列は，次の線素を与える．
$$ds^2 = \frac{d\mu^2 + 2d\sigma^2}{\sigma^2}$$
これは，曲線 $C : (\mu(t), \sigma(t))$ $(t_0 \leq t \leq t_1)$ の長さ s が，
$$s = \int_{t_0}^{t_1} \frac{1}{\sigma} \sqrt{\left(\frac{d\mu}{dt}\right)^2 + 2\left(\frac{d\sigma}{dt}\right)^2} dt$$
で与えられることを示している．以下の問に答えよ．
(1) $C_1 : (\mu(t), \sigma(t)) = (t, 1)$ $(0 \leq t \leq 1/2)$ の長さを求めよ．
(2) $C_2 : (\mu(t), \sigma(t)) = (0, 1+t)$ $(0 \leq t \leq 1/2)$ の長さを求めよ．
(3) $C_3 : (\mu(t), \sigma(t)) = (0, 1-t)$ $(0 \leq t \leq 1/2)$ の長さを求めよ．

問題 9–5 (数) σ を既知パラメータとした正規分布に対し，(9.11) の意味で指数型分布族に属することを示せ．

問題 9–6 (数) ポアソン分布が，(9.11) の意味で指数型分布族に属することを示せ．

問題 9–7 (数) 二項分布が，(9.11) の意味で指数型分布族に属することを示せ．

問題 9–8 (数) (9.11) で定義される指数型分布族の確率分布に従う確率変数 Y に対し，$a(Y)$ の期待値と分散が以下のようになることを示せ．
$$E(a(Y)) = -\frac{c'(\theta)}{b'(\theta)} \tag{9.19}$$
$$V(a(Y)) = \frac{b''(\theta)c'(\theta) - b'(\theta)c''(\theta)}{[b'(\theta)]^3} \tag{9.20}$$

問題 9–9 (数) 問題 9–8 における期待値の公式 (9.19)，分散の公式 (9.20) が正しいことを二項分布について確認せよ．

問題 9–10 (数) 問題 9–8 における期待値の公式 (9.19)，分散の公式 (9.20) が正しいことを分散を既知パラメータとする正規分布について確認せよ．

問題 9–11 (数) 定理 18 を利用して形状母数 $k > 0$，尺度母数 $\lambda > 0$ のワイブル分布について，k 次のモーメント $E(Y^k)$ および $V(Y^k)$ を求めよ．

第10章

二項選択モデル

例えば，選挙で当選するかどうかを表す確率変数を Y としよう．当選なら $Y=1$, 落選なら $Y=0$ とする．候補者の所属政党や性別や学歴, 年齢などから Y を推定する問題は, 二項選択モデルと呼ばれ, 一般化線形モデルで解くことができる. 本章では, `glm` 関数を使ってこのような問題を解いてみることにしよう．

10.1 二項選択モデルの考え方

確率変数 Y が二値の場合，条件付き期待値 $E(Y|X_1,\ldots,X_k)$ は,

$$E(Y|X_1,\ldots,X_k)$$
$$= 1 \times P(Y=1|X_1,\ldots,X_k) + 0 \times P(Y=0|X_1,\ldots,X_k)$$
$$= P(Y=1|X_1,\ldots,X_k)$$

となり，条件付き確率 $P(Y=1|X_1,\ldots,X_k)$ に一致する．このようなモデルはカテゴリカルデータ (質的データ) の分析に頻繁に現れるもので，**二項選択モデル** (binary choice model) と呼ばれる．二項選択モデルにおける誤差構造として二項分布を考えるのは自然であるが，リンク関数 g として何をとるかは任意性がある．もっとも単純なモデルは，$g(x)=x$ として $P(Y=1|X_1,\ldots,X_k)$ を $X_1,\ldots,X_k$ の一次関数とするモデルであろう．しかし，これは適切なモデルとは言えない．一次関数の値は 0 と 1 の間に収まるとは限らないからである．確率の値が負になったり，1 を超えたりしては困るのだ．

二項選択モデルの場合，g として選ばれるのは，ロジット関数

$$\mathtt{logit}(x) = \log\left(\frac{x}{1-x}\right)$$

か，正規分布の分布関数

$$\Phi(x) = \frac{1}{\sqrt{2\pi}}\int_{-\infty}^{x} e^{-\frac{t^2}{2}} dt$$

の逆関数 $g(x)=\Phi^{-1}(x)$ である．前者を**ロジスティックモデル** (logistic model), 後者を**プロビットモデル** (probit model) と言う．

いずれもリンク関数 g として非線形の関数をとっているので，通常の (線形) 回帰モデルのように線形代数を用いて陽に係数を推定できない．第 9 章で見たように，フィッシャーのスコア法のような反復数値解法が必要となる．

10.2 ロジスティックモデルとプロビットモデル

確率 p に対して,

$$\mathtt{logit}(p) = \log\left(\frac{p}{1-p}\right) \tag{10.1}$$

を p の**ロジット** (logit) と呼ぶ．$\frac{p}{1-p}$ は**オッズ** (odds) と呼ばれる[*1]ので，ロジットは対数オッズと呼ばれることもある．オッズはある事象が起きない確率に対する，その事象が起きる確率の比である．例えば，10% の確率で起きる事象のオッズは $0.1/(1-0.1) = 1/9$ であり，ロジット (対数オッズ) は $\log(1/9) = -2.197225\cdots$ である．

logit がどのような関数であるかを見てみよう．関数を定義してグラフを描くには次のようにすればよい．実行すると**図 10.1** が得られる．

```
> logit <- function(x) return(log(x/(1-x)))
> curve(logit)
```

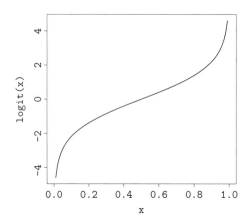

図 10.1：logit 関数のグラフ

ロジスティックモデルとは，リンク関数 g がロジット関数になっているような二項選択モデルのことである．このモデルを使って分析することを**ロジスティック回帰分析** (logistic regression analysis) と呼ぶことも多い．

一例として，x_1 が喫煙した煙草の本数，x_2 が飲酒量 (例えば摂取したアルコールの総グラム数) を説明変数とし，癌になる確率 p のロジットを応答変数とするロジットモデル：

$$\texttt{logit}(p) = \log\left(\frac{p}{1-p}\right) = \beta_0 + \beta_1 x_1 + \beta_2 x_2 \tag{10.2}$$

を考えよう[*2]．(10.2) は，

$$\frac{p}{1-p} = e^{\beta_0 + \beta_1 x_1 + \beta_2 x_2} = e^{\beta_0} \cdot (e^{\beta_1})^{x_1} \cdot (e^{\beta_2})^{x_2} \tag{10.3}$$

と書くことができる．(10.3) は，オッズが x_1, x_2 で表される要因の積で表されることを示している．(10.3) において，e^{β_0} は喫煙も飲酒もしなかった人のオッズであり，e^{β_1}, e^{β_2} は，それぞれ煙草 1 本，アルコール 1 グラムがどの程度オッズを押し上げるかを表しているのである．

プロビット回帰した場合は，**図 10.2** のように観測値 x に対する標準正規分布の累積確率と解釈される．

いずれを採用しても似た結果が得られるが，細かい違いはある．以下，具体例を見ながら解釈していく．

[*1] 日本の公営競技 (例えば競馬) におけるオッズは，賭けた金が何倍になって払い戻されるかを意味する．
[*2] もちろん実際の本数を正確に数えることは難しいので，これはあくまで説明のための例である．

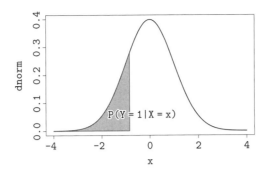

図 10.2：プロビット回帰の解釈

10.3　ロジスティックおよびプロビット回帰分析の例

一般化線形モデルの話は，通常の線形モデルほど直感的な把握が簡単ではない．そこで，複雑なモデルを扱う前に，比較的簡単な構造のものとして，Dobson[5] に載っている有名なデータを使ってステップバイステップで理解していこう．

表 10.1 は，二硫化炭素ガスに 5 時間暴露されたカブトムシの死亡数とガス濃度の関係である．ガス濃度の単位は，$(\log_{10}\mathrm{CS}_2\mathrm{mgl}^{-1})$ である．二硫化炭素ガスは有毒なので，濃度が上がるとカブトムシの死亡率が上昇していく[*3]．

表 10.1：二硫化炭素ガス濃度とカブトムシの死亡数

番号 (i)	ガス濃度 (x_{i1})	カブトムシ数 (n_i)	死亡数 (y_i)
1	1.6907	59	6
2	1.7242	60	13
3	1.7552	62	18
4	1.7842	56	28
5	1.8113	63	52
6	1.8369	59	53
7	1.8610	62	61
8	1.8839	60	60

表 10.1 のデータは，sampledata2.xlsx の Beetle タブにあるので，ガス濃度を gas，実験に使ったカブトムシの数を num.beetle，死亡数を dead.beetle という名前でスキャンしておく．なお，表 10.1 にある i，x_{i1}，n_i，y_i は，第 9 章と対比させるために添えたものである．

まず，ガス濃度を横軸，カブトムシの死亡率を縦軸にしたグラフを描いてみる (**図 10.3**)．

```
> plot(gas,dead.beetle/num.beetle)
```

glm を二項選択モデルで利用する際には，応答変数を (成功数, 失敗数) の形にする必要がある．ここでは，死亡数 dead.beetle と生残数 num.beetle - dead.beetle をバインドして beetle というデータを作っておこう．

```
> beetle <- cbind(dead.beetle, num.beetle-dead.beetle)
```

[*3] この種の実験は致死量を調べるときに必要となる．半数致死量はしばしば LD50 (50% Lethal Dose) と略記される．

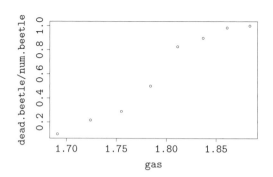

図 10.3：二硫化炭素ガス濃度とカブトムシの死亡率

二列目は，生残数であって合計数ではない．合計数にすると正しい結果が得られないので注意が必要である．また，応答変数を比率の形にすることはできない．比率にした時点で情報が失われているため統計的に扱えない事情は，第1章，第2章と同様である．統計学においては，1/2 と 1000/2000 は全く意味が違うのである．

beetle を gas に対し，リンク関数をロジット，誤差構造を二項分布として一般化線形モデルを適用するには次のようにすればよい．関数名は glm である．

```
> res <- glm(formula = beetle~gas,family=binomial(link="logit"))
```

family で二項分布 binomial を指定しているときはリンク関数はデフォルトで logit なので，省略することができる．formula も省略できるので，もっとも短い表記は，

```
> res <- glm(beetle~gas,family=binomial)
```

となる．サマリを見てみよう．

```
> summary(res)

Call:
glm(formula = beetle ~ gas, family = binomial(link = "logit"))

Deviance Residuals:
    Min       1Q   Median       3Q      Max
-1.5941  -0.3944   0.8329   1.2592   1.5940

Coefficients:
            Estimate Std. Error z value Pr(>|z|)
(Intercept)  -60.717      5.181  -11.72   <2e-16 ***
gas           34.270      2.912   11.77   <2e-16 ***
---
Signif. codes:  0 '***' 0.001 '**' 0.01 '*' 0.05 '.' 0.1 ' ' 1

(Dispersion parameter for binomial family taken to be 1)

    Null deviance: 284.202  on 7  degrees of freedom
Residual deviance:  11.232  on 6  degrees of freedom
AIC: 41.43
```

```
Number of Fisher Scoring iterations: 4
```

残差逸脱度 Residual deviance, AIC が表示されていることがわかる．最後にある Number of Fisher Scoring iterations: 4 は，フィッシャーのスコア法を使ったときの反復回数が 4 であることを示している．スコア法の収束は速いので，反復回数は一般にあまり大きくならず，10 回に達しないことが多い．なお，Null deviance (空の逸脱度) は，切片だけを含むモデルの逸脱度であるが，通常は残差逸脱度に関心がある．

Coefficients を見ると，得られた回帰式は，死亡確率を p, ガス濃度を x として，

$$\log \frac{p}{1-p} = -60.717 + 34.270 x$$

ということになる．つまり，

$$p = \frac{\exp(-60.717 + 34.270 x)}{1 + \exp(-60.717 + 34.270 x)}$$

である．z 値 (z value) は，係数の推定値を標準誤差 (Std. Error) で割った値である．実際，$-60.717/5.181 = -11.71917$, $34.270/2.912 = 11.76854$ となっていることがわかるであろう．z 値を二乗したものは，**ワルド統計量** (Wald statistic) と呼ばれ，帰無仮説 H_0 (回帰係数が 0) のもとで，(この例のように推定パラメータが 2 つの場合) 自由度 1 のカイ二乗分布に従う[*4]．これを用いて，回帰係数の有意性検定である**ワルド検定** (Wald test) を行っている．

回帰式のグラフと死亡率のグラフを次のようにして重ね描きしてみよう[*5]．

```
> logistic <- function(x) return(exp(x)/(1+exp(x)))
> curve(logistic(-60.717 + 34.270*x),add=TRUE)
```

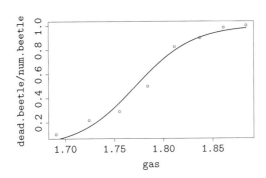

図 10.4：二硫化炭素ガス濃度とカブトムシの死亡率に回帰式を重ね描き

図 10.4 を見ると端の方はあまりフィットしていないが，その他の部分は概ねうまく近似できているようだ．プロビット回帰するには，

```
> res2 <- glm(formula = beetle~gas,family=binomial(link="probit"))
```

とすればよい．結果の係数のみ取り出すと，

[*4] より一般には，第 12 章で扱う分散共分散行列を使って議論する必要があるが，本書では割愛する．
[*5] `predict(res, type="response")` とすれば，回帰式から求まる値を計算することができる．`predict(res)` とすると予測値が求まるが，これによって求まる値は，ロジットスケールの値なので，`type="response"` を忘れないようにしよう．

```
> coefficients(res2)
(Intercept)         gas
  -34.93527     19.72794
```

となる．得られた結果は，正規分布の累積分布関数 pnorm を使えば表現できる．点線にして重ね合わせてみると，図 10.5 のようになる．ほとんど違いがないことがわかるだろう．

```
> curve(pnorm(-34.935+19.728*x),add=TRUE,lty=2)
```

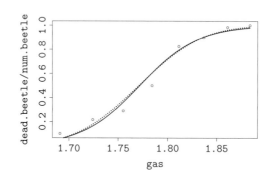

図 10.5：二硫化炭素ガス濃度とカブトムシの死亡率 (点線はプロビット)

10.3.1 ロジットモデルとプロビットモデルの母数の推定値

ロジットモデルとプロビットモデルのいずれがよいかは難しい問題である．実際問題としては，両者に決定的な優劣はないが，自然科学や医学および社会学関係のデータではロジットモデルが使われることが多く，経済関係のデータではプロビットモデルが使われることが多い．一見すると，正規分布という正統派の確率分布を用いるプロビットモデルの方が理屈が通っている気がするかもしれない．しかし，ロジットモデルは対数オッズが直感的に理解しやすいことと，逆関数が簡単な形になる (積分を使わずに表現できる) という利点がある．実際，(10.1) の逆関数を計算すると，

$$\mathtt{logit}^{-1}(x) = \frac{e^x}{1+e^x}$$

となる．この微分が確率密度関数になる．つまり，

$$f(x) = \frac{d}{dx}\left(\frac{e^x}{1+e^x}\right) = \frac{e^x}{(1+e^x)^2} = \frac{1}{(e^{x/2}+e^{-x/2})^2}$$

である．右辺は明らかに x の符号反転に関して不変だから，f は左右対称であり，遠方で指数関数的に減衰するので，平均が存在して 0 である．

ロジットモデルとプロビットモデルを使う際，両者の分散 (標準偏差) の違いを理解しておく必要がある．

分散を計算するため，$f(x)$ を次のように級数展開しておく．$x > 0$ としよう．

$$\frac{e^x}{1+e^x} = \frac{1}{1+e^{-x}}$$
$$= \sum_{n=0}^{\infty}(-1)^n e^{-nx}$$

これは，$x > 0$ で一様収束するので，項別微分ができる．したがって，

10.3 ロジスティックおよびプロビット回帰分析の例

$$f(x) = \frac{d}{dx}\left(\sum_{n=0}^{\infty}(-1)^n e^{-nx}\right) = \sum_{n=0}^{\infty}(-1)^{n-1} n e^{-nx} \quad (10.4)$$

が成り立つ (この級数も一様収束). よって, 分散は次のように書ける[*6].

$$\begin{aligned}
V &= \int_{-\infty}^{\infty} x^2 f(x) dx \\
&= 2\int_0^{\infty} x^2 f(x) dx \\
&= 2\sum_{n=1}^{\infty} n(-1)^{n-1} \int_0^{\infty} x^2 e^{-nx} dx \\
&= 2\sum_{n=1}^{\infty} n(-1)^{n-1} \frac{2}{n^3} \\
&= 4\sum_{n=1}^{\infty} (-1)^{n-1} \frac{1}{n^2}
\end{aligned}$$

この級数の和は, $\pi^2/3$ となることが知られている (問題 10–2 参照. ただし証明にはフーリエ解析が必要である). つまり, ロジスティックモデルの場合, 標準偏差は $\pi/\sqrt{3} \approx 1.81379936423$ となる. これは標準正規分布の標準偏差 1 よりも明らかに大きい. つまり, **ロジスティック分布における母数の推定値はプロビットモデルにおける同じ推定値の約 1.8 倍程度の大きさになる**.

実際, この例での係数の比は,

```
> coefficients(res)/coefficients(res2)
(Intercept)         gas
   1.737999    1.737147
```

となり, いずれも $\pi/\sqrt{3} \approx 1.8138$ と近い値になっている[*7].

比較のためには $d = \sqrt{3}/\pi$ だけ補正して, 標準偏差が 1 になるようにする必要がある. 具体的には,

$$f_L(x) = \frac{e^{x/d}}{1 + e^{x/d}}$$

とすればよい. 密度関数の形で書くと,

$$f'_L(x) = \frac{e^{x/d}}{d(1+e^{x/d})^2} = \frac{1}{d(e^{x/2d}+e^{-x/2d})^2} \quad (10.5)$$

となる. $N(0,1)$ の密度関数と (10.5) を並べて描くと**図 10.6** のようになる. 細い実線が正規分布, 太い実線が分散を補正したロジスティック関数の密度関数 $f'_L(x)$ である. $f'_L(x)$ は正規分布よりも中心の山が高くなっている. また, 裾部分は $f'_L(x)$ の方が太い.

図 10.6 を描くには次のようにする.

```
> curve(dnorm,xlim=c(-4,4),ylim=c(0,0.5),ylab="density")
> d <- sqrt(3)/pi
> curve(1/(d*(exp(x/(2*d))+exp(-x/(2*d))))^2),xlim=c(-4,4),
                   ylim=c(0,0.5),add=TRUE,lwd=2)
```

[*6] もう少し厳密には, 0 の近くだけ積分を分離して議論する必要がある.
[*7] 標準偏差を合わせただけであるから, 比率が一定になるわけではない.

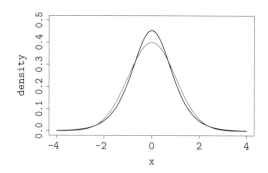

図 10.6：正規分布の密度関数と分散補正済みロジスティック関数の密度関数

10.4　より複雑なモデルへの適用

　effects ライブラリをインストールして，TitanicSurvival というデータを見てみよう．よく知られているように，タイタニックは，20 世紀の初めに建造された豪華客船である．処女航海中の 1912 年 4 月 14 日深夜に，北大西洋上で氷山に接触，翌日未明にかけて沈没した．多くの犠牲者を出した 20 世紀最大の海難事故であった．TitanicSurvival は，この事故の人的被害をまとめたデータである．

　説明変数を，船室等級，性別，年齢として，応答変数を生還の有無としたロジスティック回帰することを考える．

　TitanicSurvival の中身を見てみよう．

```
> library(effects)
> head(TitanicSurvival)
                               survived    sex     age passengerClass
Allen, Miss. Elisabeth Walton       yes female 29.0000            1st
Allison, Master. Hudson Trevor      yes   male  0.9167            1st
Allison, Miss. Helen Loraine         no female  2.0000            1st
Allison, Mr. Hudson Joshua Crei      no   male 30.0000            1st
Allison, Mrs. Hudson J C (Bessi      no female 25.0000            1st
Anderson, Mr. Harry                 yes   male 48.0000            1st
```

　このように，乗客の氏名，生き残ったか否か (yes/no)，性別 (女性 (female) なら 0，男性 (male) なら 1)，年齢，船室等級 (1st, 2nd, 3rd) が並んだデータである[*8]．性別まではダミー変数化して，女性なら 0，男性なら 1 として回帰される．年齢は連続的な変数になっている．

　データサマリを見ると，データの概要がわかる．

```
> summary(TitanicSurvival)
 survived      sex           age         passengerClass
 no :809   female:466   Min.   : 0.1667   1st:323
 yes:500   male  :843   1st Qu.:21.0000   2nd:277
                        Median :28.0000   3rd:709
                        Mean   :29.8811
                        3rd Qu.:39.0000
```

[*8]　R にはデフォルトで Titanic というデータセットが含まれており，完全にカテゴリカルなものであるが，ここでは，年齢が連続変数になっている TitanicSurvival を利用する．

```
Max.    :80.0000
NA's    :263
```

サマリを見てわかることは，生き残らなかった人が 809 人，生き残った人が 500 人，女性 (female) が 466 人，男性 (male) が 843 人，年齢の最小値は 0.1667 (生後 2 箇月)，中央値が 28 歳，平均値が 29.8811 歳，第三四分位数が 39 歳，最高齢が 80 歳，不明 (NA) が 263 人，1 等客室の乗客が 323 人，2 等客室の乗客が 277 人，3 等客室の乗客が 709 人であるということである．

変数の間の関係をビジュアル化してみよう．船室等級と生残率の関係を**モザイクプロット** (mosaic plot) で表示するには，以下のようにする．実行すると，**図 10.7** が得られる．

```
> plot(TitanicSurvival$passengerClass,TitanicSurvival$survived)
```

薄い網掛け部分が生存者数，濃い網掛けの部分が死亡数である．横幅は各々のカテゴリー (船室等級) の人数に比例している．3 等客室が最も多い．船室等級が高いほど生き残る割合が高いことがわかる．

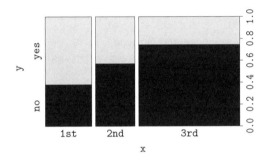

図 10.7：船室等級と生残率

性別と生残率のモザイクプロットを表示するには，以下のようにする．実行すると，**図 10.8** が得られる．

```
> plot(TitanicSurvival$sex,TitanicSurvival$survived)
```

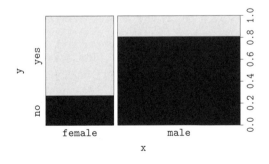

図 10.8：性別と生残率

図 10.8 から，女性であることは生存に有利であったことがわかる．

ロジスティックモデルを適用してみよう．なお，passengerClass は 3 つの値をとるカテゴリカル変数であるが，連続変数と同様に一般化線形モデルを適用できる．

```
> titanic <- glm(survived ~ passengerClass + sex + age,
data=TitanicSurvival, family=binomial)
> summary(titanic)

Call:
glm(formula = survived ~ passengerClass + sex + age,
family = binomial, data = TitanicSurvival)

Deviance Residuals:
    Min       1Q   Median       3Q      Max
-2.6399  -0.6979  -0.4336   0.6688   2.3964

Coefficients:
                   Estimate Std. Error z value Pr(>|z|)
(Intercept)        3.522074   0.326702  10.781  < 2e-16 ***
passengerClass2nd -1.280570   0.225538  -5.678 1.36e-08 ***
passengerClass3rd -2.289661   0.225802 -10.140  < 2e-16 ***
sexmale           -2.497845   0.166037 -15.044  < 2e-16 ***
age               -0.034393   0.006331  -5.433 5.56e-08 ***
---
Signif. codes:  0 '***' 0.001 '**' 0.01 '*' 0.05 '.' 0.1 ' ' 1

(Dispersion parameter for binomial family taken to be 1)

    Null deviance: 1414.62  on 1045  degrees of freedom
Residual deviance:  982.45  on 1041  degrees of freedom
  (263 observations deleted due to missingness)
AIC: 992.45

Number of Fisher Scoring iterations: 4
```

(Intercept) は切片だが,これは,性別 (女性:0, 男性:1) が女性,年齢が0歳 (そんな人はいないが),等級 (1等:0, 2等:1, 3等:2) が1等客室の乗客の場合の推定値に対応している.求めた係数はいずれも (強く) 有意である.

このままでは数値の意味がつかみにくいので,オッズ比を求めてみよう.ロジスティックモデルでは,係数を exp に入れればオッズ比が得られることに注意すれば,次のようにすればよいことがわかる.

```
> exp(coef(titanic))
      (Intercept) passengerClass2nd passengerClass3rd           sexmale
       33.85457044        0.27787894        0.10130084        0.08226211
              age
       0.96619149
```

客室等級,男性であること,年齢が大きいことはいずれも生存確率を下げる方向に作用する.オッズ比の見方は,例えば,性別が男性であることによって,女性である場合のオッズよりも 0.08226211 倍になるということ,言い換えれば,オッズ比で見て,女性は男性よりも $1/0.08226211 = 12.15626$

倍生き残りやすいということである[*9]．これはもちろん，実際の人数から得られるオッズ比とは異なる．ロジスティックモデルを当てはめた場合のオッズ比である．

交互作用効果まで考慮したモデルも興味深いが，これについては章末問題に譲ろう．

補足 20. オッズ比の 95% 信頼区間は次のようにすれば求まる．confint は MASS ライブラリにあるので，最初に呼び出しておく．

```
> library(MASS)
> exp(confint(titanic))
Waiting for profiling to be done...
                       2.5 %      97.5 %
(Intercept)       18.11476468 65.2744468
passengerClass2nd  0.17763418  0.4303922
passengerClass3rd  0.06453100  0.1565287
sexmale            0.05906841  0.1133112
age                0.95410521  0.9781055
```

データを見て，女性と子どもの生存確率が高かったことに気づいたと思うが，これは，女性と子どもの方が生命力が高かった，というようなことではなく，緊急時に，成人男性よりも女性と子どもを優先して助けたためである．この考え方は，1852 年に南アフリカで沈没したバーケンヘッド号で船の沈没という緊急時に船長がとった勇気ある行動からくるもので「バーケンヘッド・ドリル」と呼ばれる．

補足 21. 二項選択モデルをさらに拡張した多項選択モデルもあり，mlogit パッケージをインストールすれば利用できるが，本書では説明しない．

[*9] これは，完全なカテゴリカルデータである Titanic での推定値 (約 11) よりも大きい．これはモデルが違う (年齢が連続変数である) ことによる．

10.5 章末問題

(R) マークは R を使って解答する問題，**(数)** マークは数学的な問題である．

問題 10-1 (数) さいころの目が 1 になる事象のオッズを求めよ．オッズが 2 となるような事象が起きる確率を求めよ．

問題 10-2 (数) 周期 2π の周期関数 $f(x) = x^2 (-\pi < x \leq \pi)$, $f(x + 2\pi) = f(x)$ を考える．$f(x)$ をフーリエ級数に展開し，$x = 0$ とおくことで，級数 $\sum_{n=1}^{\infty} \frac{(-1)^{n-1}}{n^2}$ の値を求めよ．本問題はフーリエ級数展開の知識を必要とするので，ご存じない方は結果だけ見ておくとよい．

問題 10-3 (R) 医学データの例として女子の初潮年齢のデータ Menarche を見る．Menarche は，以下のように MASS パッケージをインストールして利用する．

```
> install.packages("MASS")
> library("MASS")
```

Age は平均年齢で，Menarche がそのときまでに初潮を迎えた女子の累積数，Total は女子総数である．Menarche を Total で割れば割合がわかる．以下の問に答えよ．

(1) Menarche/Total を Age で直線回帰し，その回帰直線も重ねて描け．
(2) Menarche/Total を Age でロジスティック回帰せよ．
(3) (2) において，Age を横軸，Menarche/Total を縦軸にしたグラフに，得られた回帰式での予測値の折れ線グラフを重ね書きせよ．

問題 10-4 (R) R にある mtcars (Motor Trend Car Road Tests) というデータセットについて以下の問に答えよ．このデータセットは，論文[9] で扱われた 1974 Motor Trend US magazine に掲載された車種のデザインとパフォーマンスを記録したものである．32 の車種に対し，mpg (US 1 ガロン[*10]あたりの走行距離 (マイル))，cyl シリンダーの数，disp (排気量)，hp (馬力)，drat (後輪の車軸比)，wt 重さ (1000 分の 1 ポンド単位)，qsec (ドラッグレースにおいて 1/4 マイル (402 m) を走るのに要する時間)，vs (V エンジン (V) なら 0，直列エンジン (S) なら 1[*11])，am (トランスミッション：0 がオートマチック，1 がマニュアル)，gear (前進ギア数)，carb (キャブレター数) が記録されている．

(1) mtcars の先頭部分を表示せよ．
(2) mpg, vs を取り出したデータセット subdata を作れ．
(3) エンジンの種類 (直列エンジンか V エンジンか) vs を応答変数，燃費 mpg (連続変数) を説明変数としてロジスティック回帰せよ．
(4) (3) と同様にしてプロビット回帰し，ロジスティックモデルと AIC を比較せよ．
(5) mpg を横軸，vs 縦軸にプロットし，curve 関数を用いてロジスティック回帰とプロビット回帰の予測値を重ね描きせよ．

問題 10-5 (R) TitanicSurvival において，性別と年齢の交互作用効果を検討せよ．オッズ比はどうなるか．また，交互作用を考えないモデルと比較して，AIC は改善するか．

[*10] ガロンはヤードポンド法の体積の単位．英ガロンは 4.54609 リットル．米ガロンは，ここでは米液量ガロン 3.785411784 リットルを意味する．

[*11] わかりにくいが，そうなっているようである．

第11章

計数データへの一般化線形モデルの適用

　事故の件数，ウェブページの閲覧回数などは，計数データまたはカウントデータと呼ばれるが，この場合は，二項選択モデルは当てはまらない．計数データを扱う代表的な方法として，ポアソンモデルと負の二項分布モデルがある．本章ではこの2つのモデルについて説明するとともに，`glm`でポアソンモデル，`glm.nb`で負の二項分布モデルを扱う方法について述べる．

11.1 ポアソンモデル

　最初にポアソンモデルを説明する．ポアソン分布は，事故の回数など，一定期間にある事象が起きる回数 Y を記録するときに出現する確率分布であったが，ここではあまりこのイメージにとらわれない方がよい．

　期待値 λ のポアソン分布に従う確率変数 Y が k という値をとる確率は，

$$P(Y=k) = \frac{\lambda^k}{k!}e^{-\lambda}$$

となる．

　ポアソンモデルでは，リンク関数 g として対数関数を用いることが多い．つまり，説明変数を $x_1, \ldots, x_n$ とするとき，

$$g(\lambda) = \log \lambda = \beta_0 + \beta_1 x_1 + \cdots + \beta_n x_n \tag{11.1}$$

という一般化線形モデルが，**ポアソン対数線形モデル** (Poisson loglinear model) または単に**対数線形モデル** (loglinear model) と呼ばれる．(11.1) は，

$$\begin{aligned}\lambda &= e^{\beta_0 + \beta_1 x_1 + \cdots + \beta_n x_n} \\ &= e^{\beta_0} \cdot e^{\beta_1 x_1} \cdots e^{\beta_n x_n}\end{aligned} \tag{11.2}$$

と書き直せる．(11.2) は，期待値が説明変数の指数関数の積になっていることを意味している．つまり，変数 x_j が1増えると λ は e^{β_j} 倍になるということである．$\beta_j > 0$ であれば λ を上げ，$\beta_j < 0$ であれば下げる．

　誤差構造をポアソン分布にするモデルに対して R が対応してくれるリンク関数には，対数関数の他に，恒等関数 `identity`, 平方根関数 `sqrt` がある．各々，以下のようなモデルである．

$$\lambda = \beta_0 + \beta_1 x_1 + \cdots + \beta_n x_n \quad (\texttt{link = "identity"})$$
$$\sqrt{\lambda} = \beta_0 + \beta_1 x_1 + \cdots + \beta_n x_n \quad (\texttt{link = "sqrt"})$$

　平方根関数を用いている場合は，以下のように二次関数を当てはめていることになることに注意しよう．

$$\lambda = (\beta_0 + \beta_1 x_1 + \cdots + \beta_n x_n)^2$$

　もちろん，原理的には他のリンク関数を考えることもできるが，誤差構造をポアソン分布にした場合に R がデフォルトで対応しているのは，上記の対数関数，恒等関数，平方根関数の3つだけである．

11.2 ポアソンモデルの適用例

Dobson[5] にある有名な研究データを分析する．1951 年にイギリスの男性医師を対象に，年齢および喫煙の有無と 10 年後の冠動脈心疾患による死亡数を調査したデータである．**表 11.1** で「人年」とあるのは，**人年法** (person-year method) における対象集団の合計観察人年である．1 人年は，一人の対象者を 1 年間観察した場合の観察期間である．10 人を 5 年，別の 20 人を 10 年観察した場合，$10 \times 5 + 20 \times 10 = 250$ 人年となる．なぜこのような考え方をするかと言えば，別の原因で死亡してしまう場合に，冠動脈心疾患による死亡数を数えることができないからである．

表 11.1：イギリス人医師の冠動脈心疾患による死亡数

年齢層	喫煙者		非喫煙者	
	死亡	人年	死亡	人年
35–44	32	52407	2	18790
45–54	104	43248	12	10673
55–64	206	28612	28	5710
65–74	186	12663	28	2585
75–84	102	5317	31	1462

まず，データを喫煙者と非喫煙者の 2 グループに分けて年齢層と死亡率の関係を見てみよう．死亡数 deaths を人年法に基づいて 100,000 人あたり死亡数 deathrate に換算してから表示する．つまり，死亡数 deaths を人年 pym(person-years) で割って 100,000 を掛け，整数に丸めたものを 100,000 人あたり死亡数 deathrate とした．最初に，sampledata2.xlsx の British Doctors タブから，deaths, pym を取り込んでおく．グラフ表示の全スクリプト例は以下のとおり．

─── スクリプト 4 (11_2.R) ───
```
deathrate <- as.integer(deaths/pym*100000)
smoke <- 1:5; nonsmoke <- 6:10
agelabel <- c("35-44","45-54","55-64","65-74","75-84")
plot(smoke,deathrate[smoke],xlab="",ylab="",ylim=c(0,2200)
                                ,xaxt="n",yaxt="n",pch=19)
par(new=TRUE)
plot(nonsmoke,deathrate[nonsmoke],xlab="age"
   ,ylab="death rate per 100,000",ylim=c(0,2200),xaxt="n",pch=17)
axis(1, at=nonsmoke, labels=agelabel)
legend("topleft",legend=c("smoker","nonsmoker"),pch=c(19,17))
```

図 11.1 を見ると，喫煙者でも非喫煙者でもおおむね年齢が上がれば死亡数が上昇することがわかる (75 歳以上 84 歳未満で逆転があるが) が，さらに，年齢が上がったときの死亡数の上昇幅が拡大していることもわかる．これは回帰の際に，年齢の一次式を考えるのは適当でないことを示しているので，以下では二次式を採用し，次のようなポアソン回帰モデルを考える．10 万人あたり死亡数を deathrate としたとき，

$$\log(\text{deathrate}) = \beta_0 + \beta_1 \text{smkdummy} + \beta_2 \text{agecat} + \beta_3 \text{agecat}^2 + \beta_4 \text{smkdummy} * \text{agecat}$$

というモデルを考える．ここで，smkdummy は喫煙の有無を表すダミー変数で，喫煙者なら 1, 非喫煙者なら 0 である．agecat は年齢層を小さい方から 1, 2, 3, 4, 5 としたカテゴリカル変数であり，

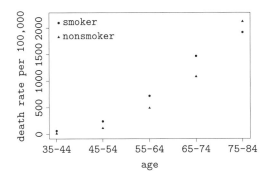

図 11.1：100,000 人あたりの冠動脈心疾患死亡数

smkdummy*agecat は喫煙の有無と年齢の積である.

　glm にかける際，smkdummy*agecat と書いた場合は，単に smkdummy:agecat と書いた場合とは異なり，smkdummy + agecat + smkdummy:agecat と解釈されることを利用するとよい．また，ポアソン回帰モデルではリンク関数はデフォルトで対数関数なので，family=poisson と書けば，family=poisson(link="log") と書いたものと同じであることに注意しよう．

```
> smkdummy <- c(1,1,1,1,1,0,0,0,0,0)
> agecat <- c(1:5,1:5)
> res <- glm(deathrate~smkdummy*agecat+I(agecat^2),family=poisson)
> summary(res)

Call:
glm(formula = deathrate ~ smkdummy * agecat + I(agecat^2)
                                            , family = poisson)

Deviance Residuals:
      1        2        3        4        5
 0.5510  -0.4888  -0.3394   0.6410  -0.2697
      6        7        8        9       10
-2.2292   0.1706   2.5481  -2.3368   0.6869

Coefficients:
                 Estimate Std. Error z value Pr(>|z|)
(Intercept)       0.77071    0.17386   4.433 9.29e-06 ***
smkdummy          1.40216    0.11012  12.732  < 2e-16 ***
agecat            2.35989    0.08641  27.310  < 2e-16 ***
I(agecat^2)      -0.19704    0.01097 -17.954  < 2e-16 ***
smkdummy:agecat  -0.29624    0.02528 -11.720  < 2e-16 ***
---
Signif. codes:  0 '***' 0.001 '**' 0.01 '*' 0.05 '.' 0.1 ' ' 1

(Dispersion parameter for poisson family taken to be 1)

    Null deviance: 7422.839  on 9  degrees of freedom
Residual deviance:   18.565  on 5  degrees of freedom
```

```
AIC: 105.85

Number of Fisher Scoring iterations: 4
```

smkdummy, agecat, I(agecat^2), smkdummy:agecat の係数はそれぞれ 1.40216, 2.35989, −0.19704, −0.29624 となっているが[*1]、いずれも有意であり、喫煙の有無を表すダミー変数 smkdummy の係数の符号がプラスであることから、喫煙が死亡率を上昇させる効果はあると言える。効果は、以下のように計算できる。

```
> exp(res$coefficients[2])
smkdummy
4.063981
```

つまり、年齢効果調整後の喫煙者の冠動脈心疾患死亡リスクは、非喫煙者のそれと比較して約 4 倍であることがわかる。しかし、交互作用項の符号がマイナスであることから、その効果は年齢が上がるにつれて薄まっていくこともわかる。

補足 22. ポアソン分布では平均も分散も同じ値になるので、実際のデータとのずれが大きいと当てはめは適当ではない。

```
Residual deviance:   18.565   on 5   degrees of freedom
```

とあるので、$18.565/5 = 3.713$ が分散の推定値であるが、これは 1 よりも大きく**過分散** (overdispersion) であり、最適なモデルではない可能性がある[*2]。この問題は補足 23 で取り上げる。

11.3 負の二項分布モデル

ポアソン分布では、期待値 (平均値) と分散は同じなので、ゼロが多いデータなど、分散が期待値を大きく上回る場合はポアソンモデルの当てはめに無理が出てくる。しかし、製品の生産ラインにおける不良品の個数や、生徒の一学期の欠席日数などのデータにはゼロの値が多く含まれるし、分散が平均値よりもずっと大きくなるデータは意外に多い。そこで使われることが多いのが負の二項分布である[*3]。

11.3.1 負の二項分布

最初に「一変量統計編」6.2 節で紹介した負の二項分布を一般化した形で示しておこう。変数名は、一般化線形モデル向けに y とする。

$$f(y;\mu,\theta) = \frac{\Gamma(\theta+y)}{\Gamma(\theta)\Gamma(y+1)} \left(\frac{\theta}{\theta+\mu}\right)^\theta \left(\frac{\mu}{\theta+\mu}\right)^y \tag{11.3}$$

ここで、μ は期待値で $\theta(>0)$ は**サイズパラメータ** (size parameter) と呼ばれる。$p = \frac{\theta}{\theta+\mu}$ は成功率にあたる。サイズパラメータと成功率で期待値を表現すると、

[*1] Dobson[5] では、各々の係数はそれぞれ 1.441, 2.376, −0.198, −0.307 であり、ここでの結果は (おそらくは計算法の違いと誤差により) わずかに異なっている。

[*2] Dobson[5] では、ポアソンモデルの場合のみ解説されている。

[*3] 負の二項分布モデルがポアソンモデルの一般化になっているというわけではない。

$$\mu = \theta\left(\frac{1}{p} - 1\right)$$

となる．y は整数だから，$\Gamma(y+1) = y!$ と書くこともできる．負の二項分布は，θ が正の整数のとき，コイン投げで表が θ 回出るまでに裏が出た回数の分布だが，(11.3) のようにガンマ関数を使って表現することで，θ が整数でない場合にまで拡張できるのである．分散は，

$$V(Y) = \mu + \frac{\mu^2}{\theta} \tag{11.4}$$

となる．常に $V(Y) > \mu$ であり，$\theta \to \infty$ としたとき，負の二項分布の分散は期待値 μ に近づく．負の二項分布では，θ を調整することにより，Y が 0 をとる確率を調整できるため，ゼロの多いデータへのフィッティングに向いているのである．負の二項分布の形状は，例えば**図 11.2** のようになる．確率関数は，dnbinom で，size, prob という引数を持っている．size が θ で，prob は $p = \frac{\theta}{\theta+\mu}$ である．

```
> x <- 0:60
> plot(x,dnbinom(x,size=10,prob=0.3),lwd=6,type="h",xlab="y",
                                               ylab="Probability")
```

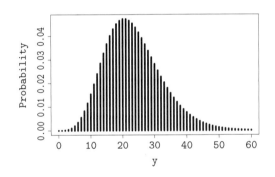

図 11.2：負の二項分布モデル (size=10, prob = 0.3)

11.3.2 warpbreaks

本節では，サンプルデータとして warpbreaks を用いてポアソンモデルと負の二項分布を比較してみよう．warpbreaks の最初の方を見てみると，次のようになる．

```
> head(warpbreaks)
  breaks wool tension
1     26    A       L
2     30    A       L
3     54    A       L
4     25    A       L
5     70    A       L
6     52    A       L
```

このデータは，A, B という 2 種類の羊毛 (wool) を 3 種類の張力 (tension, H (high), M (middle), L (low)) で引っ張ったとき，縦糸の一定の紡ぎ糸の単位長さあたりの切断数を記録したものである．breaks を羊毛の種類 wool と張力 tension といういずれもカテゴリカルなデータで説明することを考える．羊毛 A, B のデータの箱ひげ図は，**図 11.3**, **図 11.4** のようになる (問題 11–2 参照)．

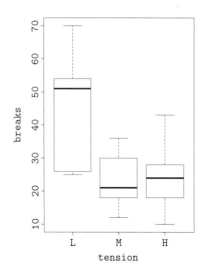
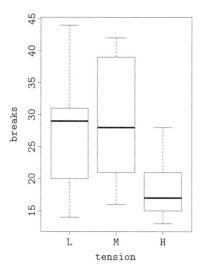

図 11.3：羊毛 A の張力と切断数　　図 11.4：羊毛 B の張力と切断数

リンク関数は対数関数とする．

ポアソンモデルの当てはめ

交互作用も含めて，ポアソンモデルを適用すると結果は次のようになる．

```
> res.all <-glm(breaks ~ wool*tension, data = warpbreaks, family = poisson)
> summary(res.all)

Call:
glm(formula = breaks ~ wool * tension, family = poisson, data = warpbreaks)

Deviance Residuals:
    Min       1Q   Median       3Q      Max
-3.3383  -1.4844  -0.1291   1.1725   3.5153

Coefficients:
               Estimate Std. Error z value Pr(>|z|)
(Intercept)     3.79674    0.04994  76.030  < 2e-16 ***
woolB          -0.45663    0.08019  -5.694 1.24e-08 ***
tensionM       -0.61868    0.08440  -7.330 2.30e-13 ***
tensionH       -0.59580    0.08378  -7.112 1.15e-12 ***
woolB:tensionM  0.63818    0.12215   5.224 1.75e-07 ***
woolB:tensionH  0.18836    0.12990   1.450    0.147
---
Signif. codes:  0 '***' 0.001 '**' 0.01 '*' 0.05 '.' 0.1 ' ' 1

(Dispersion parameter for poisson family taken to be 1)

    Null deviance: 297.37  on 53  degrees of freedom
Residual deviance: 182.31  on 48  degrees of freedom
```

```
AIC: 468.97

Number of Fisher Scoring iterations: 4
```

サマリから，(Intercept)，woolB，tensionM，tensionH，woolB:tensionM が有意であることがわかる．woolB:tensionH は有意でない．切片にあたるのは，woolA で tensionL の場合に対応する．分散を見てみると，$182.31/48 = 3.798125 > 1$ であり，過分散と考えられる．

負の二項分布モデルの当てはめ

過分散なので，より分散の大きな負の二項分布モデルを適用してみよう．glm では負の二項分布を扱えないので，MASS パッケージの glm.nb 関数を用いる．formula の記述の仕方などは同じだが，family は不要で，リンク関数のみ link = log のように記述する．リンク関数は，デフォルトで log であるが，他に，sqrt，identity を使うことができる．

```
> library(MASS)
> nbres.all <-glm.nb(breaks ~ wool*tension, data = warpbreaks)
> summary(nbres.all)

Call:
glm.nb(formula = breaks ~ wool * tension, data = warpbreaks,
    init.theta = 12.08216462, link = log)

Deviance Residuals:
    Min       1Q   Median       3Q      Max
-2.09611  -0.89383  -0.07212   0.65270   1.80646

Coefficients:
              Estimate Std. Error z value Pr(>|z|)
(Intercept)     3.7967     0.1081  35.116  < 2e-16 ***
woolB          -0.4566     0.1576  -2.898 0.003753 **
tensionM       -0.6187     0.1597  -3.873 0.000107 ***
tensionH       -0.5958     0.1594  -3.738 0.000186 ***
woolB:tensionM  0.6382     0.2274   2.807 0.005008 **
woolB:tensionH  0.1884     0.2316   0.813 0.416123
---
Signif. codes:  0 '***' 0.001 '**' 0.01 '*' 0.05 '.' 0.1 ' ' 1

(Dispersion parameter for Negative Binomial(12.0822) family taken to be 1)

    Null deviance: 86.759  on 53  degrees of freedom
Residual deviance: 53.506  on 48  degrees of freedom
AIC: 405.12

Number of Fisher Scoring iterations: 1


              Theta:  12.08
```

```
              Std. Err.:   3.30

 2 x log-likelihood: -391.125
```

サマリを見ると，推定した係数の有意性についてはポアソンモデルと同じだが，AIC は 405.12 であり，ポアソンモデルの AIC が 468.97 だったので，当てはまりは大きく改善されていることがわかる．なお，Theta: 12.08 とあるのは，θ の推定値，Std. Err.: 3.30 は，その標準偏差である．

補足 23. イギリスの男性医師の冠動脈心疾患死亡数のデータに負の二項分布モデルを当てはめようとすると，alternation limit reached と表示され，正常に収束しない．一応サマリを見てみると以下のようになる．

```
> res.nb <- glm.nb(deathrate~smkdummy*agecat+I(agecat^2))
> summary(res.nb)

Call:
glm.nb(formula = deathrate ~ smkdummy * agecat + I(agecat^2),
    init.theta = 1355.072784, link = log)

Deviance Residuals:
      1        2        3        4        5        6        7        8        9       10
 0.71016 -0.36435 -0.33704  0.34810 -0.06973 -2.17270  0.13540  2.04248 -1.88623  0.53537

Coefficients:
                 Estimate Std. Error z value Pr(>|z|)
(Intercept)       0.73735    0.19724   3.738 0.000185 ***
smkdummy          1.38756    0.13154  10.548  < 2e-16 ***
agecat            2.38608    0.10187  23.424  < 2e-16 ***
I(agecat^2)      -0.20109    0.01338 -15.025  < 2e-16 ***
smkdummy:agecat  -0.29332    0.03169  -9.255  < 2e-16 ***
---
Signif. codes:  0 '***' 0.001 '**' 0.01 '*' 0.05 '.' 0.1 ' ' 1

(Dispersion parameter for Negative Binomial(1355.073) family taken to be 1)

    Null deviance: 4940.856  on 9  degrees of freedom
Residual deviance:   13.632  on 5  degrees of freedom
AIC: 107.09

Number of Fisher Scoring iterations: 1
```

補足 24. 応答変数が連続な場合の一般化線形モデルも当然考えられる．例えば，glm では誤差構造としてガンマ分布を入れたもの (family = Gamma(link = "inverse") のように指定する) を考えることもできる．ガンマ分布は正の値をとる確率分布で，

$$f(x) = \frac{1}{\Gamma(k)\theta^k} x^{k-1} e^{-x/\theta}$$

という確率密度関数を持つ．本書では，紙幅の関係でガンマ分布を用いた一般化線形モデルの当てはめについては触れないが，その原理は第 9 章で述べたとおりである．

11.4 章末問題

(R) マークは R を使って解答する問題，**(数)** マークは数学的な問題である．

問題 11-1 **(R)** 喫煙の有無と年齢と冠動脈疾患による死亡数のデータについて，以下の問に答えよ．
- 年齢の二乗の項を除外したモデルでポアソン回帰し，結果について述べよ．
- 年齢と喫煙の交互作用項を除外したモデルでポアソン回帰し，結果について述べよ．
- 本文で扱ったモデルと上記の 2 つのモデルの AIC を比較し，最も当てはまりのよいものを選べ．
- 本文で扱ったモデルと上記の 2 つのモデル各々について，年齢効果調整後の喫煙者の冠動脈心疾患死亡リスクは，非喫煙者のそれと比較して何倍と見積もられるか．

問題 11-2 **(R)** 図 11.3, 図 11.4 を表示するスクリプトを示せ．

問題 11-3 **(数)** 負の二項分布に従う確率変数 Y について以下の問に答えよ．

(1) $\beta = \mu/\theta$ とするとき，Y の確率密度関数を (11.3) としたとき，
$$f(y;\mu,\theta) = \frac{\beta^y}{\Gamma(\theta)} \int_0^\infty \frac{z^y}{y!} \cdot z^{\theta-1} e^{-(1+\beta)z} dz$$
となることを示せ．

(2) (1) を利用して Y の積率母関数を求めよ．

(3) (2) を利用して Y の期待値と分散を求めよ．

第12章

多変量正規分布とその応用

　身長と体重のデータ等の散布図は，両者の平均ベクトルの周りにデータが集中していることが多い．このようなデータは，二変量の正規分布に従っていると考えると便利である．この正規分布の等高線は一般に楕円となるが，データにこの楕円を当てはめることで，データがどこに集中しているか可視化できる．これを集中楕円と言う．正規分布，集中楕円は簡単に高次元化できる．ここでは，多変量正規分布の性質とそれに従う乱数の発生法，集中楕円，相関係数の区間推定の原理について説明する．

12.1 多変量の正規分布

　多変量を扱う際に基本となるのは，多変量の正規分布である．多変量正規分布については，「一変量統計編」7.6 節で簡単に説明したが，ここであらためて説明する．最初に確率密度の式を書き，グラフを示し，その後にどのような分布かを説明する．
　多変量の正規分布を記述するには行列が必要となる．まず，結合確率密度関数は，(12.1) のようになる．

$$f(\boldsymbol{x}) = \frac{1}{(\sqrt{2\pi})^m \sqrt{\det \Sigma}} \exp\left(-\frac{1}{2}(\boldsymbol{x}-\boldsymbol{\mu})^T \Sigma^{-1} (\boldsymbol{x}-\boldsymbol{\mu})\right) \tag{12.1}$$

$\boldsymbol{x}, \boldsymbol{\mu}$ は以下のように定義されるベクトルである．

$$\boldsymbol{x} = \begin{pmatrix} x_1 \\ x_2 \\ \vdots \\ x_m \end{pmatrix}, \quad \boldsymbol{\mu} = \begin{pmatrix} E(x_1) \\ E(x_2) \\ \vdots \\ E(x_m) \end{pmatrix}$$

Σ は以下のように対角線上にそれぞれの変量の分散が並び，非対角成分には共分散が並んだ行列であり，**分散共分散行列** (variance-covariance matrix) と呼ばれる．これは「一変量統計編」3.5 節で説明したものに対応している．これらの分散や共分散は推定量ではなく，真の値 (母分散，母共分散) であることに注意しよう．

$$\Sigma = \begin{pmatrix} V(x_1) & \mathrm{Cov}(x_1, x_2) & \cdots & \mathrm{Cov}(x_1, x_m) \\ \mathrm{Cov}(x_2, x_1) & V(x_2) & \cdots & \mathrm{Cov}(x_2, x_m) \\ \vdots & \vdots & \ddots & \vdots \\ \mathrm{Cov}(x_m, x_1) & \mathrm{Cov}(x_m, x_2) & \cdots & V(x_m) \end{pmatrix}$$

確率変数 z が平均 $\boldsymbol{\mu}$，分散共分散行列 Σ の m 次元正規分布に従うことを

$$z \sim \mathrm{N}_m(\boldsymbol{\mu}, \Sigma)$$

と書くことにしよう．
　二変量の正規分布の密度関数のグラフを描いてみると，**図 12.1** のようになる．
　図 12.1 を描画するには，mvtnorm, scatterplot3d パッケージが必要なので，インストールされていなければ，

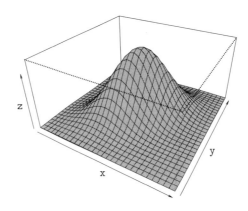

図 12.1：二変量の正規分布の密度関数

```
> install.packages("mvtnorm")
> install.packages("scatterplot3d")
```

のようにインストールしておき，その上でスクリプト 5 を実行する．

―― スクリプト 5 (12_1.R) ――
```
library(mvtnorm)
library(scatterplot3d)

sigma.zero <- matrix(c(1,0.5,0.5,1), ncol=2)
x <- seq(-3, 3, length=30)
y <- x
f <- function(x,y) {
  dmvnorm(matrix(c(x,y), ncol=2), mean=c(0,0), sigma=sigma.zero)
}
z <- outer(x, y, f)
persp(x, y, z, theta = 30, phi = 30, expand = 0.5, col = "gray")
```

このスクリプトを見ればわかるとおり，図 12.1 は，

$$\Sigma_0 = \begin{pmatrix} 1 & 1/2 \\ 1/2 & 1 \end{pmatrix}$$

を分散共分散行列とし，平均を $(0,0)$ にとった場合の二変量正規分布である．

一変量の場合，Σ は σ^2 であるから，分散共分散行列 Σ は分散の一般化である．ただし，一変量の分散は平均の両側への広がりを表現できるだけなのに対し，多変量の場合は，広がりの方向も表現できる．この考え方から次節で説明する集中楕円の考えに至る．

12.2 集中楕円

前節で見たように，多変量の正規分布の同時密度関数は，(12.1) のように書くことができる．したがって，この密度関数の「等高線」は指数部分

$$(\boldsymbol{x} - \boldsymbol{\mu})^T \Sigma^{-1} (\boldsymbol{x} - \boldsymbol{\mu}) \tag{12.2}$$

が定数となるような $\boldsymbol{x}$ 全体のなす集合に一致する．

12.2 集中楕円

Σ は実対称行列であるから固有値は実数である．さらに，その定義から，この正規分布に従う確率変数 $\boldsymbol{X}$ (m 次元の縦ベクトル) に対し，$M = \boldsymbol{X} - E(\boldsymbol{X})$ とすると，$\Sigma = E(MM^T)$ であり，結果，任意の (縦) ベクトル $\boldsymbol{u}$ に対し，$\boldsymbol{u}^T \Sigma \boldsymbol{u} = E(\boldsymbol{u}^T(MM^T)\boldsymbol{u}) = E((M^T\boldsymbol{u})^T M^T \boldsymbol{u}) \geq 0$ がわかる．つまり，分散共分散行列は非負定符号行列である．$\Sigma > 0$ を仮定すると，Σ^{-1} が存在し，$\Sigma^{-1} > 0$ であることがわかる．よって，$(\boldsymbol{x} - \boldsymbol{\mu})^T \Sigma^{-1} (\boldsymbol{x} - \boldsymbol{\mu})$ は平均偏差ベクトル $\boldsymbol{x} - \boldsymbol{\mu}$ が $\boldsymbol{0}$ でない限り正の値をとる．よって，等高線は定数の値を d^2 ($d \geq 0$) と書けば

$$(\boldsymbol{x} - \boldsymbol{\mu})^T \Sigma^{-1} (\boldsymbol{x} - \boldsymbol{\mu}) = d^2 \tag{12.3}$$

と書くことができる．線形代数でよく知られているように，直交行列[*1] Q を用いて

$$Q^T \Sigma Q = \Lambda = \begin{pmatrix} \lambda_1 & 0 & \cdots & 0 \\ 0 & \lambda_2 & \cdots & 0 \\ 0 & 0 & \ddots & \vdots \\ 0 & 0 & \cdots & \lambda_m \end{pmatrix} \tag{12.4}$$

と書くことができる．ここで，$\lambda_1 \geq \lambda_2 \geq \cdots \geq \lambda_m > 0$ は S の固有値である．$Q^{-1} = Q^T$ に注意すると，$\Sigma^{-1} = (Q\Lambda Q^T)^{-1} = Q^T \Lambda^{-1} Q$ となることがわかるので，$(Q(\boldsymbol{x} - \overline{\boldsymbol{x}}))^T \Sigma^{-1} Q(\boldsymbol{x} - \overline{\boldsymbol{x}}) = d^2$ が得られる．また，Λ の逆行列は次のようになる．

$$\Lambda^{-1} = \begin{pmatrix} 1/\lambda_1 & 0 & \cdots & 0 \\ 0 & 1/\lambda_2 & \cdots & 0 \\ 0 & 0 & \ddots & \vdots \\ 0 & 0 & \cdots & 1/\lambda_m \end{pmatrix} \tag{12.5}$$

よって，$\boldsymbol{u} = Q(\boldsymbol{x} - \overline{\boldsymbol{x}})$ とおけば，

$$\frac{u_1^2}{\lambda_1} + \frac{u_2^2}{\lambda_2} + \cdots + \frac{u_m^2}{\lambda_m} = d^2 \tag{12.6}$$

となる．(12.6) は二次元であれば楕円 (円の場合も含む) であり，三次元であれば楕円体，四次元以上であれば超楕円体を表す．特に二変量に対しては，

$$\frac{u_1^2}{(d\sqrt{\lambda_1})^2} + \frac{u_2^2}{(d\sqrt{\lambda_2})^2} = 1 \tag{12.7}$$

となる．$\lambda_1 > \lambda_2$ とすれば，これは長半径 $d\sqrt{\lambda_1}$，短半径 $d\sqrt{\lambda_2}$ の楕円である．長軸と短軸の長さの比は d によらず一定で $\sqrt{\lambda_1} : \sqrt{\lambda_2}$ である．

図 12.1 に示した二変量正規分布の等高線を**図 12.2** に示す．

統計学では，(12.6) を高次元の場合も含めて**集中楕円** (concentrative ellipsoid) と呼んでいる．軸は Σ の固有ベクトルの方向を向いている．S は実対称行列であるから固有ベクトルは直交する．

高次元の正規分布から導いたが，正規分布しているとは限らない分布に対しても分散共分散行列 Σ は定義でき，Σ がランク落ちしない限りは正定値であるので，集中楕円も定義できる．各変量間の依存関係は，分散共分散行列 Σ の中に収まっているのである．

$$d_M(\boldsymbol{x}, \boldsymbol{y})^2 = (\boldsymbol{x} - \boldsymbol{y})^T \Sigma^{-1} (\boldsymbol{x} - \boldsymbol{y})$$

で定義される $d_M(\boldsymbol{x}, \boldsymbol{y})$ (≥ 0) を**マハラノビス距離** (Mahalanobis distance) と言う．集中楕円とは，平均ベクトルからの距離がマハラノビス距離で測って一定値になる集合と言い換えられる．

[*1] 直交行列とは実行列で，$Q^T Q = QQ^T = I$ となる行列 Q のことである．行列の行ベクトル同士，列ベクトル同士が直交していることからこの名がある．

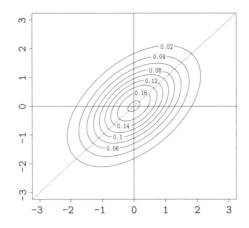

図 12.2：二変量正規分布の等高線

ついでながら，一次元では分散共分散行列は分散 (スカラー) σ^2 に等しいので，一変量 (一次元) のマハラノビス距離は，

$$d_M(x,y) = \sqrt{\frac{(x-y)^2}{\sigma^2}} = \frac{|x-y|}{\sigma}$$

となる．この場合，集中楕円は平均値を中点とする 2 点となる (2 点を楕円というのは奇妙であるが)．

12.2.1 集中楕円を描いてみる

理屈はこれくらいにして実際のデータで集中楕円を描いてみよう．適当に歪んだデータがわかりやすいので，「一変量統計編」で使った，math, phys に対して集中楕円を描いてみよう．このデータは，sampledata2.xlsx の Math&Phys タブにもある．math は数学の試験結果で 100 点満点，phys は同じ受験生たちの物理の試験結果で 140 点満点である．1 つの行は同一の受験生の数学と物理学の得点であり，欠損値はない．

集中楕円を描くには，ellipse, car パッケージが必要になるので，インストールされていなければインストールし，library で car を呼び出してから使う．なお，car パッケージは openxlsx ライブラリを利用しているので，もしインストールしていない場合は，openxlsx ライブラリもインストールする必要がある[*2]．集中楕円を描くのは簡単で，dataEllipse(math,phys,level=0.8) のようにすればよい．level というのは，楕円の内部に 80%の点があると期待される基準で等高線を描くという意味である．次のように操作すれば，**図 12.3** を描く．

```
> install.packages("ellipse")
> library(ellipse)
> install.packages("car")
> library(car)
> dataEllipse(math,phys,level=0.8)
```

[*2] 執筆時における R の最新版 (ver.3.6.0) に旧バージョンからアップデートすると，car ライブラリが正しく動作しないことがある．R は本体をアップデートしても，ライブラリがアップデートされないために不具合が発生するようである．このような場合は，R を一度アンインストールする．さらに R のインストールディレクトリ (デフォルトでは C:\Program Files\R) 以下にある旧バージョンのフォルダ (R-3.5.1 など) をすべて削除したうえで，R の新しいバージョンをインストールし，最後に必要なライブラリを再度インストールすればよい．

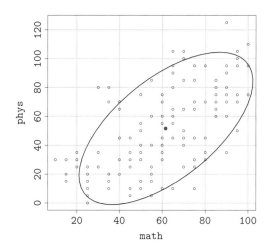

図 12.3：math と phys の集中楕円

集中楕円は (本書は白黒のため) 黒く表示されているが，実際の表示は青になる[*3]．

12.3 集中楕円と分散共分散行列の固有値の関係を確認する

まず，集中楕円と分散共分散行列 S の固有値との関係を確認してみよう．まず，math, phys をデータフレームオブジェクト mp にしてから var に渡し分散共分散行列 S を生成し，eigen を用いて固有値と固有ベクトルを求める[*4]．

```
> mp <- data.frame(math,phys)
> Sigma <- var(mp)
> Sigma
         math     phys
math 506.5293 407.9086
phys 407.9086 856.8741
> eigen(Sigma)
$values
[1] 1125.6328  237.7706

$vectors
          [,1]       [,2]
[1,] 0.5501846 -0.8350430
[2,] 0.8350430  0.5501846
```

R では固有ベクトルは長さ 1 に規格化されて出力される．上記の結果では，固有値 $\lambda_1 = 1125.6328$, $\lambda_2 = 237.7706$ に対応する固有ベクトルは，それぞれ，

$$p_1 = \begin{pmatrix} 0.5501846 \\ 0.8350430 \end{pmatrix}, \quad p_2 = \begin{pmatrix} -0.8350430 \\ 0.5501846 \end{pmatrix}$$

であるということである．p_1, p_2 が直交することがすぐにわかるだろう．長軸と短軸の比を見るに

[*3] R のバージョンによっては赤になる．

[*4] eigen は，eigenvalue(固有値), eigenvector(固有ベクトル) の接頭辞からきている．

は固有値の平方根をとればよい．

```
> sqrt(eigen(Sigma)$values)
[1] 33.55045 15.41981
```

となるので，ほぼ 2 : 1 の比となっている．

12.3.1 相関係数の区間推定

ピアソンの積率相関係数 r_{xy} の信頼区間は二変量の正規分布に基づいて計算される．r_{xy} の最尤推定値は，

$$r = \frac{\sum_{j=1}^{n}(x_j - \overline{x})(y_j - \overline{y})}{\sqrt{\sum_{j=1}^{n}(x_j - \overline{x})^2}\sqrt{\sum_{j=1}^{n}(y_j - \overline{y})^2}} \tag{12.8}$$

で与えられることが知られている．このとき $r_{xy} = 0$ の仮説検定には，

$$t_0 = \frac{r}{\sqrt{1-r^2}}\sqrt{n-2} \tag{12.9}$$

が，自由度 $n-2$ の t 分布に従うことを使う[*5] (定理 25)．

この点を確認しておこう．math と phys についてピアソンの積率相関係数を計算した際，t 値と信頼区間が得られたことを思い出そう．そのときの結果を再掲しよう．

```
> cor.test(math,phys)
Pearson's product-moment correlation

data:  math and phys
t = 9.4616, df = 144, p-value < 2.2e-16
alternative hypothesis: true correlation is not equal to 0
95 percent confidence interval:
 0.5077840 0.7101767
sample estimates:
      cor
0.6191588
```

ここで，t = 9.4616 とあるが，これが定義どおり計算されているか確認してみよう．$n = 146$ であるから，(12.9) に $r = 0.6191588, n = 146$ を代入すると，次のようになる．

```
> r <- 0.6191588
> sqrt(146-2)*r/sqrt(1-r^2)
[1] 9.461644
```

t = 9.4616 と (丸めた部分を除き) 一致していることが確認できる．

(12.9) が自由度 $n-2$ の t 分布に従うことを計算で導くのは少し手間がかかるので，後ほど 12.4.1 節で扱うことにして，ここではシミュレーションを用いて「目で」確認しておこう．

二次元正規分布に従う乱数の作り方

シミュレーションのためには，二次元正規分布に従う乱数が必要となる．乱数の作り方を例をもとに説明する．

[*5] 自由度が $n-2$ になっているのは，$\overline{x}, \overline{y}$ が各々 $x_1, x_2, \ldots, x_n, y_1, y_2, \ldots, y_n$ から求まる量であることから自由度が 2 減ったことによる．

平均ベクトル $\boldsymbol{\mu}$, 分散共分散行列 Σ が，以下のように与えられる二次元正規分布を考えよう．

$$\boldsymbol{\mu} = \begin{pmatrix} 2 \\ 1 \end{pmatrix}, \quad \Sigma = \begin{pmatrix} 16 & 2 \\ 2 & 9 \end{pmatrix}$$

二次元の正規乱数を発生させる関数が必要になるが，これには MASS パッケージ[*6]の関数 mvrnorm を用いる．この二次元正規分布に従う乱数を 5 つ生成するには次のようにする．

```
> library(MASS)
> mu <- c(2, 1)
> Sigma <- matrix(c(16, 2, 2, 9), nrow=2, ncol=2)
> mvrnorm(5, mu, Sigma)
           [,1]       [,2]
[1,] -3.488501  2.9333905
[2,] -1.365437  0.1232003
[3,] 10.419397  1.9519810
[4,]  4.072849  1.8839209
[5,]  1.467634 -0.7464751
```

このとおり，乱数 (の組) は行ベクトルとして出力される．つまり，出力された乱数は，

(-3.488501, 2.9333905),
(-1.365437, 0.1232003),
(10.419397, 1.9519810),
(4.072849, 1.8839209),
(1.467634, -0.7464751)

の 5 つである．

12.3.2 二次元正規乱数の応用

二次元正規分布に従う乱数を使えば，相関のある確率変数を使ったシミュレーションができる．

受験生たちの数学，物理の得点が math, phys から推定される二次元正規分布に従うとき，合計点の分布はどうなるだろうか．もちろん，厳密に計算することは可能だが，手っ取り早く答を知りたい場合には，シミュレーションが便利である．ここでは合計点を扱っているが，もっと複雑な変数の値を知りたい場合は手計算するよりもシミュレーションする方が速いと思う (問題 12–2)．

```
──── スクリプト 6 (12_3.R) ────
library(MASS)
N <- 100000
mp <- data.frame(math,phys)
Sigma <- var(mp)
mp.mu <- c(mean(math), mean(phys))
mp.rand <- mvrnorm(N, mp.mu, Sigma)
mp.matrix <- cbind(mp.rand[,1],mp.rand[,2])
mp.sum <- apply(mp.matrix, 1, sum)
```

これによって，数学と物理の合計点 mp.sum を作る．

```
> hist(mp.sum,prob=TRUE)
```

[*6] Modern Applied Statistics with S のための統計ライブラリ．

```
> curve(dnorm(x,mean=mean(mp.sum),sd=sd(mp.sum)),add=TRUE)
```
として，ヒストグラムと同じ平均と分散を持つ正規分布の密度関数を重ね合わせると図 **12.4** のようになる．

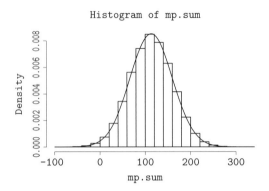

図 **12.4**：数学と物理の合計点のヒストグラムと正規分布の密度関数

12.4　相関のない二次元正規分布に対する t_0 の分布

「X, Y が独立で，各々 N(2, 16)，N(1, 9) に従う正規乱数を $n = 20$ 個格納し，ピアソンの積率相関係数 r を計算する」という処理を 1000 回実行し，(12.9) に従って t_0 を計算してその分布を観察してみる．

```
── スクリプト 7 (12_4.R) ──
library(MASS)
mu <- c(2, 1)
Sigma <- matrix(c(16, 0, 0, 9), nrow=2, ncol=2)
m <- 1000
n <- 20
r <- numeric(m)
for(i in 1:m){
   xydata <- mvrnorm(n, mu, Sigma)
   r[i] <- cor(xydata[,1],xydata[,2])
}
t0 <- sqrt(n-2)*r/sqrt(1-r^2)
hist(t0, xlim=c(-6,6), ylim=c(0,0.45),prob=TRUE)
par(new=TRUE)
plot(function(x)dt(x,df=n-2), xlim=c(-6,6),ylim=c(0,0.45),
                  xlab="" , ylab="" , main="" , lwd=2)
```

スクリプトで何をしているか，概略を説明する (もちろんこれは一例であり，他にも書き方はたくさんある)．分散共分散行列 Σ を与えているが，X, Y は独立なので，非対角成分は 0 である．`xydata <- mvrnorm(n, mu, Sigma)` では，n 個の正規乱数を発生させ，その 1 列目，2 列目をベクトルと見て，ピアソンの積率相関係数を求めて `r[i]` に格納する．i は 1 から 1000 まで動くので，長さ 1000 のベクトル r ができる．これを (12.9) に従って変換した値を並べてベクトル t0 とし，そのヒ

ストグラムを描く．このヒストグラムに，関数 dt() にて自由度 $n-2$ の t 分布の密度関数を太線 lwd=2 で重ね描きしている．このスクリプトを実行すると，**図 12.5** が得られる．ヒストグラムと t 分布の確率密度関数がぴったり重なっていることがわかるだろう．

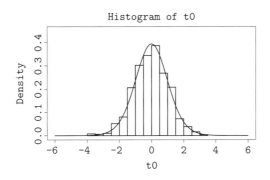

図 12.5：t_0 のヒストグラム

12.4.1 相関係数の区間推定の数学的原理

相関係数の区間推定についてシミュレーションで感覚的に理解したところで，数学的詳細を説明しよう．証明すべきは，次の定理である．

定理 25. $(X_1, Y_1), (X_2, Y_2), \ldots, (X_n, Y_n)$ が平均 $(0,0)$，分散共分散行列が単位行列である二次元正規分布に従うとき，ピアソンの積率相関係数 r に対し，

$$t_0 = \frac{r}{\sqrt{1-r^2}}\sqrt{n-2} \tag{12.10}$$

は，自由度 $n-2$ の t 分布に従う．

証明． 積率相関係数は，平均偏差ベクトル $\boldsymbol{x}-\overline{\boldsymbol{x}} = (x_1-\overline{x}, \ldots, x_n-\overline{x})$ と $\boldsymbol{y}-\overline{\boldsymbol{y}} = (y_1-\overline{y}, \ldots, y_n-\overline{y})$ のなす角の余弦であった．つまり，

$$r = \frac{(\boldsymbol{x}-\overline{\boldsymbol{x}}, \boldsymbol{y}-\overline{\boldsymbol{y}})}{\|\boldsymbol{x}-\overline{\boldsymbol{x}}\|\|\boldsymbol{y}-\overline{\boldsymbol{y}}\|}$$

であった．

$$(\boldsymbol{x}-\overline{\boldsymbol{x}}, \boldsymbol{y}-\overline{\boldsymbol{y}})$$
$$= (x_1-\overline{x})(y_1-\overline{y}) + (x_2-\overline{x})(y_2-\overline{y}) + \cdots + (x_n-\overline{x})(y_n-\overline{y})$$
$$= (x_1-\overline{x})y_1 + (x_2-\overline{x})y_2 + \cdots + (x_n-\overline{x})y_n - \{(x_1-\overline{x})\overline{y} + \cdots + (x_n-\overline{x})\overline{y}\}$$
$$= (\boldsymbol{x}-\overline{\boldsymbol{x}}, \boldsymbol{y}) - \overline{y}(x_1+x_2+\cdots+x_n - n\overline{x}) = (\boldsymbol{x}-\overline{\boldsymbol{x}}, \boldsymbol{y})$$

なので，$(\boldsymbol{x}-\overline{\boldsymbol{x}}, \boldsymbol{y}-\overline{\boldsymbol{y}}) = (\boldsymbol{x}-\overline{\boldsymbol{x}}, \boldsymbol{y})$ を用いると，

$$\frac{r\sqrt{n-2}}{\sqrt{1-r^2}} = \frac{\sqrt{n-2}(\boldsymbol{x}-\overline{\boldsymbol{x}}, \boldsymbol{y}-\overline{\boldsymbol{y}})}{\sqrt{\|\boldsymbol{x}-\overline{\boldsymbol{x}}\|^2\|\boldsymbol{y}-\overline{\boldsymbol{y}}\|^2 - (\boldsymbol{x}-\overline{\boldsymbol{x}}, \boldsymbol{y}-\overline{\boldsymbol{y}})^2}}$$
$$= \frac{\sqrt{n-2}(\boldsymbol{x}-\overline{\boldsymbol{x}}, \boldsymbol{y})}{\sqrt{\|\boldsymbol{x}-\overline{\boldsymbol{x}}\|^2\|\boldsymbol{y}-\overline{\boldsymbol{y}}\|^2 - (\boldsymbol{x}-\overline{\boldsymbol{x}}, \boldsymbol{y})^2}}$$
$$= \frac{\sqrt{n-2}(\boldsymbol{v}, \boldsymbol{y})}{\sqrt{\|\boldsymbol{y}-\overline{\boldsymbol{y}}\|^2 - (\boldsymbol{v}, \boldsymbol{y})^2}} \tag{12.11}$$

とする．ここで，$\boldsymbol{v} = (v_1, v_2, \ldots, v_n) = (\boldsymbol{x} - \overline{\boldsymbol{x}})/\|\boldsymbol{x} - \overline{\boldsymbol{x}}\|$ である．明らかに，$\|\boldsymbol{v}\| = 1$ である．ここで，$v_1 + v_2 + \cdots + v_n = 0$ であることに注意すると，

$$Q = \begin{pmatrix} \frac{1}{\sqrt{n}} & \frac{1}{\sqrt{n}} & \cdots & \frac{1}{\sqrt{n}} \\ v_1 & v_2 & \cdots & v_n \\ * & * & \cdots & * \\ \vdots & \vdots & \vdots & \vdots \end{pmatrix}$$

という形の直交行列を構成することができる．

$$\begin{pmatrix} z_1 \\ z_2 \\ \vdots \\ z_n \end{pmatrix} = \begin{pmatrix} \frac{1}{\sqrt{n}} & \frac{1}{\sqrt{n}} & \cdots & \frac{1}{\sqrt{n}} \\ v_1 & v_2 & \cdots & v_n \\ * & * & \cdots & * \\ \vdots & \vdots & \vdots & \vdots \end{pmatrix} \begin{pmatrix} y_1 \\ y_2 \\ \vdots \\ y_n \end{pmatrix}$$

という一次変換を考える．$\boldsymbol{y}$ が平均 $\boldsymbol{0}$，分散共分散行列が単位行列の n 次元正規分布に従うとき，Q の直交性より，$\boldsymbol{z} = (z_1, z_2, \ldots, z_n)^T$ も同じ n 次元正規分布に従う．特に $z_1, z_2, \ldots, z_n$ は独立である．

$$z_1 = \frac{1}{\sqrt{n}} \sum_{j=1}^{n} y_j = \sqrt{n}\,\overline{y}$$

$$z_2 = (\boldsymbol{v}, \boldsymbol{y})$$

はともに $N(0,1)$ に従うから，(12.11) の分子の内積 $(\boldsymbol{v}, \boldsymbol{y}) = z_2$ は $N(0,1)$ に従う．Q が直交行列であることからその一次変換は等長であり，したがって $\|\boldsymbol{z}\| = \|\boldsymbol{y}\|$ である．(12.11) の分母の平方根内は，

$$\begin{aligned}
\|\boldsymbol{y} - \overline{\boldsymbol{y}}\|^2 - (\boldsymbol{v}, \boldsymbol{y})^2 &= \|\boldsymbol{y}\|^2 - n\|\overline{\boldsymbol{y}}\|^2 - (\boldsymbol{v}, \boldsymbol{y})^2 \\
&= \|\boldsymbol{z}\|^2 - (\sqrt{n}\,\overline{y})^2 - (\boldsymbol{v}, \boldsymbol{y})^2 \\
&= \sum_{j=1}^{n} z_j^2 - z_1^2 - z_2^2 = \sum_{j=3}^{n} z_j^2
\end{aligned}$$

となり，z_1, z_2 とは独立であることがわかる．さらに「一変量統計編」8.6 節，定理 11 より，$\sum_{j=3}^{n} z_j^2$ が自由度 $n-2$ のカイ二乗分布に従うことがわかる．よって，「一変量統計編」13.4 節，定理 19 より，t_0 は自由度 $n-2$ の t 分布に従う．□

系 26. $(X_1, Y_1), (X_2, Y_2), \ldots, (X_n, Y_n)$ が平均 $(0,0)$，分散共分散行列が単位行列である二次元正規分布に従うとき，$X_1, \ldots, X_n, Y_1, \ldots, Y_n$ が相異なる (タイがない) ならば，スピアマンの順位相関係数 ρ に対し，

$$t_0 = \frac{\rho}{\sqrt{1-\rho^2}} \sqrt{n-2} \tag{12.12}$$

は，自由度 $n-2$ の t 分布に従う．

補足 27. 証明を見ればわかるようにサンプルサイズ n が十分大きければ $(X_1, Y_1), (X_2, Y_2), \ldots, (X_n, Y_n)$ が正規分布に従っていなくても漸近的に定理 25 の結果が成り立つ．理由は，第 5 章の補足 14 と同様である．

12.5 章末問題

(R) マークは R を使って解答する問題，**(数)** マークは数学的な問題である．

問題 12-1 **(R)**
$$M = \begin{pmatrix} 16 & 2 \\ 2 & 9 \end{pmatrix}$$
を分散共分散行列に持ち，平均 $\boldsymbol{\mu} = (2,1)^T$ の二次元正規分布に従う乱数 (X,Y) を 100 個生成し，`level=0.8` として，散布図と集中楕円を描け．

問題 12-2 **(R)** math, phys のデータで，数学と物理のうち高い方の得点の分布をシミュレーションし，平均と標準偏差を推定せよ．

問題 12-3 **(R)** 12.3.2 節ではピアソンの積率相関係数に対し，(12.9) が自由度 $n-2$ の t 分布に従うことをシミュレーションで確認した．同様のシミュレーションをスピアマンの順位相関係数，ケンドールの順位相関係数で実行してみよ．

問題 12-4 **(R)** (X,Y) が，次の平均ベクトル $\boldsymbol{\mu}$，分散共分散行列 Σ を持つ二次元正規分布に従う確率変数とする．
$$\boldsymbol{\mu} = \begin{pmatrix} 2 \\ 1 \end{pmatrix}, \quad \Sigma = \begin{pmatrix} 16 & 2 \\ 2 & 9 \end{pmatrix}$$

$(X_1,Y_1), (X_2,Y_2), \ldots, (X_n,Y_n)(n=20)$ のピアソンの積率相関係数を r とするとき，その z 変換（フィッシャーの z 変換とも言う）

$$z(r) = \frac{1}{2} \log\left(\frac{1+r}{1-r}\right) \tag{12.13}$$

が $N(z(r_0), \frac{1}{n-3})$ で近似できることを R によりシミュレーションで確認せよ．ここで $r_0 = 2/(\sqrt{16} \cdot \sqrt{9}) = 1/6$ である．

第13章

主成分分析

　一般に多変量のデータは複雑で，何らかの形で縮約する (次元を下げる) ことによって，データの性質がつかみやすくなることがある．回帰分析でもある種の縮約がなされているが，回帰分析においては，説明変数と被説明変数 (応答変数) があったのに対し，主成分分析では，そのような区別はせずに，データの特徴をできるだけ維持したまま低次元に射影する．ここでは，相関行列または分散共分散行列に基づく方法として，**主成分分析** (Principal Component Analysis：PCA) を解説する．主成分分析は，1933 年頃にホテリング (Hotelling) によって提案されたもので，数学的には，相関行列または分散共分散行列の固有値問題 (特異値問題) を解く問題に帰着する．

13.1　主成分分析の考え方

　2 つの変量 x_1, x_2 があり，それぞれ n 個の値 $x_1 = (x_{11}, x_{12}, \ldots, x_{1n})$, $x_2 = (x_{21}, x_{22}, \ldots, x_{2n})$ を持つものとしよう．第 12 章で扱った数学，物理の得点データ `math`, `phys` を想像してもよい．数学，物理の得点に重みをつけて足して 1 つの数字にまとめるという問題を考える．重みつきの得点は，できるだけケース間 (または個体間) の差がつくようにしたい．これは分散が最大になるということである．そこで，重みをつけた合計：

$$z = a_1 x_1 + a_2 x_2 \tag{13.1}$$

の分散が最大になるように調整することを考える．ここで $a_1^2 + a_2^2 = 1$ としておく．係数の大きさに制限をつけないと，定数倍で分散をいくらでも大きくできてしまうからである．

　$\overline{x}_1, \overline{x}_2$ をそれぞれ x_1, x_2 の標本平均，$s_{11}, s_{22}, s_{12} (= s_{21})$ をそれぞれ x_1 の不偏分散，x_2 の不偏分散，x_1, x_2 の不偏共分散とする．(13.1) より，

$$\frac{1}{n-1} \sum_{i=1}^n (z_i - \overline{z})^2$$
$$= \frac{1}{n-1} \sum_{i=1}^n (a_1 x_{1i} + a_2 x_{2i} - a_1 \overline{x}_1 - a_2 \overline{x}_2)^2$$
$$= \frac{1}{n-1} \sum_{i=1}^n \{a_1(x_{1i} - \overline{x}_1) + a_2(x_{2i} - \overline{x}_2)\}^2$$
$$= \frac{1}{n-1} \sum_{i=1}^n \{a_1^2 (x_{1i} - \overline{x}_1)^2 + 2 a_1 a_2 (x_{1i} - \overline{x}_1)(x_{2i} - \overline{x}_2) + a_2^2 (x_{2i} - \overline{x}_2)^2\}$$
$$= s_{11} a_1^2 + 2 s_{12} a_1 a_2 + s_{22} a_2^2$$
$$= (a_1, a_2) \begin{pmatrix} s_{11} & s_{12} \\ s_{21} & s_{22} \end{pmatrix} \begin{pmatrix} a_1 \\ a_2 \end{pmatrix} = (\boldsymbol{a}, S\boldsymbol{a})$$

と書ける．ここで $\boldsymbol{a} = (a_1, a_2)^T$, S は標本から定まる分散共分散行列である．一方，(第 12 章における) 分散共分散行列 Σ は<u>多変量正規分布</u>から定まるため，区別して記述している．

　S は実対称行列である ($s_{12} = s_{21}$) から直交行列を用いて対角化でき，固有値は全て実数である．ま

た，明らかに S は非負であるから固有値は負になることはない．S の固有値を λ_1, λ_2 $(\lambda_1 \geq \lambda_2)$ として，対応するノルム 1 の固有ベクトルを $\boldsymbol{u}_1, \boldsymbol{u}_2$ とすれば両者は直交している (実対称行列の性質) ので，任意の単位ベクトル $\boldsymbol{a}$ を，

$$\boldsymbol{a} = (\boldsymbol{a}, \boldsymbol{u}_1)\boldsymbol{u}_1 + (\boldsymbol{a}, \boldsymbol{u}_2)\boldsymbol{u}_2$$

と書けば，

$$\begin{aligned}(\boldsymbol{a}, S\boldsymbol{a}) &= ((\boldsymbol{a}, \boldsymbol{u}_1)\boldsymbol{u}_1 + (\boldsymbol{a}, \boldsymbol{u}_2)\boldsymbol{u}_2, S((\boldsymbol{a}, \boldsymbol{u}_1)\boldsymbol{u}_1 + (\boldsymbol{a}, \boldsymbol{u}_2)\boldsymbol{u}_2)) \\ &= ((\boldsymbol{a}, \boldsymbol{u}_1)\boldsymbol{u}_1 + (\boldsymbol{a}, \boldsymbol{u}_2)\boldsymbol{u}_2, (\boldsymbol{a}, \boldsymbol{u}_1)S\boldsymbol{u}_1 + (\boldsymbol{a}, \boldsymbol{u}_2)S\boldsymbol{u}_2) \\ &= ((\boldsymbol{a}, \boldsymbol{u}_1)\boldsymbol{u}_1 + (\boldsymbol{a}, \boldsymbol{u}_2)\boldsymbol{u}_2, \lambda_1(\boldsymbol{a}, \boldsymbol{u}_1)\boldsymbol{u}_1 + \lambda_2(\boldsymbol{a}, \boldsymbol{u}_2)\boldsymbol{u}_2) \\ &= \lambda_1|(\boldsymbol{a}, \boldsymbol{u}_1)|^2 + \lambda_2|(\boldsymbol{a}, \boldsymbol{u}_2)|^2\end{aligned}$$

$|(\boldsymbol{a}, \boldsymbol{u}_1)|^2 + |(\boldsymbol{a}, \boldsymbol{u}_2)|^2 = \|\boldsymbol{a}\|^2 = 1$ であるから，最大値は λ_1 となることがわかる．

以上の議論は容易に多次元化でき，この問題は，分散共分散行列の固有値と固有ベクトルを求める問題に帰着する[*1]．つまり，係数の単位ベクトルを $\boldsymbol{a} = (a_1, a_2, \ldots, a_p)^T$ としたとき，固有値は 0 以上の実数 $\lambda_1 \geq \lambda_2 \geq \cdots \geq \lambda_p$ であり，対応する固有ベクトル $\boldsymbol{u}_1, \boldsymbol{u}_2, \ldots, \boldsymbol{u}_p$ は互いに直交するので，

$$\sum_{j=1}^{p} a_j x_j$$

の分散 V は，S を分散共分散行列としたとき，

$$V = (\boldsymbol{a}, S\boldsymbol{a}) = \sum_{j=1}^{p} \lambda_j |(\boldsymbol{a}, \boldsymbol{u}_j)|^2$$

と書くことができる．

$$\sum_{j=1}^{p} |(\boldsymbol{a}, \boldsymbol{u}_j)|^2 = \|\boldsymbol{a}\|^2 = 1$$

という条件下で V は最大値 λ_1 をとる．$\boldsymbol{u}_1$ を除いた固有ベクトルが張る部分空間 $\mathrm{Span}\{\boldsymbol{u}_j | \, j = 2, \ldots, p\}$ においては，V の最大値は λ_2 となる．以下，同様に $\lambda_2, \ldots, \lambda_p$ が意味づけられる．

固有値 $\lambda_1 \geq \lambda_2 \geq \cdots \geq \lambda_p$ の固有ベクトルに対応する変量はそれぞれ，第 1 主成分，第 2 主成分，$\ldots$，第 p 主成分と呼ばれ，各データに対する値は**主成分得点** (principal component score) と呼ばれる．主成分得点の具体例は 13.2 節で説明する．

また，

$$\frac{\lambda_k}{\lambda_1 + \lambda_2 + \cdots + \lambda_p} \quad (1 \leq k \leq p)$$

を第 k 主成分の**寄与率** (proportion of the variance) と呼ぶ．固有値の和は行列のトレースであるから，相関行列の場合，寄与率の分母は行列のサイズ p に一致する．主成分分析では，第 1 主成分と第 2 主成分に射影してデータの構造を把握することが多い．

補足 28. 主成分分析の基本的な考え方は上記のとおりであるが，分散共分散行列 S をそのまま用いることは少ない．

一般に主成分分析と呼ばれているものは 2 つある．1 つは分散共分散行列を用いるものであり，も

[*1] より一般には特異値分解の問題．

う1つは相関行列を用いるものである．教科書も両者が混在している[*2]．

大きな問題は，分散共分散行列を用いて主成分分析を行ってしまうと，分散に大きな差があるときには，もっとも分散が大きな変数が主成分を大きく変えてしまうということである．

極端な場合を考えるとわかりやすい．例えば，長さの単位をキロメートルからメートルにしたり，重さの単位をキログラムからグラムに変えた場合，数値が大きいものが支配的になってしまう．単位を変えたとたんに分散が一気に大きくなってしまうからだ．そのため，全ての変数の分散を1に正規化した方がよい場合が多い．全ての変数の分散を1にそろえるということは分散共分散行列ではなく相関行列を使うということを意味する．

補足 29. もっとも，絶対に相関行列を使え，というべきかというと，ここも判断が難しい．エヴェリットは，その著書『RとS-PLUSによる多変量解析[*3]』(石田基弘他訳) で次のように述べている (太字筆者)．

「(前略) しかしながら実際には，相関行列 R から主成分を抽出する方がはるかに一般的である．(中略) ただし，次の二点は注意を要する．すなわち，S (分散共分散行列) と R から抽出したそれぞれの主成分の間に，単純な一致が見られることはまずありえないということと，もう一点は，**分析の際に S ではなく R を選択するということは，変数はどれも「等しく重要」とする明確ではあっても恣意的とも言えなくもない判断を伴うということだ．**」

13.2 Rによる主成分分析

Rで主成分分析を行うには，prcompを用いるが，**デフォルトでは，分散共分散行列を用いるものになっている．** これはRの前身にあたる統計言語Sがそうなっているからであるが，前節で述べたとおり，多くの場合，妥当な結果を得るには相関行列を用いなければならない．ややこしい問題がもう1つある．Rで主成分分析を行う関数には，標準で実装されているprcompの他にprincompというものもあり[*4]，出力結果が異なる．主成分得点を求める際に，主成分得点の不偏分散が固有値に一致するように計算される (prcomp 関数) か，主成分得点の標本分散が固有値に一致するように計算される (princomp 関数) かという違いがある．現在では，より新しいprcompが使われることが多いので，本書ではprcompのみ説明する．

cbind関数を用いて，math, physをまとめたオブジェクトmpを作ってprcompに投入して主成分分析してみる．ただし，相関行列を使うためにscale=TRUEとしなければならない[*5]．

[*2] 統計学の教科書では分散共分散行列で主成分分析を解説しているもの，例えば，竹村彰通，『統計 (第一版，第二版)』(共立出版) と相関行列を用いて解説しているもの，例えば，M.G. ケンドール著，浦昭二・竹並輝之共訳，『多変量解析の基礎』(サイエンス社)，B. エヴェリット著，石田基広他訳，『RとS-PLUSによる多変量解析』(シュプリンガー・ジャパン) が混在している．前者は数学的な説明がすっきりしていて理論の理解には適しているが，実際の解析では相関行列を使うことが多いだろう．

[*3] 原著は，B. Everitt, An R and S-PLUS Companion to Multivariate Analysis, Springer Texts in Statistics 2005 である．

[*4] さらに，library(FactoMineR) として利用できる FactoMineR の PCA も主成分分析を行うが，ここでは省略する．

[*5] prcomp の help には，引数 scale について The default is FALSE for consistency with S, but in general scaling is advisable. とあり，統計言語Sとの整合性をとるため，デフォルトで scale = FALSE となっていることがわかる．

```
> mp <- cbind(math,phys)
> res <- prcomp(mp,scale=TRUE)
> summary(res)
Importance of components:
                          PC1    PC2
Standard deviation     1.2725 0.6171
Proportion of Variance 0.8096 0.1904
Cumulative Proportion  0.8096 1.0000
```

Proportion of Variance と書かれているのが寄与率である．また最後の行にある Cumulative Proportion は累積寄与率である．PC1 は第1主成分 (PC は Principal Component の略), PC2 は第2主成分を意味する．この結果から，第1主成分の寄与率 (1 つだけなので累積寄与率と言っても同じ) が 0.8096 にも達する．つまり第1主成分だけで全分散の約 81% を説明している．

この寄与率は次のように計算した結果と (当然ながら) 一致する．ここでは R が相関行列である．

```
> R <- cor(mp)
> L <- eigen(R)$values
> L[1]/sum(L)
[1] 0.8095794
```

主成分の方向を表示するには，主成分分析の結果を格納したオブジェクト res に対し，以下のように座標軸の回転方向を表示させればよい．

```
> res$rotation
            PC1       PC2
math -0.7071068  0.7071068
phys -0.7071068 -0.7071068
```

よって，

$$z = 0.7071068 \cdot \text{math の標準化得点} + 0.7071068 \cdot \text{phys の標準化得点}$$

となる．ここで，出力結果の PC1 においては, math, phys いずれも負になっているが, 固有ベクトルは大きさを1に固定しても2方向あるので，正の向きにそろえればよい．また，係数の 0.7071068 は, $1/\sqrt{2}$ である．これは変数が2つの場合は一般的にそうなる (問題 13-1 参照).

集中楕円に重ねて描くと図 13.1 のようになる．ただし，ベクトルの大きさは1にそろえてはおらず，長さの比は標準偏差の比とした (固有値の平方根の比).

13.3 USArrests を用いた分析例

前節の例は原理の説明を優先したため，二変量のデータを例にとったが，変量が少なすぎて，主成分分析としてはありがたみのないものであった．本節では，より次元の高い問題を扱い，主成分分析の威力を示したい．そこで，USArrests というデータセットを考えよう．これは，米国の州別暴力犯罪率のデータで，1973 年の 50 の米国各州 (図 13.2) における暴力，殺人，レイプによる人口10万人あたりの逮捕統計を含むもので，都市部に住む人口の割合も示されている．なお，図 13.2 は maps ライブラリを用いて描いたものである (重なって見えにくいところもあるが，およその状況を把握するための図である).

アメリカに住んだことがある人なら，図 13.2 と USArrests のデータを対応させてみると面白い

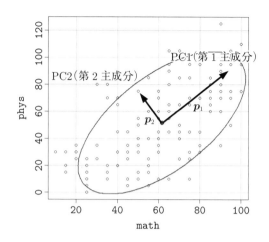

図 13.1：math と phys の集中楕円と主成分方向

図 13.2：アメリカの州 (アラスカ州と島嶼部を除く)

だろう．

```
> head(USArrests)
           Murder Assault UrbanPop Rape
Alabama      13.2     236       58 21.2
Alaska       10.0     263       48 44.5
Arizona       8.1     294       80 31.0
Arkansas      8.8     190       50 19.5
California    9.0     276       91 40.6
Colorado      7.9     204       78 38.7
```

ここにあるように，50 州について，以下の 4 つの変数からなるデータである．

- Murder: 殺人で逮捕された (身柄を拘束された) 人数
- Assault: 暴行で逮捕された (身柄を拘束された) 人数
- UrbanPop: 各州における都市部に住む人口の割合 (パーセント)
- Rape: レイプで逮捕された (身柄を拘束された) 人数

ここで，UrbanPop 以外は全て人口 10 万人あたりの人数である．例えば，アラバマ州であれば，殺人での逮捕者が 10 万人あたり 13.2 人，暴行が 236 人，都市部の人口は州の 58 パーセントで，レ

イプが 21.2 人ということになる．

早速，prcomp 関数を使ってデータを主成分分析にかけてサマリを見てみよう．

```
> res.pc <- prcomp(USArrests, scale = TRUE)
>
> summary(res.pc)
Importance of components:
                          PC1    PC2    PC3     PC4
Standard deviation     1.5749 0.9949 0.59713 0.41645
Proportion of Variance 0.6201 0.2474 0.08914 0.04336
Cumulative Proportion  0.6201 0.8675 0.95664 1.00000
```

左から，第 1～第 4 主成分 (PC1, PC2, PC3, PC4) が並んでいる．上から，標準偏差 (Standard deviation)，寄与率 (Proportion of Variance)，累積寄与率 (Cumulative Proportion) である．第 1 主成分だけで全分散の 62.01%，第 2 主成分までで 86.75% を説明している．第 1 主成分，第 2 主成分だけでデータの大部分を説明していると言ってよいだろう．これはもちろん，固有値から計算される値に一致する．これを確かめておこう．まず，相関行列 C を作って (これは変数の個数が 4 つだから 4×4 行列になる)，その固有値を 4 で割って小数第 4 位まで丸めた値を計算してみると，次のようになる．

```
> C <- cor(USArrests)
> C
             Murder   Assault   UrbanPop      Rape
Murder   1.00000000 0.8018733 0.06957262 0.5635788
Assault  0.80187331 1.0000000 0.25887170 0.6652412
UrbanPop 0.06957262 0.2588717 1.00000000 0.4113412
Rape     0.56357883 0.6652412 0.41134124 1.0000000
> eigen(C)$values
[1] 2.4802416 0.9897652 0.3565632 0.1734301
> round(eigen(C)$values/4,5)
[1] 0.62006 0.24744 0.08914 0.04336
```

確かに，Proportion of Variance の値と一致していることがわかる (誤差はあるが)．res.pc のサマリにある標準偏差を二乗して，eigen(C)$values と一致するかも確認してみよう．

```
> res.pc$sdev^2
[1] 2.4802416 0.9897652 0.3565632 0.1734301
```

となり，一致していることがわかる．

各主成分に対応する固有ベクトルを表示するには，次のようにすればよい．

```
> res.pc$rotation
                PC1        PC2        PC3         PC4
Murder   -0.5358995  0.4181809 -0.3412327  0.64922780
Assault  -0.5831836  0.1879856 -0.2681484 -0.74340748
UrbanPop -0.2781909 -0.8728062 -0.3780158  0.13387773
Rape     -0.5434321 -0.1673186  0.8177779  0.08902432
```

固有ベクトルは規格化されているから，そのノルムはどれも 1 だが，符号は定まらないことに注意しよう．例えば，第 1 主成分 (PC1) は，(符号がマイナスなので逆向きにして考えればよい)

$0.5358995 \times$ Murder $+ 0.5831836 \times$ Assault $+ 0.2781909 \times$ UrbanPop $+ 0.5434321 \times$ Rape ということになる．規格化されているので，$0.5358995^2 + 0.5831836^2 + 0.2781909^2 + 0.5434321^2 = 1$ である (誤差はあるが)．

第 1 主成分は，UrbanPop の係数 (の絶対値) が小さく，第 2 主成分での係数 (の絶対値) は大きくなっている．大雑把に言えば，第 1 主成分は犯罪発生数の成分で，第 2 主成分は都市化の割合の成分ということができる．このような解釈は人間の仕事である．

主成分得点は，ばらつきを考慮して得られる量だが，相関行列を分析したものなので，**平均値と分散の情報はなくなっていることに注意が必要である**．主成分分析は，データ軸を回転させた軸にデータを射影し，一番広がる軸を第 1 主成分軸，これに直交している軸を第 2 主成分軸として新しい座標系を定義し，新しい座標系の数値に情報を再配分しているのである．各州の主成分得点は res.pc$x を見ればよい．最初の方だけ見てみると，次のようになる．

```
> head(res.pc$x)
                 PC1         PC2         PC3          PC4
Alabama    -0.9756604   1.1220012  -0.43980366   0.154696581
Alaska     -1.9305379   1.0624269   2.01950027  -0.434175454
Arizona    -1.7454429  -0.7384595   0.05423025  -0.826264240
Arkansas    0.1399989   1.1085423   0.11342217  -0.180973554
California -2.4986128  -1.5274267   0.59254100  -0.338559240
Colorado   -1.4993407  -0.9776297   1.08400162   0.001450164
```

主成分得点の大きさは，**スクリープロット** (scree plot) を使えば見ることができる．R では screeplot を使う．次のようにすれば，**図 13.3** が得られる．大きい方から順に，PC1, PC2, PC3, PC4 である．

```
> screeplot(res.pc,main="PCs of USArrests")
```

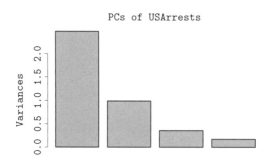

図 13.3：USArrests のスクリープロット

ばらつきをイメージするには，箱ひげ図が見やすいだろう．次のようにすると，**図 13.4** が表示される．主成分番号が大きくなるにつれてばらつきが小さくなっていくことがわかるだろう．

```
> boxplot(res.pc$x)
```

ここで，PC1, PC2 に縮約して全体を把握するために，**バイプロット** (biplot) を利用する．R でバイプロットする場合，biplot 関数を使う．以下のように打ち込むと**図 13.5** が表示される．par(xpd=TRUE) は図の中の文字が途中で切れないようにするためのものである．なお，R Studio で図を大きくするようにウインドウを調整すると，図 13.5 の文字が重ならないように表示できる．

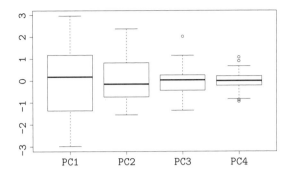

図 **13.4**：USArrests の主成分得点の箱ひげ図

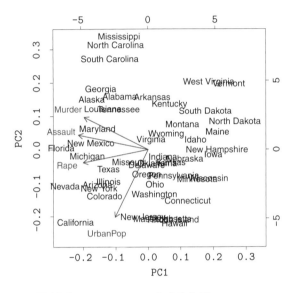

図 **13.5**：USArrests の主成分分析の biplot

```
> par(xpd=TRUE)
> biplot(res.pc)
```

横軸が第 1 主成分，縦軸が第 2 主成分である．図 13.5 はもともと 4 次元のデータであるが，これを 2 次元に射影 (第 1 主成分，第 2 主成分の張る平面に射影) したものである．

矢印は**因子負荷量** (factor loading) を表している．**因子負荷量とは，元の変数と，主成分得点の相関係数のことで**，図ではこれが (スケール調整のため) 引き延ばされている．目盛は，右と上が因子負荷量，下と左が主成分得点である．大雑把に言えば (一致はしないが)，左上の方向は Murder, Assault が増える方向，左下は Rape, UrbanPop が増える方向である．第 1 主成分は，およそ 10 万人あたりの犯罪数の成分であった．符号はマイナスだったから，左にいくほど犯罪率が高い[*6]．第 2 主成分の UrbanPop の係数はマイナスなので，下にいくほど都市への人口集中割合が大きい．主成分得点 (PC1, PC2) の位置に，州の名前が書かれている (重なって見づらいけれども，これは仕方がない)．例えば，左下にあるカリフォルニア州は，都市部に多くの人口が集中していて，犯罪も多い，ということになる．近くに書かれている州は似た傾向にあるということである．例えば，フロ

[*6] 主成分の符号には要注意である．

リダ州，ニューメキシコ州，ミシガン州は，犯罪が多いが人口集中の度合は中程度で，暴力犯罪に関しては似た傾向にある州だということになる．

13.4 章末問題

(R) マークは R を使って解答する問題，**(数)** マークは数学的な問題である．

問題 13–1 **(数)** 二変量の相関行列は，一般に次の形で表すことができる．
$$R = \begin{pmatrix} 1 & r \\ r & 1 \end{pmatrix}$$

ここで，r $(-1 \leq r \leq 1)$ は相関係数である (以下，簡単のため $r > 0$ と仮定する)．R に対する主成分分析を行うことを考える．第 1 主成分，第 2 主成分および両者の寄与率を r の式で表せ．

問題 13–2 **(R)** USArrests について，以下の問に答えよ．
(1) 相関行列ではなく，分散共分散行列を用いて主成分分析し，各主成分の分散，累積寄与率を求めよ．ただし，主成分分析には，`prcomp` 関数を用いよ．
(2) (1) の結果を，`biplot` 関数を用いてバイプロットせよ．

問題 13–3 **(R)** R に標準で用意されているあやめのデータ `iris` について，以下の問に答えよ．
(1) `iris` データの先頭部分を表示せよ．
(2) `iris` は，`Species` を除けば，`Sepal.Length`, `Sepal.Width`, `Petal.Length`, `Petal.Width` という四変量のデータと考えることができる．`iris` の 1 列目 `Sepal.Length` から 4 列目 `Petal.Width` までを `data` という名前のオブジェクトに格納し，`prcomp` 関数を使って主成分分析し，第 1，第 2 主成分までの累積寄与率を求めよ．
(3) `biplot` 関数を用いて第 1，第 2 主成分の様子を図示せよ．
(4) (3) で見たように，`iris` の `biplot` の結果は非常に見づらいので，次のようなことを考える．まず，`prcomp` で生成されたオブジェクトから PC1, PC2 を取り出し，`plot` 関数において，`Specis` で主成分得点の記号 (または色) を変えて表示せよ．3 種類の `Specis` は，どのあたりに位置するか．

第14章

分散分析と多重比較入門

本章では，これまでと趣向を変えて三群以上の比較の問題を取り上げよう．二群の平均値の差の検定には t 検定が用いられたが，これをそのまま三群以上に拡張することはできない．三群以上の平均値の比較では分散分析・多重比較の技術がよく利用される．これは実験計画と絡む複雑な問題であり，限られた紙幅で全体を説明することは困難なので，本章では，分散分析・多重比較の入門として対応のない場合の比較に限り詳細を説明する．

14.1 三群以上の比較問題

14.1.1 平均点に差があるか?

理論的な説明の前に，具体的な問題を考察しよう．sampledata2.xlsx の ANOVA タブにあるデータを見る．このデータは，勤務校の線形代数学の試験結果である．入学者数や再履修者などで年ごとの人数は違っている．また，欠席者がいるが，わずかなので無視して解析する[*1]．

2016 年度，2017 年度，2018 年度の平均点に違いがあるかどうかを調べたい．こうしたとき，例えば 2 標本の (対応のない)t 検定で 2016 年度と 2017 年度，2017 年度と 2018 年度，2016 年度と 2018 年度の平均値の差が有意かどうか検定すればよい，と考える人もいるだろう．一見するとこれでよさそうに見えるが，各々の二群で P 値が 0.03 で 5%有意であったとしても，全体で少なくとも二群間に観察された程度以上の差が偶然に生ずる確率は，$1 - (1 - 0.03)^3 = 0.087327$ となり 5%を超えてしまう[*2]．これは第一種の過誤を起こしやすくなることを意味する．このような問題を解くのが本章の目的である．

この問題を解くには 2 つの考え方がある．1 つは，2016 年度，2017 年度，2018 年度を各々比較するという考え方を捨てて，得点という (この場合は連続な) 変数に対して，クラスという 3 つのカテゴリー (2016 年度，2017 年度，2018 年度) を持つ変数が有意な効果を持つか，と考えるのである．これはようするに説明変数がカテゴリカルな回帰分析と同じことである．この考え方で作られた代表的な方法が，**分散分析** (analysis of variance, 略称: ANOVA) である．

もう 1 つの考え方は，二群の比較を繰り返すという考え方はそのままで，確率を調整するかまたは信頼区間を調整して，第一種の過誤を犯す確率を有意水準以下に抑えるというものである．この考え方で作られた手法は**多重比較** (multiple comparison) と呼ばれ，**ボンフェローニの方法**，**ホルムの方法**，**チューキーの HSD** などがある．

[*1] 問題のレベルはほぼ同じだが，完全に同一問題ではない．得点はランダムに並べ換えてある．再履修者のために若干同一人物が受験しているが，ここではこの問題は無視する．なお，このデータは試験の得点のみであり，講義中の問題解答数などが加味された最終的な成績 (評価点) はこのとおりではない．

[*2] クラス数を m とすると比較には，$\frac{m(m-1)}{2}$ 回もの t 検定が必要になり面倒だ，という視点もあるが，より大きな問題は確率が変わってしまうことである．

14.1.2 データの様子を調べる

データをヘッダも含めてクリップボードにコピーし，`scoreset` に格納する．いずれも 100 点満点である．グループごとに平均と標準偏差を求めてみる．このような処理には `tapply` が便利である．`tapply(data,label,func)` は，`data` を識別子 `label` ごとに関数 `func` に渡す．

```
> scoreset <- read.table("clipboard",header=TRUE)
> tapply(scoreset$score,scoreset$year,mean)
    2016     2017     2018
75.61702 74.96350 70.53226
> tapply(scoreset$score,scoreset$year,sd)
    2016     2017     2018
21.67410 24.16439 21.01120
```

平均点は若干違うようだ．特に 2018 年度はこれまでよりも平均点が下がったように思える．標準偏差は，2017 年がやや大きいのだが，このデータから，年度によって平均点に違いがあると考えてよいか．このような問題を解くのに使う道具の代表的なものが**一元配置分散分析** (one-way analysis of variance, 略称：one-way ANOVA) である．ここで使うのは，対応のない一元配置分散分析である．対応のある一元配置分散分析については後程説明する．

分布の様子を知るには，箱ひげ図を使ってもよいが，**ストリップチャート** (stripchart) も便利なので使ってみよう．

```
> stripchart(score~factor(year),data=scoreset,vert=TRUE,
                     method="jitter",jit=0.05,pch=16)
```

とすれば，**図 14.1** が表示される．ここで，`vert=TRUE` は点を縦に並べるオプションであり，`method="jitter"` は点を横に散らすためのものである．`jit=0.05` は jitter においてどの程度点を横に広げるかを決めるパラメータである．`pch=16` は点の形状を小さな黒い点にするために指定されている．デフォルトでは内側が透明な四角になる．

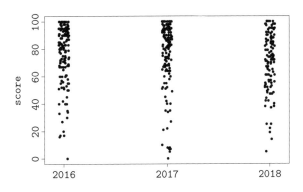

図 14.1：線形代数学の年度別得点分布のストリップチャート

図 14.1 を見ると粗密もある程度見えるので，箱ひげ図よりも便利なことが多い．しかし，ストリップチャートの場合，データのサイズが大きすぎると，かなりジッタを広げないと点が重なって見えにくい．箱ひげ図ならそのようなことはなく，どちらがよいかは場合による[*3].

[*3] 他にもバイオリンプロットなどがある．より高度なグラフィックを必要とする場合は，`ggplot2` ライブラリを利用するとよい．

「平均値±標準偏差」を見たい場合は，gplot パッケージの plotmeans 関数が便利である．次のようにすれば図 14.2 が表示される．各グループのラベルの上にある n= の数字はサンプルサイズである．白丸が平均点，白丸の上下にある小さな横棒が「平均値±標準偏差」の値である．

```
> library(gplots)
> plotmeans(score ~ year,data=scoreset)
```

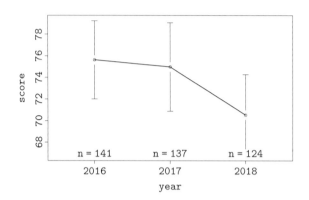

図 14.2：plotmeans を用いた線形代数学の年度別得点の平均と標準偏差

14.1.3　R による一元配置分散分析

R には標準で，oneway.test, aov, anova という 3 つの ANOVA 用関数が用意されている（表 14.1）．

表 14.1：R に用意されている分散分析関数

関数名	特　徴
oneway.test	等分散性を仮定しない
aov	等分散性を仮定する
anova	等分散性を仮定する．lm() を用いる

いずれも分散分析を行う関数であるが，oneway.test が等分散性を仮定しない**ウェルチの分散分析** (Welch's ANOVA)[3] を行う関数である．もっとも一般的な状況で使える関数である．

一方，aov, anova はいずれも「等分散性を仮定する」分散分析を行う．どちらもやることは同じだが，anova は，lm() の結果を用いて分散分析の結果を出力する点が異なる．

群間で等分散性が仮定できる場合は必ずしも多いとは言えないのだが，よく使われているのは等分散性を仮定する aov である．等分散性の検定を行ってウェルチの分散分析を使うかどうか決めるというような方法をとると，多重検定になってしまうので，本書では，可能な限り等分散性を仮定しないウェルチの分散分析を使うことを推奨するが，この方針を貫くのはなかなか難しい．

計算の原理は後ほど説明することにして，R の oneway.test を使ってみよう．ここで，year をカテゴリカル変数であることを明記するため，factor(year) とした[*4]．

```
> oneway.test(score~factor(year),data=scoreset)
```

[*4] year としても同じ結果になるが，数値と解釈することもできるので，ここではあえてカテゴリカルな変数であることを強調した表現を採用した．

```
One-way analysis of means (not assuming equal variances)

data:  score and year
F = 2.1425, num df = 2.00, denom df = 264.57, p-value = 0.1194
```

ここで F という統計量が登場する．num df = 2.00, denom df = 264.57 はそれぞれ，分子 (**numer**ator) の自由度，分母 (**denom**inator) の自由度を表している．F 統計量と F 分布，その自由度については後に説明する．P 値は 0.1194 であり，有意水準 5% では有意とは言えない．つまり，年度毎の平均点に差がないという帰無仮説は棄却できない[*5].

等分散性を仮定できるときは，var.equal=TRUE とする．結果は以下のようになる．

```
> oneway.test(score ~ year, data=scoreset,var.equal=TRUE)

One-way analysis of means

data:  score and year
F = 1.975, num df = 2, denom df = 399, p-value = 0.1401
```

aov, anova を使ってみよう．先に述べたとおり，この 2 つの関数では等分散性を仮定している．aov の結果をそのまま表示すると，

```
> aov(score~factor(year),data=scoreset)
Call:
   aov(formula = score ~ factor(year), data = scoreset)

Terms:
                factor(year)  Residuals
Sum of Squares        1974.8   199481.0
Deg. of Freedom            2        399

Residual standard error: 22.35962
Estimated effects may be unbalanced
```

となる．分散分析では，**分散分析表** (analysis of variance table, 略称：anova table) と呼ばれる表を使うことが多い．分散分析表を表示するには，次のように aov で生成されるオブジェクトのサマリを表示させればよい．

```
> res <- aov(score~factor(year),data=scoreset)
> summary(res)
              Df Sum Sq Mean Sq F value Pr(>F)
factor(year)   2   1975   987.4   1.975   0.14
Residuals    399 199481   500.0
```

ここにある表が分散分析表である．Df は自由度 (degree of freedom) であり，Sum Sq は上から群間 (級間) 平均との差の平方和，群内 (級内) 平均との差の平方和であり，Mean Sq はこれらを対応する自由度で割ったものである．つまり，$1975/2 = 987.5$, $199481/399 = 499.9524 \approx 500.0$ で

[*5] 数点差がつくと，学生の質が変わったのではないかと心配になることが多いのだが，筆者の経験上有意差が見られることは稀である．

ある．F value は F 統計量で，Mean Sq の比 $(1975/2)/(199481/399) = 1.975188 \approx 1.975$ である．Pr(>F) は F 統計量が 1.975 よりも大きくなる確率であり，今の場合は 0.14 になっている．これが P 値であり，これを用いて F 検定を行っている．値が oneway.test のものとわずかに違うが，oneway.test では F 分布の自由度が整数でないものまで許容していることによる．後程各々の意味を説明する．

anova を使う場合は，次のように，まず lm で回帰し，その結果を入力する必要がある．anova は分散分析表も一緒に出力する．

```
> res.lm <- lm(score~factor(year),data=scoreset)
> anova(res.lm)
Analysis of Variance Table

Response: score
              Df  Sum Sq Mean Sq F value Pr(>F)
factor(year)   2    1975  987.40   1.975 0.1401
Residuals    399  199481  499.95
```

14.2 一元配置分散分析の数学的原理

一元配置分散分析の基本的な考え方を説明しよう．図 14.3, 図 14.4 は A, B, C という 3 つのグループの得点 (でなくてもよいが) をグループ毎に区切って並べたものだ．

図 14.3 でグループ毎に引いてある水平線は，グループ毎の平均値であり，点線はグループの平均と得点の差 (偏差) を示している．一方，図 14.4 の水平線は全体の平均値であり，点線は全体の平

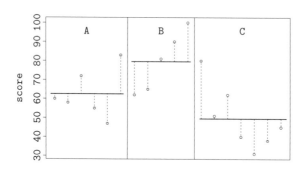

図 14.3：グループ毎の偏差

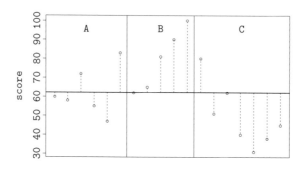

図 14.4：全体の偏差

均と得点の差を示している．大雑把に言えば，一元配置分散分析ではこの 2 つの偏差の平方和を比較するのである．

14.2.1 全変動の分解公式

問題を数学的に定式化しよう．問題を一般化しすぎると記号が煩雑になるので，ここでは三群 A，B，C の平均値の比較を考えるが，本質が損ねられることはない．3 つの群に分けられたデータ y^A, y^B, y^C を次のように表現する．

$$y_i^A = \mu_A + \epsilon_i^A \quad (i = 1, 2, \ldots, n_A)$$
$$y_j^B = \mu_B + \epsilon_j^B \quad (j = 1, 2, \ldots, n_B)$$
$$y_k^C = \mu_C + \epsilon_k^C \quad (k = 1, 2, \ldots, n_C)$$

ここで，n_A, n_B, n_C は各群のデータの個数であり，μ_A, μ_B, μ_C は各群の平均値，$\epsilon_i^A, \epsilon_j^B, \epsilon_k^C$ は平均と各データの値の差 (残差) である．議論の単純化のため，残差は各々独立に $N(0, \sigma^2)$ に従うと仮定する (等分散の仮定)．

帰無仮説は，

$$H_0 : \mu_A = \mu_B = \mu_C$$

である．

全体の平均値は，$n = n_A + n_B + n_C$ としたとき，

$$\mu = \frac{1}{n}(n_A \mu_A + n_B \mu_B + n_C \mu_C)$$

と表すことができる．今，$\alpha_A = \mu_A - \mu, \alpha_B = \mu_B - \mu, \alpha_C = \mu_C - \mu$ とおけば，

$$y_i^A = \mu + \alpha_A + \epsilon_i^A \quad (i = 1, 2, \ldots, n_A)$$
$$y_j^B = \mu + \alpha_B + \epsilon_j^B \quad (j = 1, 2, \ldots, n_B)$$
$$y_k^C = \mu + \alpha_C + \epsilon_k^C \quad (k = 1, 2, \ldots, n_C)$$

と書くことができる．$\alpha_A, \alpha_B, \alpha_C$ は**主効果** (main effect) と呼ばれる．主効果を使って帰無仮説を書き直すと，

$$H_0 : \alpha_A = \alpha_B = \alpha_C = 0$$

となる．$n = n_A + n_B + n_C, T_A = \sum_{j=1}^{n_A} y_j^A, T_B = \sum_{j=1}^{n_B} y_j^B, T_C = \sum_{j=1}^{n_C} y_j^C, T = T_A + T_B + T_C,$ $\overline{y}_A = T_A/n_A, \overline{y}_B = T_B/n_B, \overline{y}_C = T_C/n_C, \overline{y} = T/n$ とする．記号がたくさん出てくるが，$\overline{y}_A$ は A の中での平均 (B, C についても同様)，$\overline{y}$ が全体の平均という意味である．**全変動** (total sum of squares)，すなわち図 14.4 の偏差の二乗を

$$\mathrm{SS}_{\mathrm{total}} = \sum_{j=1}^{n_A}(y_j^A - \overline{y})^2 + \sum_{j=1}^{n_B}(y_j^B - \overline{y})^2 + \sum_{j=1}^{n_C}(y_j^C - \overline{y})^2$$

で定める．**群内 (級内) 変動** (within groups sum of squares) または**誤差変動**，すなわち図 14.3 の偏差の二乗を

$$\mathrm{SS}_{\mathrm{within}} = \sum_{j=1}^{n_A}(y_j^A - \overline{y}_A)^2 + \sum_{j=1}^{n_B}(y_j^B - \overline{y}_B)^2 + \sum_{j=1}^{n_C}(y_j^C - \overline{y}_C)^2$$

とする．

$$\sum_{j=1}^{n_A}[(y_j^A - \overline{y})^2 - (y_j^A - \overline{y}_A)^2] = (\overline{y}_A - \overline{y})\sum_{j=1}^{n_A}(2y_j^A - \overline{y} - \overline{y}_A)$$

$$= (\overline{y}_A - \overline{y})(2\sum_{j=1}^{n_A} y_j^A - n_A\overline{y} - n_A\overline{y}_A)$$

$$= (\overline{y}_A - \overline{y})(2n_A \cdot \overline{y}_A - n_A\overline{y} - n_A\overline{y}_A)$$

$$= n_A(\overline{y}_A - \overline{y})^2$$

であるから，

$$\text{SS}_{\text{total}} - \text{SS}_{\text{within}} = n_A(\overline{y}_A - \overline{y})^2 + n_B(\overline{y}_B - \overline{y})^2 + n_C(\overline{y}_C - \overline{y})^2 \tag{14.1}$$

(14.1) の右辺は，**群間 (級間) 変動** (between groups sum of squares) と呼ばれる．群間変動を $\text{SS}_{\text{between}}$ と書けば，全変動の分解公式

$$\text{SS}_{\text{total}} = \text{SS}_{\text{between}} + \text{SS}_{\text{within}} \tag{14.2}$$

が得られる．言葉で書けば，

全変動 = 群間変動 + 群内変動 (誤差変動)

ということになる．ここでは三群の比較で考えたが，全変動の分解公式 (14.2) は，群数を増やしても成立する．

全変動の分解公式 (14.2) を使って平均値に違いがあるかを検定することを考える．分散分析では，群間変動と群内変動のどちらが大きいのかを調べる．群内変動よりも群間変動の方が大きければ，全変動に与える影響が群間変動の方が大きいということなので，平均値に差があると考えることができるだろう．ただ，scoreset の分散分析表を見てもわかるように，群内変動と群間変動をそのまま使うと値に大きな変化があるので，これらの群内平均と群間平均をとることを考える．不偏性を持たせるために自由度を考慮して，$\text{MS}_{\text{between}} = \text{SS}_{\text{between}}/(k-1)$, $\text{MS}_{\text{within}} = \text{SS}_{\text{within}}/(n-k)$ のように標準化し，

$$F = \frac{\text{MS}_{\text{between}}}{\text{MS}_{\text{within}}} = \frac{\text{群間変動の平均}}{\text{群内変動の平均}}$$

の値を調べる問題に帰着させる．ここで，k は群の数で，今の例では，$k = 3$ であり，$n = 402$ (全部の群のスコア数) である．

もし，群効果がないとすると F の分母と分子はともに σ^2 の推定値となるので，$F = 1$ となる．平均値の比較問題は，実は分散の比較問題なのである．これが，「分散分析」という (奇妙な) 名前の由来である．

F は，自由度 $(k-1, n-k)$ の F 分布と呼ばれる確率分布に従う．これを用いて F 検定を行う．F 統計量は偏差の 2 乗の平均の比であるから，F 検定は片側検定になることに注意しよう．F 分布の導出は次節で行う．

14.2.2 F 分布

偏差を σ で割って標準化して 2 乗和をとったものは，(推定されている) 平均値の数だけ自由度が下がる．よって，

$$\text{SSS}_{\text{between}}/\sigma^2$$

は，$N(0,1)$ に従う確率変数の 2 乗和だから，自由度 $k-1$ のカイ二乗分布に従う．同様に，

$$\text{SSS}_{\text{within}}/\sigma^2$$

は，自由度 $n-k$ のカイ二乗分布に従う．よって，前節で定義した F 統計量は，(σ^2 が約分されて消えるので) 自由度 $k-1$ のカイ二乗分布に従う確率変数 X と，自由度 $n-k$ のカイ二乗分布に従

う確率変数 Y に対し，
$$F = \frac{X/(k-1)}{Y/(n-k)}$$
の分布を調べる問題に帰着する．

定理 30. X が自由度 m のカイ二乗分布，Y が自由度 n のカイ二乗分布に従うとき，$Z = \frac{X/m}{Y/n}$ は，
$$f(z) = \begin{cases} \dfrac{m^{\frac{m}{2}} n^{\frac{n}{2}}}{B\left(\frac{m}{2}, \frac{n}{2}\right)} \dfrac{z^{\frac{m}{2}-1}}{(mz+n)^{\frac{m+n}{2}}} & (z > 0) \\ 0 & (z \le 0) \end{cases}$$
を確率密度に持つ確率分布に従う．この確率分布を，自由度 (m, n) の F **分布** (F-distribution) という．

ここで，$B(\alpha, \beta)$ は**ベータ関数** (beta function) と呼ばれる関数で，ガンマ関数を用いて (14.3) のように表される．
$$B(\alpha, \beta) = \int_0^1 x^{\alpha-1}(1-x)^{\beta-1} dx = \frac{\Gamma(\alpha)\Gamma(\beta)}{\Gamma(\alpha+\beta)} \tag{14.3}$$
$\alpha > 0, \beta > 0$ は実数であればよく，自然数でなくともよい．もちろん (14.3) の第二の等式は自明ではない (問題 14–4)．F 分布の平均と分散については，問題 14–5 を参照されたい．

証明． 自由度が k のカイ二乗分布の密度関数は，$x \le 0$ で 0 で，$x > 0$ において
$$f_k(x) = \frac{1}{2^{\frac{k}{2}} \Gamma(\frac{k}{2})} x^{\frac{k}{2}-1} e^{-\frac{x}{2}}$$
となる分布であった (「一変量統計編」8.6 節参照)．よって，X, Y の結合確率密度関数は，$f_m(x) f_n(y)$ で表される (「一変量統計編」5.1 節参照)．$z = \frac{x/m}{y/n}, w = y$ として，z の確率密度関数を導こう．$x = \frac{m}{n} zw, y = w$ であるから，ヤコビアンは，
$$\begin{vmatrix} \frac{\partial x}{\partial z} & \frac{\partial x}{\partial w} \\ \frac{\partial y}{\partial z} & \frac{\partial y}{\partial w} \end{vmatrix} = \begin{vmatrix} \frac{mw}{n} & \frac{mz}{n} \\ 0 & 1 \end{vmatrix} = \frac{m}{n} w$$
となるので，Z の確率密度関数を $f(z)$ で表せば，
$$\begin{aligned} f(z) &= \int_0^\infty f_m(x) f_n(w) \frac{m}{n} w \, dw \\ &= \int_0^\infty \frac{\left(\frac{m}{n} zw\right)^{\frac{m}{2}-1} e^{-\frac{mzw}{2n}} w^{\frac{n}{2}-1} e^{-\frac{w}{2}}}{2^{\frac{m+n}{2}} \Gamma(\frac{m}{2}) \Gamma(\frac{n}{2})} \frac{m}{n} w \, dw \\ &= \frac{\left(\frac{m}{n}\right)^{\frac{m}{2}}}{2^{\frac{m+n}{2}} \Gamma(\frac{m}{2}) \Gamma(\frac{n}{2})} z^{\frac{m}{2}-1} \int_0^\infty w^{\frac{m+n}{2}-1} e^{-\frac{w(mz+n)}{2n}} dw \end{aligned}$$
となる．上記の積分において，$u = \frac{w(mz+n)}{2n}$ と変数変換すれば，$w = \frac{2nu}{mz+n}$ となるから，
$$\begin{aligned} f(z) &= \frac{\left(\frac{m}{n}\right)^{\frac{m}{2}}}{2^{\frac{m+n}{2}} \Gamma(\frac{m}{2}) \Gamma(\frac{n}{2})} z^{\frac{m}{2}-1} \int_0^\infty \left(\frac{2nu}{mz+n}\right)^{\frac{m+n}{2}-1} e^{-u} \frac{2n}{mz+n} du \\ &= \frac{\left(\frac{m}{n}\right)^{\frac{m}{2}}}{2^{\frac{m+n}{2}} \Gamma(\frac{m}{2}) \Gamma(\frac{n}{2})} z^{\frac{m}{2}-1} \left(\frac{2n}{mz+n}\right)^{\frac{m+n}{2}} \int_0^\infty u^{\frac{m+n}{2}-1} e^{-u} du \\ &= \frac{\left(\frac{m}{n}\right)^{\frac{m}{2}}}{2^{\frac{m+n}{2}} \Gamma(\frac{m}{2}) \Gamma(\frac{n}{2})} z^{\frac{m}{2}-1} \left(\frac{2n}{mz+n}\right)^{\frac{m+n}{2}} \Gamma\left(\frac{m+n}{2}\right) \end{aligned}$$

$$= \frac{\left(\frac{m}{n}\right)^{\frac{m}{2}}}{2^{\frac{m+n}{2}} B\left(\frac{m}{2}, \frac{n}{2}\right)} z^{\frac{m}{2}-1} \left(\frac{2n}{mz+n}\right)^{\frac{m+n}{2}}$$

$$= \frac{m^{\frac{m}{2}} n^{\frac{n}{2}}}{B\left(\frac{m}{2}, \frac{n}{2}\right)} \frac{z^{\frac{m}{2}-1}}{(mz+n)^{\frac{m+n}{2}}}$$

□

シミュレーションで確認してみよう．R では，自由度 k のカイ二乗分布に従う乱数は rchisq という関数で，df = k とすれば生成できる．同様に，自由度 (m,n) の F 分布に従う乱数を生成するには，rf 関数において df1 = m, df2 = n とすればよい．

スクリプト 8 で，自由度 10 のカイ二乗分布に従う確率変数 X と自由度 4 のカイ二乗分布に従う確率変数 Y に対し，$Z = \frac{X/10}{Y/4}$ を生成し，そのヒストグラムと自由度 $(10,4)$ の F 分布の確率密度関数を重ね描きすることができる．実行すると，**図 14.5** のような図が描かれる (乱数を用いているので若干異なる場合もある)．図 14.5 のとおり，密度関数ときれいに重なっていることがわかるだろう．

---- **スクリプト 8 (14_2.R)** ----
```
m <- 10; n <- 4
num <- 100000
X <- rchisq(num, df = m)
Y <- rchisq(num, df = n)
Z <- (X/m)/(Y/n)
hist(Z,prob=TRUE,xlim=c(0,6),breaks=8000)
curve(df(x,df1=10,df2=4),add=TRUE)
```

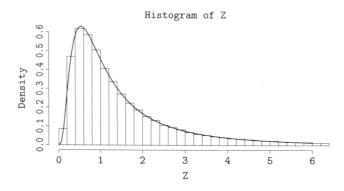

図 14.5：Z のヒストグラムと自由度 $(10,4)$ の F 分布

補足 31. ここでは等分散を仮定して議論した．仮定しない場合については，ウェルチが議論している．ウェルチの原論文[3] は，数学の論文としてはかなり短いが前提とする知識が多いため，ここでは説明しない．

14.3 多重比較

一元配置分散分析は，カイ二乗検定とよく似ており，片側検定しか行えない上，群間に差があるらしい (H_0 が棄却された) ことがわかっても，そのうちのどこに差があるかはわからない．そこで，各群の比較を行う必要がある．多重比較では，二群の比較を繰り返すが，P 値を調整して，全体の P 値を有意水準以下に抑える．この考え方で作られた代表的な方法が，ボンフェローニの方法，ホルムの方法であり，信頼区間を調整する方法が，チューキーの HSD である．いずれも R で標準サポートされている．

14.3.1 ボンフェローニの方法

ボンフェローニ (Bonferroni) の方法は，「一変量統計編」問題 4-6 にあるボンフェローニの不等式

$$P\left(\bigcap_{j=1}^{n} A_j\right) \geq 1 - \sum_{j=1}^{n} P(A_j^c)$$

に基づいている．この不等式は，

$$P\left(\left(\bigcap_{j=1}^{n} A_j\right)^c\right) \leq \sum_{j=1}^{n} P(A_j^c) \tag{14.4}$$

と書き直すことができる．A_j を j 番目の帰無仮説 H_0^j とすると，ド・モルガンの法則より $(\bigcap_{j=1}^{n} H_0^j)^c = \bigcup_{j=1}^{n} (H_0^j)^c$ となるが，これは，「帰無仮説のうち少なくとも 1 つが誤って棄却される」という事象である．よって，右辺が α 以下になるためには，全ての j に対して $P((H_0^j)^c) \leq \alpha/n$ であれば十分である．最初に扱った線形代数の試験結果 scoreset に対し，ボンフェローニの方法でペア毎の t 検定 (他の検定でも同様) を実行してみよう．R では次のようにすればよい．

```
> pairwise.t.test(scoreset$score, scoreset$year,
                                p.adjust.method="bonferroni")

Pairwise comparisons using t tests with pooled SD

data:  scoreset$score and scoreset$year

     2016 2017
2017 1.00 -
2018 0.20 0.33

P value adjustment method: bonferroni
```

ここに，行列形式で表示されているのが，群間の P 値である．例えば，2016 年と 2018 年の差の P 値は 0.20 である．有意な差は見られないことがわかる．

14.3.2 ホルムの方法

ボンフェローニの方法では，n 回の検定全てについて同一の基準 $\frac{\alpha}{n}$ をとったので，n が大きくなると 1 つ 1 つの検定が非常に厳しくなってしまう．ここを緩和したのが**ホルム (Holm) の方法**である．ボンフェローニの不等式をよく見ると，全ての j に対して $P((H_0^j)^c) \leq \frac{\alpha}{n}$ でなくとも，和が p_0 以

下であればよいことに気づくだろう．ホルムのアルゴリズムは次のようにまとめられる (Holm[10], p.67 scheme 1)．

precomputation n 個の帰無仮説を，P 値の小さい方から大きい方に順番に並べ，$H_0^1, H_0^2, \ldots, H_0^n$ とする．

initialize $k = 1$ とする．

STEP 1 帰無仮説 H_0^k の有意水準を $\frac{\alpha}{n+1-k}$ に設定する．つまり，H_0^k の P 値が，$\frac{\alpha}{n}$ よりも小さければ，H_0^k を棄却する．棄却されていない仮説に到達したら，テストは終了する．そうでなければ，次の STEP 2 に進む．

STEP 2 $k = n$ であれば終了．そうでなければ $k = k + 1$ とし，STEP 1 に戻る．

数値例を見てみよう．例えば，$P((H_0^4)^c) = 0.005$, $P((H_0^1)^c) = 0.01$, $P((H_0^3)^c) = 0.03$, $P((H_0^2)^c) = 0.04$ だったとする (小さい方から順番に並べ換えてある)．もちろん $n = 4$ である．最初は $k = 1$ である．$\alpha = 0.05$ とする．

最初の有意水準は $0.05/4 = 0.0125$ になる．$P((H_0^4)^c) = 0.005 < 0.0125$ だから帰無仮説 H_0^4 は棄却される．

$k = 2$ とする．有意水準は，$0.05/3 \approx 0.0167$ に修正される．$P((H_0^1)^c) = 0.01 < 0.167$ であるから，帰無仮説 H_0^1 は棄却される．

$k = 3$ とする．有意水準は，$0.05/2 = 0.025$ に修正される．$P((H_0^3)^c) = 0.03 > 0.025$ であるから，H_0^3 は棄却されない．

棄却されない帰無仮説に到達したので，検定終了．その後のすべての仮説は有意ではない (すなわち棄却されない)．

このようにするのがホルムの方法である．ホルムの方法を適用するには，次のようにすればよい．

```
> pairwise.t.test(scoreset$score, scoreset$year, p.adjust.method="holm")

Pairwise comparisons using t tests with pooled SD

data:  scoreset$score and scoreset$year

     2016 2017
2017 0.81 -
2018 0.20 0.22

P value adjustment method: holm
```

これもボンフェローニ補正のときと同様に，行列形式で表示されているのが，群間の P 値である．ボンフェローニ補正のときと若干値が異なっていることがわかると思う．

補足 32. ボンフェローニの方法，ホルムの方法は有意水準の調整を行っているだけなので，他の検定法でも使うことができる．p.adjust.method という引数を変えればよいだけである．確率の修正法は以下のようにほかにもあるが，説明は省略する．

```
> p.adjust.methods
[1] "holm"     "hochberg"  "hommel"   "bonferroni" "BH"   "BY"
[7] "fdr"      "none"
```

14.3.3 チューキーの方法

多重比較のため，信頼区間を調整する方法もある．その1つとして**チューキーの方法** (Tukey's method) がある．**チューキーのHSD検定** (Tukey's honestly significant difference test) と呼ばれることも多い．チューキーの方法では，各群のサンプルサイズが同じである必要がある．各群のサンプルサイズを n，群の数を k とし，各群の平均のうち最大のものを $\mu_{\max}$，最小のものを $\mu_{\min}$ としたとき，

$$q(n,k) = \frac{\mu_{\max} - \mu_{\min}}{\sqrt{\frac{S^2}{n}}}$$

を使って信頼区間を計算する．ここで，S^2 は**プールされた分散** (pooled variable) である．つまり，全ての群のサンプルをまとめた (不偏) 分散である．各群が独立に正規分布 $N(\mu, \sigma^2)$ に従うとき，$q(n,k)$ は**スチューデント化された範囲の分布** (studentized range distribution) と呼ばれる確率分布に従うことが知られている．スチューデント化された範囲の分布の密度関数を計算することは可能だが，二重積分表示のままであり，扱いやすいものではない[*6]．ここでは，シミュレーションにより，スチューデント化された範囲の分布の様子を見ておこう．スクリプト9では，$n=30, k=5$ とし，10000回 q を生成して，q のヒストグラムを描く．

```
─── スクリプト9 (14_3.R) ───
n <- 30 # sample size of each category
k <- 5 # number of category
total <- n*k
trial <- 10000 # number of trial
mu <- 0
noisevar <- 1
q <- numeric(trial)
for(i in 1:trial){
  x <- rnorm(n*k,mu,noisevar)
  xmat <- matrix(x,n,k)
  mus <- apply(xmat,1,mean)
  S <- sum((n-1)*var(mus))/(total-k) # pooled variance
  q[i] <- (max(mus)-min(mus))/(S/sqrt(n))
}

hist(q,prob=TRUE)
```

ヒストグラムは，**図14.6** のようになる．これがスチューデント化された範囲の分布である．

次に，実際のデータにチューキーの方法を応用してみよう．ここでは，InsectSprays というデータセットを使う．まず，最初の方 head と，その構造 str を確認する．

```
> head(InsectSprays)
  count spray
1    10     A
2     7     A
3    20     A
```

[*6] Rには，累積密度関数 ptukey が用意されている．

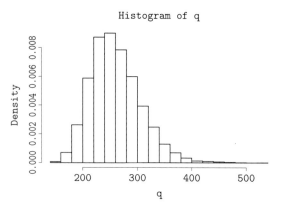

図 14.6：q の分布

```
4    14    A
5    14    A
6    12    A
> str(InsectSprays)
'data.frame':   72 obs. of  2 variables:
 $ count: num  10 7 20 14 14 12 10 23 17 20 ...
 $ spray: Factor w/ 6 levels "A","B","C","D",..: 1 1 1 1 1 1 1 1 1 1 ...
```

出力から，このデータは2つの変数の72個の観測結果からなり，count(整数) と spray という6種類のカテゴリカル変数で構成されていることがわかる．?InsectSprays として，その説明を見てみると，「異なる殺虫剤で処理した農業実験ユニットの昆虫の数」とある．AからFまでラベリングされた異なる殺虫剤を使って死んだ昆虫の数を数えたデータである．

このデータについてチューキーの方法で検定を応用してみよう．この方法を使うには，各グループのサンプルサイズが同じなければならなかった．これは tapply 関数を用いて以下のようにして確認できる．

```
> tapply(InsectSprays$count,InsectSprays$spray,length)
 A  B  C  D  E  F
12 12 12 12 12 12
```

どのカテゴリーのサンプルサイズも12で等しい．よって，チューキーの方法を使うことができる．サンプルサイズは実験の計画を立てる段階で決めておくのが普通である．

まず，ストリップチャートを見てみよう．次のようにすれば，**図 14.7** が表示される．

```
> stripchart(count~spray,data=InsectSprays,vert=TRUE,
                  method="jitter",jit=0.05,pch=16)
```

ストリップチャートを見ると，この6種類の殺虫剤の効果に差がありそうだが，統計学的にはどうだろうか．ウェルチの検定にかけてみよう．等分散の仮定をおかない場合とおいた場合である．

```
> oneway.test(count~spray,data=InsectSprays)

        One-way analysis of means (not assuming equal variances)

data:  count and spray
```

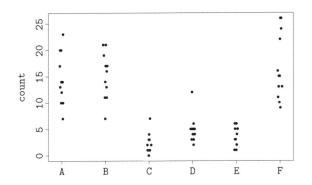

図 14.7:InsectSprays のストリップチャート

```
F = 36.065, num df = 5.000, denom df = 30.043, p-value = 7.999e-12

> oneway.test(count~spray,data=InsectSprays,var.equal = TRUE)

One-way analysis of means

data:  count and spray
F = 34.702, num df = 5, denom df = 66, p-value < 2.2e-16
```

いずれにしても平均に差がないとは言えないことがわかる．どこに差があるかを調べるために，先に説明した分散分析関数 aov とチューキーの方法で検定を行う関数 TukeyHSD を使ってみよう．aov にかけ，サマリを確認し，TukeyHSD にかけると以下のようになる．なお，HSD とは Honest Significant Difference の頭文字を並べたものである．

```
> res.insect <- aov(count~spray,data=InsectSprays)
> summary(res.insect)
            Df Sum Sq Mean Sq F value Pr(>F)
spray        5   2669   533.8    34.7 <2e-16 ***
Residuals   66   1015    15.4
---
Signif. codes:  0 '***' 0.001 '**' 0.01 '*' 0.05 '.' 0.1 ' ' 1
> res.Tukey <- TukeyHSD(res.insect)
> res.Tukey
  Tukey multiple comparisons of means
    95% family-wise confidence level

Fit: aov(formula = count ~ spray, data = InsectSprays)

$`spray`
          diff        lwr        upr     p adj
B-A   0.8333333  -3.866075   5.532742 0.9951810
C-A -12.4166667 -17.116075  -7.717258 0.0000000
D-A  -9.5833333 -14.282742  -4.883925 0.0000014
E-A -11.0000000 -15.699409  -6.300591 0.0000000
F-A   2.1666667  -2.532742   6.866075 0.7542147
```

```
C-B -13.2500000 -17.949409 -8.550591 0.0000000
D-B -10.4166667 -15.116075 -5.717258 0.0000002
E-B -11.8333333 -16.532742 -7.133925 0.0000000
F-B   1.3333333  -3.366075  6.032742 0.9603075
D-C   2.8333333  -1.866075  7.532742 0.4920707
E-C   1.4166667  -3.282742  6.116075 0.9488669
F-C  14.5833333   9.883925 19.282742 0.0000000
E-D  -1.4166667  -6.116075  3.282742 0.9488669
F-D  11.7500000   7.050591 16.449409 0.0000000
F-E  13.1666667   8.467258 17.866075 0.0000000
```

見てのとおり，TukeyHSDでは6つのスプレーから2種類選んだペア ($_6C_2 = 15$ペア) 全てに対してt検定のようなことをしている (実はt検定そのものではないのだが) らしいことがわかる．lwr, uprはそれぞれ信頼区間の下限と上限を示している．信頼区間が0を含まない (P値が有意水準より小さい) ペアに差がある．数字ばかりで見づらいので，信頼区間を図示するために，次のようにすれば，**図14.8**が描かれる．ラベルが1つおきに表示されているのに注意しよう．

```
> plot(res.Tukey)
```

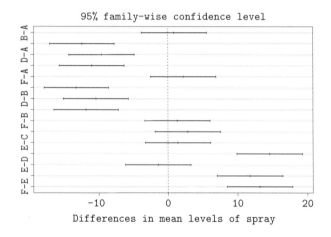

図14.8：任意のペアに対するTukeyHSDで求まった信頼区間

結果，C–A, D–A, E–A, C–B, D–B, E–B, F–C, F–D, F–Eの9パターンで有意差が見られることがわかる．

14.4 二元配置分散分析

一元配置分散分析と多重検定の方法として，ボンフェローニの方法，ホルムの方法，チューキーの方法とRでの扱い方について説明したが，実験データを比較するような場合は，もっと複雑な問題が出てくるだろう．もっとも大きな問題として，例えば第11章で扱ったwarpbreaksのように，羊毛の種類と張力という2つの要因に基づいて分割表のようにカテゴライズされたデータの平均値に違いがあるか，というような場合をどう扱えばよいだろうか．これには**二元配置分散分析**

(two-way ANOVA) と呼ばれる技術が使われることが多い[*7]．ここではこの方法についてごく簡単に説明する．

考え方は，一元配置分散分析のときと大体同じで，

$$X_{ij} = \mu + \alpha_i + \beta_j + \epsilon_{ij}, \quad \epsilon_{ij} \sim \mathrm{N}(0, \sigma^2)$$

という関係を仮定して考える (ここでは交互作用は考えていない)．ここで，$i = 1, 2, \ldots, m$, $j = 1, 2, \ldots, n$ である．このままだとパラメータは1通りに決まらないので，$\sum \alpha_i = \sum \beta_j = 0$ という条件を加える．このとき，2つの帰無仮説 $H_0^A : \alpha_1 = \alpha_2 = \cdots = \alpha_m = 0$, $H_0^B : \beta_1 = \beta_2 = \cdots = \beta_n = 0$ ができる．行間変動 $\mathrm{SS}_{\mathrm{row}}$ と列間変動 $\mathrm{SS}_{\mathrm{col}}$ を考え，これらを総変動から引いたものが誤差変動 $\mathrm{SS}_{\mathrm{res}}$ となる．自由度はそれぞれ，$m-1$, $n-1$, $(m-1)(n-1)$ となるので，各々をこれらの自由度で割ると，行平均平方和と列平均平方和を誤差平方和で割った F 値，$F_{\mathrm{row}}, F_{\mathrm{col}}$ ができるので，これらについて F 検定を行えばよいわけである．

warpbreaks に対して二元配置分散分析を行ってみよう．aov にかけて，結果を TukeyHSD に渡す．aov における formula の書式は，回帰分析のときと同じで，breaks ~ wool + tension とすればよい．

```
> aov.warpbreaks <- aov(breaks ~ wool + tension, data = warpbreaks)
> summary(aov.warpbreaks)
            Df Sum Sq Mean Sq F value  Pr(>F)
wool         1    451   450.7   3.339 0.07361 .
tension      2   2034  1017.1   7.537 0.00138 **
Residuals   50   6748   135.0
---
Signif. codes:  0 '***' 0.001 '**' 0.01 '*' 0.05 '.' 0.1 ' ' 1
> HSD.warpbreaks <- TukeyHSD(aov.warpbreaks)
> HSD.warpbreaks
  Tukey multiple comparisons of means
    95% family-wise confidence level

Fit: aov(formula = breaks ~ wool + tension, data = warpbreaks)

$`wool`
         diff       lwr       upr     p adj
B-A -5.777778 -12.12841 0.5728505 0.0736137


$tension
          diff       lwr        upr     p adj
M-L -10.000000 -19.35342 -0.6465793 0.0336262
H-L -14.722222 -24.07564 -5.3688015 0.0011218
H-M  -4.722222 -14.07564  4.6311985 0.4474210
```

結果を見ると，wool については B–A は有意でなく，tension については M–L, H–L が有意になっていることがわかる．

[*7] ウェルチの等分散を仮定しない方法は二元配置では使えない．

14.5 章末問題

(R) マークは R を使って解答する問題，**(数)** マークは数学的な問題である．

問題 14-1 **(R)** 本文で取り上げた線形代数学の得点分布データ scoreset の箱ひげ図を描け．

問題 14-2 **(R)** A，B，C の 3 クラスで統計学のテスト (100 点満点) を行い，**表 14.2** の結果を得たとしよう (架空例)．表 14.2 のデータはサンプルのエクセルファイルの one-way ANOVA タブにあるので，ヘッダも含めてクリップボードにコピーし，scoreset2 に格納する．

表 14.2：小テスト得点

クラス	試験の点数
A	60, 58, 72, 55, 47, 83
B	62, 65, 81, 90, 100
C	80, 51, 62, 40, 31, 38, 45

(1) tapply を用いて群毎の平均，標準偏差を求めよ．
(2) データをストリップチャートで表現せよ．
(3) 各群の等分散性を仮定しない一元配置分散分析を行い，三群の平均値に差がないという帰無仮説 H_0 を有意水準 5% で検定せよ (ウェルチの検定)．
(4) (2) において等分散性を仮定しない場合はどうか．

問題 14-3 **(R)** warpbreaks に対して，aov および TukeyHSD を用いて 95% 信頼区間を図示せよ．

問題 14-4 **(数)(難)**

$$B(\alpha, \beta) = \int_0^1 x^{\alpha-1}(1-x)^{\beta-1}dx = \frac{\Gamma(\alpha)\Gamma(\beta)}{\Gamma(\alpha+\beta)}$$

の第二の等式を示したい．ただし $\alpha > 0$, $\beta > 0$ である．次の問に答えよ．
(1) 等式中央の積分が収束することを示せ．
(2) $x = \sin^2\theta$ と置換することにより次の等式を示せ．

$$B(\alpha, \beta) = 2\int_0^{\pi/2} \sin^{2\alpha-1}\theta \cos^{2\beta-1}\theta d\theta$$

(3) ガンマ関数の定義式において積分変数 x に対し，$x = s^2$ と置換することにより次の等式を示せ．

$$\Gamma(\alpha) = 2\int_0^\infty e^{-s^2} s^{2\alpha-1}ds$$

(4) $\Gamma(\alpha)\Gamma(\beta)$ を累次積分として表現し，極座標変換を利用して，$\Gamma(\alpha)\Gamma(\beta) = \Gamma(\alpha+\beta)B(\alpha,\beta)$ を示せ．

問題 14-5 **(数)** F 分布について以下の問に答えよ．
(1) F 分布の積率母関数が存在しないことを示せ．
(2) F 分布に従う確率変数 Z の期待値が存在する n の範囲を求め，その範囲における期待値を求めよ．

問題解答

第 1 章

問題 1-1 (1) ア〜エは，以下のようにして計算できる．

```
> greenpea <- c(315,101,108,32)
> prob.theory <- c(9,3,3,1)/16
> sum(greenpea)*prob.theory
[1] 312.75 104.25 104.25  34.75
```

オは，これらの合計であるから，もちろん 556 である．

(2) chisq.test を使うと，以下のような結果が得られる．

```
> chisq.test(greenpea,p=prob.theory)

	Chi-squared test for given probabilities

data:  greenpea
X-squared = 0.47002, df = 3, p-value = 0.9254
```

したがって，P 値は 0.9254 であり，H_0 は棄却されない．

問題 1-2
```
> abo <- c(15,9,2,1)
> chisq.test(abo,p=c(38,31,22,9)/100)

	Chi-squared test for given probabilities

data:  abo
X-squared = 5.6922, df = 3, p-value = 0.1276

Warning message:
In chisq.test(abo, p = c(38, 31, 22, 9)/100) :
  カイ自乗近似は不正確かもしれません
```

となるので，サークルの血液型分布は，日本人全体の血液型分布と違っているとは言えない．

メンバーの人数が 10 倍の場合は省略 (やってみよう)．

問題 1-3 n は，n_j ($j=1,2,\ldots,k$) の和であるから n も c 倍されることに注意すると，

$$\sum_{j=1}^{k} \frac{(cn_j - ncp_{j0})^2}{cnp_{j0}} = c \sum_{j=1}^{k} \frac{(n_j - np_{j0})^2}{np_{j0}}$$

となるから，χ^2 は c 倍される．$c > 1$ のとき，χ^2 も c 倍され，より大きくなるので帰無仮説は棄却されやすくなる．

問題 1-4
```
> accident <- c(318,245,282,270,253,235,280,296,279,338,326,410)
> chisq.test(accident)
```

Chi-squared test for given probabilities

data: accident
X-squared = 87.311, df = 11, p-value = 5.597e-14

となり，有意に違いがあることがわかる．

問題 1-5 $C = \frac{n!}{n_1! n_2! \cdots n_k!}$, $L = P(X = (n_1, n_2, \ldots, n_k))$ とすると，

$$l = \log L = \log C + n_1 \log p_1 + \cdots + n_{k-1} \log p_{k-1} + n_k \log p_k$$

となる．ただし，$p_k = 1 - \sum_{i=1}^{k-1} p_i$ である．$j = 1, 2, \ldots, k-1$ に対して，

$$\frac{\partial l}{\partial p_j} = \frac{n_j}{p_j} - \frac{n_k}{p_k} = 0$$

となる．ここで，

$$\frac{\partial}{\partial p_j}(n_k \log p_k) = n_k \frac{\partial \log p_k}{\partial p_k} \cdot \frac{p_k}{p_j}$$

となることを使った．したがって，$n_j p_k = n_k p_j$ となる．よって，

$$(n_1 + \cdots + n_{k-1}) p_k = n_k (p_1 + \cdots + p_{k-1})$$

が成り立つ．ここで，$n_1 + \cdots + n_{k-1} = n - n_k$，$p_1 + \cdots + p_{k-1} = 1 - p_k$ を代入して整理すると，$(n - n_k) p_k = n_k (1 - p_k)$ より，$p_k = \frac{n_k}{n}$ が得られる．$n_k = 0$ とすると，$n_j p_k = 0$ $(j = 1, 2, \ldots, k-1)$ となり，仮定より，全ての j に対して $n_j = 0$ となる．これは $n \geq 1$ に矛盾する．よって $n_k \neq 0$ であり，全ての j に対し，次のようになる．

$$p_j = \frac{n_j}{n_k} p_k = \frac{n_j}{n_k} \cdot \frac{n_k}{n} = \frac{n_j}{n}$$

問題 1-6 以下のようにする (図 **1.A1**, 図 **1.A2**).

```
> x1 <- rnorm(10000)
> x2 <- rnorm(10000)
> x3 <- rnorm(10000)
> m <- (x1+x2+x3)/3
> A <- (x1-m)^2+(x2-m)^2+(x3-m)^2
> B <- x1^2+x2^2+x3^2

> hist(A,ylim=c(0,0.5),prob=TRUE)
> curve(dchisq(x,df=2),add=TRUE)
> hist(B,ylim=c(0,0.3),prob=TRUE)
> curve(dchisq(x,df=3),add=TRUE)
```

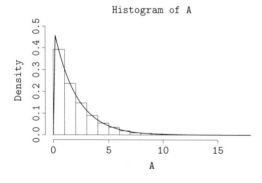

図 **1.A1**：A のヒストグラム

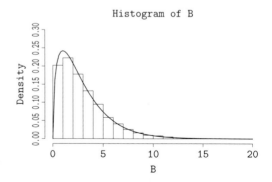

図 **1.A2**：B のヒストグラム

第 2 章

問題 2–1 結果は以下のとおり.

```
> cow <- c(48,52,59,71,64,50,35,49)
> chisq.test(cow)

        Chi-squared test for given probabilities

data:  cow
X-squared = 15.9626, df = 7, p-value = 0.02546
> res <- chisq.test(cow)
> p.value.matrix <- pnorm(abs(res$stdres),lower.tail = FALSE)*2
> p.value.matrix
[1] 0.421476387 0.826466814 0.421476387 0.010535352 0.124870659
[6] 0.608966780 0.006853067 0.510727268
```

P 値は 0.02546 と小さく,月の満ち欠けと出産数が独立であるという帰無仮説は棄却される.残差分析によれば,月相が 4 から 5 (上弦から満月まで) が特異的に多く 7 から 8 (下弦から新月まで) が特異的に少ないことがわかる.

図 2.1 を表示するスクリプトは,例えば以下のようになる.

—— スクリプト A1 (2_7A.R) ——
```
cow <- c(48,52,59,71,64,50,35,49)
bp <- barplot(cow, names.arg=c("1 to 2", "2 to 3", "3 to 4",
      "4 to 5", "5 to 6", "6 to 7", "7 to 8", "8 to 1"),
      xlab="moon phase", ylab="number of deliveries")
text(x=bp, y=cow, labels=cow, pos=3, xpd=NA)
```

問題 2–2 (1)
```
> pass.fail <- matrix(c(220-57, 266-48, 57, 48),2,2)
> pass.fail
     [,1] [,2]
[1,]  163   57
[2,]  218   48
```
  (2)
```
> res <- chisq.test(pass.fail)
> res$stdres
          [,1]      [,2]
[1,] -2.096792  2.096792
[2,]  2.096792 -2.096792
> p.value.matrix <- pnorm(abs(res$stdres), lower.tail=FALSE)*2
> round(p.value.matrix, 4)*100
     [,1] [,2]
[1,]  3.6  3.6
[2,]  3.6  3.6
```

となり,男子の方が合格しやすいと言える.余談だが,これは実際のデータであり,検証すると毎年このような傾向があった.受験者数と合格者数のデータだけでは,男子が合格しやすい原因は同定できない.試験

問題が男子向きなのかもしれないし，男子の優秀層が集まりやすいのかもしれない．

問題 2–3 χ^2 検定 (イエーツの補正をかけたものとかけないもの) を実行した結果は次のとおりである．

```
> thalidomide <- matrix(c(90,22,2,186),2,2)
> chisq.test(thalidomide)

    Pearson's Chi-squared test with Yates' continuity correction

data:  thalidomide
X-squared = 203.84, df = 1, p-value < 2.2e-16

> chisq.test(thalidomide,correct = FALSE)

    Pearson's Chi-squared test

data:  thalidomide
X-squared = 207.55, df = 1, p-value < 2.2e-16
```

いずれにせよ，P 値は極めて小さく，「サリドマイドの服用と奇形の有無が独立である」という帰無仮説は棄却される．

つまり，「サリドマイドの影響があった」と考えるのが妥当だろう．被害者総数は，旧西ドイツで 3049 人，イギリスで 456 人，日本で 309 人，カナダで 115 人，スウェーデンで 107 人，台湾で 38 人，アメリカでは数名であった．これをサリドマイド薬害事件という．アメリカの被害者が少なかった理由は，FDA (Food and Drug Administration) がサリドマイド剤を認可しなかったからだ．担当官だったケルシーは，「胎児への影響に関するデータがない」ことを理由に認可しなかったのである．彼女は，アメリカ国民を薬害から守ったとして，ケネディ大統領から表彰されている．一方，日本では，わずか 1 時間半の簡単な審査で承認されていた．

問題 2–4 私は次のように回答した．「結果は以下のようになり，イエーツの補正をした場合，しない場合のいずれでも，5% 有意にはならないようです (P 値はそれぞれ 0.1577，0.08237)．つまり，予防接種に効果がない，という帰無仮説を棄却できません．回りくどい表現ですが，要するに，これだけでは効果があるともないとも言えない，ということになります．サンプルサイズが大きくなれば有意になるかもしれません．

略儀にて恐縮ですが，取り急ぎお返事申し上げます．」

```
> flu <- matrix(c(1,22,15,62),2,2)
> flu
     [,1] [,2]
[1,]    1   15
[2,]   22   62
> chisq.test(flu)

    Pearson's Chi-squared test with Yates' continuity correction

data:  flu
X-squared = 1.9966, df = 1, p-value = 0.1577

> chisq.test(flu,correct=FALSE)
```

```
Pearson's Chi-squared test

data:  flu
X-squared = 3.0175, df = 1, p-value = 0.08237
```
ただし，これは罹患したかどうかということであって，罹患したときの症状については触れていない．

蛇足ながら，インフルエンザの予防接種はしなくてもよい，という意味ではない．インフルエンザは恐ろしい病気であり，予防接種は，罹ったときに症状を軽くする効果を持つので受けておくべきだと思う．ついでながら，インフルエンザの流行で 5 億人以上が感染し，5000 万人から 1 億人が亡くなったことがある．1918 年から 1919 年にかけて流行したスペイン風邪である．

第 3 章

問題 3–1 以下の連立方程式を解けばよい．

$$\begin{pmatrix} 1 & \overline{x} \\ \overline{x} & \overline{x^2} \end{pmatrix} \begin{pmatrix} \alpha \\ \beta \end{pmatrix} = \begin{pmatrix} \overline{y} \\ \overline{xy} \end{pmatrix}$$

$$\begin{pmatrix} \alpha \\ \beta \end{pmatrix} = \frac{1}{\overline{x^2} - \overline{x}^2} \begin{pmatrix} \overline{x^2} & -\overline{x} \\ -\overline{x} & 1 \end{pmatrix} \begin{pmatrix} \overline{y} \\ \overline{xy} \end{pmatrix}$$

$$= \frac{1}{\overline{x^2} - \overline{x}^2} \begin{pmatrix} \overline{x^2} \cdot \overline{y} - \overline{x} \cdot \overline{xy} \\ \overline{xy} - \overline{x} \cdot \overline{y} \end{pmatrix}$$

問題 3–2 まず，式 (3.1) より，

$$\beta = \frac{\overline{xy} - \overline{x} \cdot \overline{y}}{\overline{x^2} - \overline{x}^2} = \frac{s_{xy}}{s_{xx}}$$

であることに注意する．

$$\sum_{j=1}^{n} (\hat{y}_j - \overline{y})\epsilon_j = \sum_{j=1}^{n} (\alpha + \beta x_j - (\alpha + \beta \overline{x}))\epsilon_j$$

$$= \beta \sum_{j=1}^{n} (x_j - \overline{x})\epsilon_j$$

$$= \beta \sum_{j=1}^{n} (x_j - \overline{x})(y_j - \hat{y}_j)$$

$$= \beta \sum_{j=1}^{n} (x_j - \overline{x})(y_j - \overline{y} + \overline{y} - \hat{y}_j)$$

$$= \beta \sum_{j=1}^{n} (x_j - \overline{x})(y_j - \overline{y}) + \beta \sum_{j=1}^{n} (x_j - \overline{x})(\overline{y} - \hat{y}_j)$$

$$= \beta \sum_{j=1}^{n} (x_j - \overline{x})((y_j - \overline{y}) - \beta(x_j - \overline{x}))$$

$$= \beta n s_{xy} - \beta \sum_{j=1}^{n} (x_j - \overline{x})(\overline{y} - (\alpha + \beta x_j))$$

$$= \beta n s_{xy} - \beta \sum_{j=1}^{n} (x_j - \overline{x})\beta x_j$$

$$= \beta n s_{xy} - \beta^2 \sum_{j=1}^{n} (x_j - \overline{x})^2$$

$$= n\frac{s_{xy}}{s_{xx}} \cdot s_{xy} - \frac{s_{xy}^2}{s_{xx}^2} \cdot ns_{xx} = 0$$

問題 3–3 (1)
```
> plot(airquality$Wind, airquality$Ozone)
```
とすれば，図 3.A1 のような散布図が表示される．

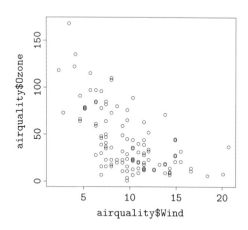

図 3.A1：風速とオゾン量

(2)
```
> summary(res)

Call:
lm(formula = Ozone ~ Wind, data = airquality)

Residuals:
    Min      1Q  Median      3Q     Max
-51.572 -18.854  -4.868  15.234  90.000

Coefficients:
            Estimate Std. Error t value Pr(>|t|)
(Intercept)  96.8729     7.2387   13.38  < 2e-16 ***
Wind         -5.5509     0.6904   -8.04 9.27e-13 ***
---
Signif. codes:  0 '***' 0.001 '**' 0.01 '*' 0.05 '.' 0.1 ' ' 1

Residual standard error: 26.47 on 114 degrees of freedom
  (37 observations deleted due to missingness)
Multiple R-squared:  0.3619,Adjusted R-squared:  0.3563
F-statistic: 64.64 on 1 and 114 DF,  p-value: 9.272e-13

> abline(res)
```
とすればよい．回帰直線を描き入れた散布図は省略．回帰式によると，切片は 96.8729 であり，傾きは -5.5509 であるから，風速が 1 mph 増えると，オゾン量は 5.5509 ppb 低下する．

問題 3–4 (1)
```
> library(dplyr)
> plot(mtcars$disp, mtcars$mpg)
```
(2)
```
> res <- lm(mtcars$mpg ~ mtcars$disp)
> summary(res)

Call:
lm(formula = mtcars$mpg ~ mtcars$disp)

Residuals:
    Min      1Q  Median      3Q     Max
-4.8922 -2.2022 -0.9631  1.6272  7.2305

Coefficients:
             Estimate Std. Error t value Pr(>|t|)
(Intercept) 29.599855   1.229720  24.070  < 2e-16 ***
mtcars$disp -0.041215   0.004712  -8.747 9.38e-10 ***
---
Signif. codes:  0 '***' 0.001 '**' 0.01 '*' 0.05 '.' 0.1 ' ' 1

Residual standard error: 3.251 on 30 degrees of freedom
Multiple R-squared:  0.7183,Adjusted R-squared:  0.709
F-statistic: 76.51 on 1 and 30 DF,  p-value: 9.38e-10
```
(3)
```
> abline(res)
```

これらから，回帰式は，mpg = 29.599855 − 0.041215 · disp となる．切片，傾きのいずれも P 値は，各々，2e-16（未満），9.38e-10 であり，有意である．回帰式を描き入れた散布図は，**図 3.A2** に示すとおりである．

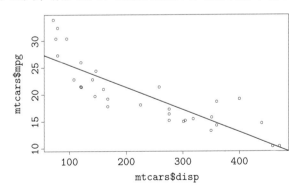

図 3.A2：排気量と燃費

第 4 章

問題 4–1　データのプロットと重ね描きは以下のようにすればよい．
```
> data(women)
> plot(women, xlab = "height (in)", ylab = "weight (lb)")
> res <- lm(weight~height,data=women)
```

```
> res2 <- lm(weight~height+I(height^2),data=women)
> abline(res)
> lines(women$height,fitted(res2))
```

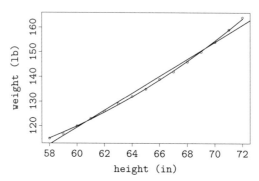

図 4.A1：30 歳から 39 歳の米国人女性の平均身長と体重

それぞれのサマリ (省略) によれば，定数項，係数は全て有意であり，R^2 値，修正済み R^2 値はそれぞれ以下のようになる．

```
Multiple R-squared:  0.991,Adjusted R-squared:  0.9903
Multiple R-squared:  0.9995,Adjusted R-squared:  0.9994
```

これらは大差ないが，AIC を見てみると，以下のようになり，2 次式のモデルの方が大幅に AIC が小さい．2 次式にすることによって，当てはまりが大きく改善していることがわかる．

```
> AIC(res,res2)
     df     AIC
res   3 59.08158
res2  4 18.51270
```

問題 4–2
$$I(\mathrm{N}(0,1)\|\mathrm{N}(0.1,1)) = \log \frac{\sqrt{1}}{1} + \frac{1}{2}\left(\frac{1}{1}+1\right) + \frac{(0.1-0)^2}{2\times 1} = 1.005$$
$$I(\mathrm{N}(0,1)\|\mathrm{N}(0,1.1)) = \log \frac{\sqrt{1.1}}{1} + \frac{1}{2}\left(\frac{1}{1.1}+1\right) + \frac{(0-0)^2}{2\times 1.1} \approx 1.002201$$

となるから，$\mathrm{N}(0.1,1)$ よりも $\mathrm{N}(0,1.1)$ の方が $\mathrm{N}(0,1)$ に近い．

問題 4–3 $f(x) = x - 1 - \log x$ とすると，$f'(x) = 1 - 1/x$ であるから，$f(x)$ は，$x=1$ で最小値をとる．よって，$f(x) \geq f(1) = 1 - 1 - 0 = 0$ である．

問題 4–4 例えば，以下のようにする (図は省略)．
```
> x <- seq(-5,5,length=1000)
> y <- seq(0.1,8,length=1000)
> z <- outer(x,y,function(x,y) x^2/(2*y^2)+log(y)+(1/y^2+1)/2)
> filled.contour(x,y,z,levels=seq(0.01,3,by=0.5))
```

問題 4–5 P の密度関数は $p(x) = \lambda_0 e^{-\lambda_0 x}$ $(x \geq 0)$，Q の密度関数は $q(x) = \lambda e^{-\lambda x}$ $(x \geq 0)$ となる (いずれも $x < 0$ では 0)．
$$I(P\|Q) = \int_{-\infty}^{\infty} p(x) \log \frac{p(x)}{q(x)} dx$$
$$= \int_{0}^{\infty} \lambda_0 e^{-\lambda_0 x} \log \frac{\lambda_0 e^{-\lambda_0 x}}{\lambda e^{-\lambda x}} dx$$

$$
\begin{aligned}
&= \int_0^\infty \lambda_0 e^{-\lambda_0 x} \left(\log \frac{\lambda_0}{\lambda} - (\lambda_0 - \lambda)x \right) dx \\
&= -\lambda_0(\lambda_0 - \lambda) \int_0^\infty x e^{-\lambda_0 x} dx + \lambda_0 \log \frac{\lambda_0}{\lambda} \int_0^\infty e^{-\lambda_0 x} dx \\
&= \frac{\lambda - \lambda_0}{\lambda_0} - \log \frac{\lambda}{\lambda_0}
\end{aligned}
$$

ここで,
$$
\int_0^\infty e^{-\lambda_0 x} dx = \frac{1}{\lambda_0}, \quad \int_0^\infty x e^{-\lambda_0 x} dx = \frac{1}{\lambda_0^2}
$$
を利用した.

問題 4–6
$$
\begin{aligned}
I(P_0||P) &= \sum_{k=0}^\infty \frac{\lambda_0^k}{k!} e^{-\lambda_0} \log \left(\frac{\frac{\lambda_0^k}{k!} e^{-\lambda_0}}{\frac{\lambda^k}{k!} e^{-\lambda}} \right) \\
&= \sum_{k=0}^\infty \frac{\lambda_0^k}{k!} e^{-\lambda_0} \log \left(\frac{\lambda_0^k}{\lambda^k} e^{\lambda - \lambda_0} \right) \\
&= \sum_{k=0}^\infty \frac{\lambda_0^k}{k!} e^{-\lambda_0} \log \left(\left(\frac{\lambda_0}{\lambda} \right)^k e^{\lambda - \lambda_0} \right) \\
&= \sum_{k=0}^\infty \frac{\lambda_0^k}{k!} e^{-\lambda_0} \left\{ k \log \left(\frac{\lambda_0}{\lambda} \right) + (\lambda - \lambda_0) \right\} \\
&= \sum_{k=0}^\infty \frac{\lambda_0^k}{k!} e^{-\lambda_0} k \log \left(\frac{\lambda_0}{\lambda} \right) + (\lambda - \lambda_0) \sum_{k=0}^\infty \frac{\lambda_0^k}{k!} e^{-\lambda_0} \\
&= \lambda_0 \log \left(\frac{\lambda_0}{\lambda} \right) \sum_{k=1}^\infty \frac{\lambda_0^{k-1}}{(k-1)!} e^{-\lambda_0} + (\lambda - \lambda_0) \sum_{k=0}^\infty \frac{\lambda_0^k}{k!} e^{-\lambda_0} \\
&= \lambda_0 \log \left(\frac{\lambda_0}{\lambda} \right) + (\lambda - \lambda_0)
\end{aligned}
$$

ここで, e^x のマクローリン展開が $e^x = \sum_{k=0}^\infty \frac{x^k}{k!}$ であることを利用した.

問題 4–7
$$
\begin{aligned}
I(P_0||P) &= \sum_{k=0}^n {}_n\mathrm{C}_k p_0^k (1-p_0)^{n-k} \log \frac{{}_n\mathrm{C}_k p_0^k (1-p_0)^{n-k}}{{}_n\mathrm{C}_k p^k (1-p)^{n-k}} \\
&= \sum_{k=0}^n {}_n\mathrm{C}_k p_0^k (1-p_0)^{n-k} \log \left\{ \left(\frac{p_0}{p} \right)^k \left(\frac{1-p_0}{1-p} \right)^{n-k} \right\} \\
&= \log \left(\frac{p_0}{p} \right) \sum_{k=0}^n k \, {}_n\mathrm{C}_k p_0^k (1-p_0)^{n-k} \\
&\quad + \log \left(\frac{1-p_0}{1-p} \right) \sum_{k=0}^n (n-k) \, {}_n\mathrm{C}_k p_0^k (1-p_0)^{n-k} \\
&= np_0 \log \left(\frac{p_0}{p} \right) + n(1-p_0) \log \left(\frac{1-p_0}{1-p} \right)
\end{aligned}
$$

ここで, 二項分布 $\mathrm{Bi}(n, p_0)$ の平均が np_0 であること, すなわち,
$$
\sum_{k=0}^n k \, {}_n\mathrm{C}_k p_0^k (1-p_0)^{n-k} = np_0
$$
であることを利用した.

問題 4–8

$$J = -\log\left(\frac{n!}{n_1!n_2!\cdots n_k!}p_1^{n_1}p_2^{n_2}\cdots p_k^{n_k}\right)$$

$$= -\log(p_1^{n_1}p_2^{n_2}\cdots p_k^{n_k}) - \log n! + \log(n_1!n_2!\cdots n_k!)$$

$$= -\sum_{j=1}^{k} n_j \log p_j - \log n! + \sum_{j=1}^{k} \log n_j!$$

$$= -\sum_{j=1}^{k} n_j \log p_j - (n\log n - n + \frac{1}{2}\log n + \log\sqrt{2\pi} + o(1/n))$$

$$\quad + \sum_{j=1}^{k}(n_j \log n_j - n_j + \frac{1}{2}\log n_j + \log\sqrt{2\pi} + o(1/n_j))$$

$$= -\sum_{j=1}^{k} n_j \log p_j - (n\log n - n + \frac{1}{2}\log n) + \sum_{j=1}^{k} n_j \log n_j - \sum_{j=1}^{k} n_j + O(1)$$

$$= -\sum_{j=1}^{k} n_j \log p_j + \sum_{j=1}^{k} n_j \log n_j - n\log n + O(\log n)$$

$$= -\sum_{j=1}^{k} n_j \log p_j + \sum_{j=1}^{k} n_j \log n_j - \sum_{j=1}^{k} n_j \log n + O(\log n)$$

$$= -\sum_{j=1}^{k} n_j \log p_j + \sum_{j=1}^{k} n_j \log \frac{n_j}{n} + O(\log n)$$

$$= -\sum_{j=1}^{k} n_j \log p_j + \sum_{j=1}^{k} n_j \log q_j + O(\log n)$$

$$= -\sum_{j=1}^{k} n_j \log \frac{p_j}{q_j} + O(\log n)$$

$$= n\sum_{j=1}^{k} q_j \log \frac{q_j}{p_j} + O(\log n) = nI(Q||P) + O(\log n)$$

となる．両辺を n で割れば，求める近似式が得られる．

第 5 章

問題 5–1 (1) $[a,b]$ を台に持つ連続一様分布の平均は $\frac{a+b}{2}$，分散は $\sigma^2 = \frac{(b-a)^2}{12}$ であった．平均が 0，分散が 1 になるように a, b を決めると，$a = -\sqrt{3}, b = \sqrt{3}$ となる．

(2) 5.5 節のスクリプトにおいて，rnorm(n, 0, v) の部分を次のように書き換える．

```
y <- 1 + 0.5*x + runif(n,min=-sqrt(3), max = sqrt(3))
```

スクリプト実行後，以下のようにすれば，**図 5.A1** が得られる．

```
> hist(alpha,ylim=c(0,2.5),prob=TRUE)
> sdev <- sqrt(1/MAX+mean(x)^2/sum((x-mean(x))^2))
> curve(dnorm(x,1,sdev),add=TRUE)
```

(3) 以下を実行すると，**図 5.A2** が得られる．

```
> hist(beta,prob=TRUE)
> sdev2 <- sqrt(1/sum((x-mean(x))^2))
> curve(dnorm(x,0.5,sdev2),add=TRUE)
```

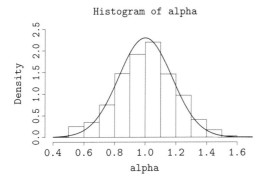

図 5.A1：残差が一様分布の場合の $\hat{\alpha}$ の分布　　図 5.A2：残差が一様分布の場合の $\hat{\beta}$ の分布

問題 5–2　(1)　形状母数 $k=3$ とし，分散が 1 になるようにするには $3\theta^2 = 1$，すなわち $\theta = 1/\sqrt{3}$ とすればよい．このとき平均は，$k\theta = 3 \times (1/\sqrt{3}) = \sqrt{3}$ となる．

(2)　(1) より，平均を 0 にするには X から $\sqrt{3}$ を引けばよい．つまり $c = -\sqrt{3}$ なので，$Y = X - \sqrt{3}$ となる．

(3)　まず，Y を作る．

```
y <- 1 + 0.5*x + rgamma(n,shape=3,scale=1/sqrt(3))-sqrt(3)
```

（ガンマ分布は正規分布や一様分布と比べると裾が重いので，収束が遅くなる傾向がある．）そこで，MAX=10000 としておこう（マシンスペックによっては若干の待ち時間があると思われる）．その上で以下を実行すると，**図 5.A3** が得られる．

```
> hist(alpha,ylim=c(0,2.5),prob=TRUE)
> sdev <- sqrt(1/MAX+mean(x)^2/sum((x-mean(x))^2))
> curve(dnorm(x,1,sdev),add=TRUE)
```

(4)　次を実行すると**図 5.A4** が得られる．

```
> hist(beta,prob=TRUE)
> sdev2 <- sqrt(1/sum((x-mean(x))^2))
> curve(dnorm(x,0.5,sdev2),add=TRUE)
```

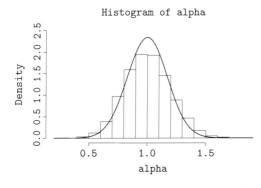
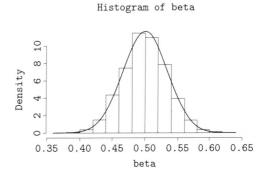

図 5.A3：残差がガンマ分布 ($k=3, \theta=1/\sqrt{3}$) の場合の $\hat{\alpha}$ の分布

図 5.A4：残差がガンマ分布 ($k=3, \theta=1/\sqrt{3}$) の場合の $\hat{\beta}$ の分布

第6章

問題 6–1 (1) sampledata2.xlsx の population2 タブの人口データをクリップボードにコピー (C 列 2 行から C 列 31 行まで) し，以下のように操作すれば，**図 6.A1** が得られる．

```
> n <- 1:30
> p <- scan("clipboard")
Read 30 items
> plot(n,p,xlab="rank", ylab="population")
```

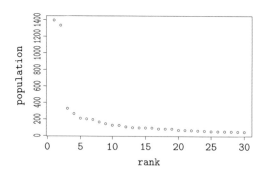

図 6.A1：国別の人口ランキング (2018 年)　　図 6.A2：国別の人口ランキング (2018 年)(両対数グラフ)

(2) 以下のように，対数目盛を指定する log="xy" という引数を指定する (ただし，この対数は常用対数である) (**図 6.A2**).

```
> plot(n,p,xlab="rank", ylab="population",log="xy")
```

(3) 次のようにする (ここでは，自然対数を使っていることに注意).

```
> res <- lm(log(p)~log(n))
> summary(res)

Call:
lm(formula = log(p) ~ log(n))

Residuals:
     Min      1Q  Median      3Q     Max
-0.32082 -0.04313 0.01039 0.03162 0.68008

Coefficients:
            Estimate Std. Error t value Pr(>|t|)
(Intercept)  7.20698    0.09535   75.58   <2e-16 ***
log(n)      -0.99683    0.03632  -27.45   <2e-16 ***
---
Signif. codes:  0 '***' 0.001 '**' 0.01 '*' 0.05 '.' 0.1 ' ' 1

Residual standard error: 0.1663 on 28 degrees of freedom
Multiple R-squared:  0.9642,Adjusted R-squared:  0.9629
F-statistic: 753.3 on 1 and 28 DF,  p-value: < 2.2e-16
```

サマリを読むと，$\log p = 7.20698 - 0.99683 \log n$ となる．
つまり，$p = e^{7.20698} n^{-0.99683} = 1348.813 n^{-0.99683}$ となる．

(4) 以下のように，(3) で得られた値を参考に初期値を決める．ここでは，$C = e^{7.2}$，$\alpha = -1$ を初期値とした．

```
> resnls <- nls(p~c*n^alpha,start=c(c=exp(7.2),alpha=-1),trace=TRUE)
468486.1 :   1339.431    -1.000
406223 :   1543.547014  -1.011995
406204.6 :   1542.44146   -1.00901
406204.3 :   1542.723295  -1.009395
406204.3 :   1542.687154  -1.009347
406204.3 :   1542.691721  -1.009353
```

得られた結果は，$p = 1542.691721 n^{-1.009353}$ である．(3) の結果とは異なる曲線が得られた．ただし，指数は，ほぼ -1 となっている．

(5) やってみよう．

問題 6–2 (1), (2) の R スクリプトは以下のようになる．

---スクリプト A2 (6_5A.R)---
```
f <- function(x) return(x^3-3*x)

x <- seq(-2,2,by=0.1)
y <- f(x) + rnorm(length(x),0,sd=0.2)
plot(x,y)
curve(f,add=TRUE)
res <- lm(y ~ x + I(x^2) + I(x^3))
print(summary(res))
```

実行すると**図 6.A3** が描かれる．

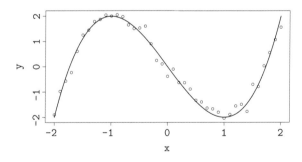

図 6.A3：散布図とグラフ

サマリは，例えば次のようになる．

```
Call:
lm(formula = y ~ x + I(x^2) + I(x^3))

Residuals:
     Min       1Q   Median       3Q      Max
-0.45582 -0.09372  0.03718  0.12414  0.44478
```

```
Coefficients:
            Estimate Std. Error t value Pr(>|t|)
(Intercept)  0.07511    0.04893   1.535    0.133
x           -2.87963    0.06903 -41.713   <2e-16 ***
I(x^2)      -0.02800    0.02606  -1.075    0.290
I(x^3)       0.95923    0.02514  38.160   <2e-16 ***
---
Signif. codes:  0 '***' 0.001 '**' 0.01 '*' 0.05 '.' 0.1 ' ' 1

Residual standard error: 0.2088 on 37 degrees of freedom
Multiple R-squared:  0.9792,Adjusted R-squared:  0.9775
F-statistic: 580.4 on 3 and 37 DF,  p-value: < 2.2e-16
```

サマリを見ると，帰無仮説 $H_0(a): a=0$, $H_0(c): c=0$ のいずれも棄却できない．(3) は省略する．

実行のたびに乱数が異なるため，散布図やサマリは毎回異なるが，$\sigma=1, 2$ くらいでは，帰無仮説 $H_0(a): a=0$, $H_0(c): c=0$ はなかなか棄却されないはずである．

問題 6-3

$$\begin{aligned}
\log p &= 18.27 - 7307/T \\
&= 18.27 - 7307/(273.15 + t) \\
&= 18.27 - \frac{7307}{273.15} \frac{1}{1 + \frac{t}{273.15}} \\
&= 18.27 - \frac{7307}{273.15} \sum_{n=0}^{\infty} (-1)^n \left(\frac{t}{273.15}\right)^n \\
&\approx 18.27 - \frac{7307}{273.15} \left(1 - \frac{t}{273.15}\right) \\
&\approx -8.480869 + 0.09793472 t
\end{aligned}$$

第7章

問題 7-1 $\mathcal{E}(\beta_0, \beta_1, \beta_2)$ を $\beta_0, \beta_1, \beta_2$ で偏微分して 0 とおけば，次のようになる．

$$\begin{aligned}
\mathcal{E}_{\beta_0} &= \frac{2}{n} \sum_{j=1}^{n} (\beta_0 + \beta_1 x_{1j} + \beta_2 x_{2j} - y_j) \\
&= 2(\beta_0 + \overline{x_1}\beta_1 + \overline{x_2}\beta_2 - \overline{y}) = 0 \\
\mathcal{E}_{\beta_1} &= \frac{2}{n} \sum_{j=1}^{n} x_{1j}(\beta_0 + \beta_1 x_{1j} + \beta_2 x_{2j} - y_j) \\
&= 2(\overline{x_1}\beta_0 + \overline{x_1^2}\beta_1 + \overline{x_1 x_2}\beta_2 - \overline{x_1 y}) = 0 \\
\mathcal{E}_{\beta_2} &= \frac{2}{n} \sum_{j=1}^{n} x_{2j}(\beta_0 + \beta_1 x_{1j} + \beta_2 x_{2j} - y_j) \\
&= 2(\overline{x_2}\beta_0 + \overline{x_1 x_2}\beta_1 + \overline{x_2^2}\beta_2 - \overline{x_2 y}) = 0
\end{aligned}$$

これらをまとめて行列で表現すると，

$$\begin{pmatrix} 1 & \overline{x_1} & \overline{x_2} \\ \overline{x_1} & \overline{x_1^2} & \overline{x_1 x_2} \\ \overline{x_2} & \overline{x_1 x_2} & \overline{x_2^2} \end{pmatrix} \begin{pmatrix} \beta_0 \\ \beta_1 \\ \beta_2 \end{pmatrix} = \begin{pmatrix} \overline{y} \\ \overline{x_1 y} \\ \overline{x_2 y} \end{pmatrix}$$

となる．これが求める方程式である．

問題 7–2

```
> res2 <- lm(prestige ~ education + income, data=Prestige)
> summary(res2)

Call:
lm(formula = prestige ~ education + income, data = Prestige)

Residuals:
     Min      1Q  Median      3Q     Max
-19.4040 -5.3308  0.0154  4.9803 17.6889

Coefficients:
              Estimate Std. Error t value Pr(>|t|)
(Intercept) -6.8477787  3.2189771  -2.127   0.0359 *
education    4.1374444  0.3489120  11.858  < 2e-16 ***
income       0.0013612  0.0002242   6.071 2.36e-08 ***
---
Signif. codes:  0 '***' 0.001 '**' 0.01 '*' 0.05 '.' 0.1 ' ' 1

Residual standard error: 7.81 on 99 degrees of freedom
Multiple R-squared:  0.798,	Adjusted R-squared:  0.7939
F-statistic: 195.6 on 2 and 99 DF,  p-value: < 2.2e-16
```

となるので，求める回帰式は，

$$\text{prestige} = -6.8477787 + 4.1374444 \cdot \text{education} + 0.0013612 \cdot \text{income}$$

となる．

```
> res <- lm(prestige ~ education + log(income),data=Prestige)
> AIC(res)
[1] 695.5583
> AIC(res2)
[1] 713.7251
```

となるので，Prestige を education と log(income) で回帰したモデルの方が当てはまりがよいと考えられる．

問題 7–3

例えば，次のような説明はどうであろうか．対数正規分布は，独立な (正の値をとる) 確率変数 $X_1, X_2, \ldots, X_n$ の積をとると現れる確率分布である．収入は，様々な偶然の積み重ねと考えることができる．例えば，裕福な家に生まれるかどうか，受験で成功するか，収入レベルの高い職業 (企業) に就けるか，よい上司に恵まれるかなど，独立な要因が掛け算されて決まると考えれば収入の分布が対数正規分布することと矛盾しない．なお，高収入部分は「一変量統計編」第 15 章で扱ったように，投機的な収入が増えるため，べき分布が当てはまるものと考えられる．

問題 7–4

$Q = AL^\alpha K^{1-\alpha}$ の両辺の自然対数をとると，

$$\log Q = \log A + \alpha \log L + (1-\alpha) \log K$$

となる．右辺において L を ΔL，K を ΔK だけ変化させたとき，Q が ΔQ だけ変化するとすれば，

$$\log(Q + \Delta Q) = \log A + \alpha \log(L + \Delta L) + (1-\alpha) \log(K + \Delta K)$$

ここで，x が小さいときに成り立つ近似式 $\log(1+x) \approx x$ を用いれば，$\log(Q + \Delta Q) = \log Q + \log(1 + \Delta Q/Q) \approx \log Q + \Delta Q/Q$ となる．L, K についても同様にすれば，求める近似式が得られる．

問題 7–5 $\alpha = 0.74587$ と推定される．R による回帰の結果は以下のとおり．
formula = I(log(Output) - log(Capital)) ~ I(log(Labor) - log(Capital)) として推定すればよい．

```
> res0 <- lm(I(log(Output)-log(Capital)) ~ I(log(Labor)-log(Capital)),
                                                            data=econ)
> summary(res0)

Call:
lm(formula = I(log(Output) - log(Capital)) ~
           I(log(Labor) - log(Capital)), data = econ)

Residuals:
      Min        1Q    Median        3Q       Max
-0.082565 -0.032869 -0.006925  0.040529  0.134443

Coefficients:
                              Estimate Std. Error t value Pr(>|t|)
(Intercept)                    0.01454    0.01998   0.728    0.474
I(log(Labor) - log(Capital))   0.74587    0.04122  18.093 1.07e-14 ***
---
Signif. codes:  0 '***' 0.001 '**' 0.01 '*' 0.05 '.' 0.1 ' ' 1

Residual standard error: 0.05707 on 22 degrees of freedom
  (3 observations deleted due to missingness)
Multiple R-squared:  0.937, Adjusted R-squared:  0.9342
F-statistic: 327.4 on 1 and 22 DF,  p-value: 1.07e-14
```

第 8 章

問題 8–1 次のようにする．

```
> res.simple <- lm(Ozone~Wind+Temp+Solar.R:Temp+Wind:Temp,data=airquality)
> summary(res.simple)

Call:
lm(formula = Ozone ~ Wind + Temp + Solar.R:Temp + Wind:Temp,
    data = airquality)

Residuals:
    Min      1Q  Median      3Q     Max
-38.625 -12.667  -2.906   8.853  93.859

Coefficients:
               Estimate Std. Error t value Pr(>|t|)
(Intercept)  -2.271e+02  4.660e+01  -4.874 3.86e-06 ***
Wind          1.390e+01  4.093e+00   3.395 0.000966 ***
Temp          3.659e+00  5.760e-01   6.352 5.41e-09 ***
Temp:Solar.R  9.700e-04  2.891e-04   3.355 0.001102 **
Wind:Temp    -2.217e-01  5.208e-02  -4.257 4.48e-05 ***
```

```
---
Signif. codes:  0 '***' 0.001 '**' 0.01 '*' 0.05 '.' 0.1 ' ' 1

Residual standard error: 19.46 on 106 degrees of freedom
  (42 observations deleted due to missingness)
Multiple R-squared:  0.6705,	Adjusted R-squared:  0.6581
F-statistic: 53.93 on 4 and 106 DF,  p-value: < 2.2e-16

> AIC(res.simple)
[1] 980.8402
```

となるので，求める回帰式は，

$$\text{Ozone} = -227.1 + 13.9 \cdot \text{Wind} + 3.659 \cdot \text{Temp} + 9.700 \times 10^{-4} \cdot \text{Temp:Solar.R} - 0.2217 \cdot \text{Wind:Temp}$$

となる．AIC は 980.8402 で，全ての交互作用を含めたモデルの AIC 979.3775 よりも若干大きい．

問題 8–2

```
> res.interact <- lm(prestige~(education+log(income))^2,data=Prestige)
> summary(res.interact)

Call:
lm(formula = prestige ~ (education + log(income))^2, data = Prestige)

Residuals:
     Min      1Q   Median     3Q      Max
-17.1131 -4.6073  -0.2639  4.0325  18.2585

Coefficients:
                       Estimate Std. Error t value Pr(>|t|)
(Intercept)           -102.53480   49.61051  -2.067   0.0414 *
education                4.68227    4.49311   1.042   0.2999
log(income)             12.27523    5.70533   2.152   0.0339 *
education:log(income)   -0.07691    0.50673  -0.152   0.8797
---
Signif. codes:  0 '***' 0.001 '**' 0.01 '*' 0.05 '.' 0.1 ' ' 1

Residual standard error: 7.18 on 98 degrees of freedom
Multiple R-squared:  0.831,	Adjusted R-squared:  0.8258
F-statistic: 160.6 on 3 and 98 DF,  p-value: < 2.2e-16
```

となるので，有意なのは，切片と収入の対数のみである．

交互作用を入れないモデルと AIC を比較すると，次のようになり，交互作用のあるモデルの方が AIC が小さく，優れたモデルと言える．

```
> res <- lm(prestige~education+women,data=Prestige)
> AIC(res)
[1] 734.5998
> AIC(res.interact)
[1] 697.5344
```

第9章

問題 9–1 2つのサイコロの目を X, Y とする。$XY = 6$ となるのは，
$$(X, Y) = (1, 6), (2, 3), (3, 2), (6, 1)$$
の4通りである．よって，求める条件付き期待値は，
$$7 \cdot \frac{1}{4} + 5 \cdot \frac{1}{4} + 5 \cdot \frac{1}{4} + 7 \cdot \frac{1}{4} = 6$$
である．

問題 9–2 対数尤度は，
$$l(\beta; \boldsymbol{y}) = \sum_{i=1}^{N} y_i \log \lambda_i - \sum_{i=1}^{N} \lambda_i - \sum_{i=1}^{N} \log y_i!$$
となるから，これを β_0 で偏微分して尤度方程式を作ると，
$$\frac{\partial l}{\partial \beta_0} = \sum_{i=1}^{N} \left(y_i - \frac{\partial \lambda_i}{\partial \beta_0} \right) = \sum_{i=1}^{N} (y_i - \lambda_i) = 0$$
となる．この方程式を満たす λ_i が最尤推定量 $\hat{\lambda}_i$ だから，$\sum_{i=1}^{N}(y_i - \hat{\lambda}_i) = 0$ となる．ここで，$\log \lambda_i = \beta_0 + \sum_{j=1}^{m} \beta_j x_{ij}$ の両辺を β_0 で偏微分すると，
$$\frac{1}{\lambda_i} \frac{\partial \lambda_i}{\partial \beta_0} = 1$$
となることを使った．

問題 9–3 $X = \frac{Y-\mu}{\sigma}$ とおけば，$E((Y-\mu)^4) = \sigma^4 E(X^4)$ となる．X は，$N(0, 1)$ に従う．X の積率母関数は，
$$M_X(t) = e^{t^2/2} = \sum_{n=0}^{\infty} \frac{t^{2n}}{2^n n!} = \sum_{n=0}^{\infty} \frac{1}{(2n)!} \cdot \frac{(2n)!}{2^n n!} t^{2n}$$
であるから（「一変量統計編」5.2節，式 (5.4)），奇数次のモーメントは0であり，$E(X^4) = M_X''(0) = (2 \cdot 2)!/(2^2 \cdot 2!) = 3$ となる．よって，$E((Y-\mu)^4) = 3\sigma^4$ である．

問題 9–4 (1)
$$s = \int_0^{1/2} dt = \frac{1}{2}$$
(2)
$$s = \int_0^{1/2} \frac{\sqrt{2}}{1+t} dt = \sqrt{2} \left[\log(1+t) \right]_0^{1/2} = \sqrt{2} \log \frac{3}{2}$$
(3)
$$s = \int_0^{1/2} \frac{\sqrt{2}}{1-t} dt = \sqrt{2} \left[-\log(1-t) \right]_0^{1/2} = \sqrt{2} \log 2$$

問題 9–5 正規分布の確率密度関数は，
$$f(y; \mu) = \frac{1}{\sqrt{2\pi}\sigma} \exp\left[-\frac{(y-\mu)^2}{2\sigma^2} \right]$$
$$= \exp\left[\frac{\mu}{\sigma^2} y - \frac{\mu^2}{2\sigma^2} - \frac{1}{2} \log(2\pi\sigma^2) - \frac{y^2}{2\sigma^2} \right]$$
となるから，$a(y) = y$，$b(\mu) = \frac{\mu}{\sigma^2}$，$c(\mu) = -\frac{\mu^2}{2\sigma^2} - \frac{1}{2} \log(2\pi\sigma^2)$，$d(y) = -\frac{y^2}{2\sigma^2}$ が対応する（定数部分は c に含めても d に含めてもよい）．

問題 9-6 ポアソン分布の確率関数は，
$$f(y;\lambda) = \frac{\lambda^y}{y!}e^{-\lambda} = \exp[y\log\lambda - \lambda - \log(y!)]$$
となるから，
$$a(y) = y, \quad b(\lambda) = \log\lambda, \quad c(\lambda) = -\lambda, \quad d(y) = -\log(y!)$$
が対応する．

問題 9-7 二項分布の確率関数は，
$$f(y;p) = {}_nC_y p^y(1-p)^{n-y} = \exp\left[y\log\frac{p}{1-p} + n\log(1-p) + \log {}_nC_y\right]$$
となるから，
$$a(y) = y, \quad b(p) = \log\frac{p}{1-p}, \quad c(p) = n\log(1-p), \quad d(y) = \log {}_nC_y$$
が対応する．

問題 9-8 離散的な確率分布と連続的な確率分布を分けて証明する必要があるが，以下，連続分布の場合のみ示す．

最初に確率密度関数の定義から自明な関係式 (9.A1) がわかることに注意する．
$$\int f(y;\theta)dy = 1 \tag{9.A1}$$
ここでは，積分区間は実数全体だが，計算が煩雑になるので省略した．(9.A1) の両辺を θ で微分し，積分と微分の順序を交換すると，
$$\int \frac{d}{d\theta}f(y;\theta)dy = \int [a(y)b'(\theta) + c'(\theta)]f(y;\theta)dy = 0 \tag{9.A2}$$
(9.A2) から，
$$b'(\theta)E(a(Y)) + c'(\theta) = 0$$
となる．よって，
$$E(a(Y)) = -\frac{c'(\theta)}{b'(\theta)} \tag{9.A3}$$
$f(y;\theta)$ を θ で2回微分すれば，
$$\begin{aligned}\frac{d^2}{d\theta^2}f(y;\theta) &= \frac{d}{d\theta}[a(y)b'(\theta) + c'(\theta)]f(y;\theta)\\
&= [a(y)b''(\theta) + c''(\theta)]f(y;\theta) + [a(y)b'(\theta) + c'(\theta)]^2 f(y;\theta)\\
&= [a(y)b''(\theta) + c''(\theta)]f(y;\theta) + [b'(\theta)]^2[a(y) - E(a(Y))]^2 f(y;\theta)\end{aligned} \tag{9.A4}$$
ここで，最後の等式を導く際，(9.A3) を用いて $c'(\theta)$ を消去した．(9.A1) の両辺を θ で二階微分し，積分と微分の順序を交換する．すなわち，(9.A4) の両辺を y について積分すれば，
$$0 = b''(\theta)E(a(Y)) + c''(\theta) + [b'(\theta)]^2 V(a(Y)) \tag{9.A5}$$
となる．(9.A5) に (9.A3) を代入して $V(a(Y))$ について解けば，
$$V(a(Y)) = \frac{b''(\theta)c'(\theta) - b'(\theta)c''(\theta)}{[b'(\theta)]^3} \tag{9.A6}$$
が得られる．

問題 9-9 二項分布では，$a(y) = y, b(p) = \log\frac{p}{1-p}, c(p) = n\log(1-p)$ となるから，
$$c'(p) = -\frac{n}{1-p}, \quad b'(p) = \frac{1}{p} + \frac{1}{1-p} = \frac{1}{p(1-p)}$$
となる．よって，
$$-\frac{c'(p)}{b'(p)} = -\left(-\frac{n}{1-p}\right) \cdot p(1-p) = np$$

となる．これは，$E(a(Y)) = E(Y) = np$ に一致している．

次に分散の公式を確かめる．
$$b''(p) = -\frac{1}{p^2} + \frac{1}{(1-p)^2} = \frac{2p-1}{p^2(1-p)^2}$$
$$c''(p) = -\frac{n}{(1-p)^2}$$
$$\frac{b''(p)c'(p) - b'(p)c''(p)}{[b'(p)]^3} = \left(-\frac{2p-1}{p^2(1-p)^2} \cdot \frac{n}{1-p} + \frac{1}{p(1-p)} \cdot \frac{n}{(1-p)^2}\right) \cdot [p(1-p)]^3$$
$$= -np(2p-1) + np^2 = np(1-p)$$

となり，$V(a(Y)) = V(Y) = np(1-p)$ に一致している．

問題 9–10 分散を既知パラメータとする正規分布では，
$$a(y) = y, \quad b(\mu) = \frac{\mu}{\sigma^2}, \quad c(\mu) = -\frac{\mu^2}{2\sigma^2} - \frac{1}{2}\log(2\pi\sigma^2)$$

となるから，
$$c'(\mu) = -\frac{\mu}{\sigma^2}, \quad b'(\mu) = \frac{1}{\sigma^2}$$

となる．よって，$c'(\mu) = -\mu b'(\mu)$ となり，
$$-\frac{c'(p)}{b'(p)} = \mu$$

となる．これは，$E(a(Y)) = E(Y) = \mu$ に一致している．

次に分散の公式を確かめる．
$$b''(\mu) = 0$$
$$c''(\mu) = -\frac{1}{\sigma^2}$$
$$\frac{b''(\mu)c'(\mu) - b'(\mu)c''(\mu)}{[b'(\mu)]^3} = -\frac{1}{\sigma^2} \cdot \left(-\frac{1}{\sigma^2}\right) \cdot (\sigma^2)^3 = \sigma^2$$

となり，$V(a(Y)) = V(Y) = \sigma^2$ に一致している．

問題 9–11 $a(y) = y^k$, $b(\lambda) = -1/\lambda^k$, $c(\lambda) = \log k - k\log\lambda$ であるから，$b'(\lambda) = k/\lambda^{k+1}$, $c'(\lambda) = -k/\lambda$, $b''(\lambda) = -k(k+1)/\lambda^{k+2}$, $c''(\lambda) = k/\lambda^2$ となる．問題 9–8 により，
$$E(Y^k) = -\frac{c'(\lambda)}{b'(\lambda)}$$
$$= \frac{k}{\lambda} \cdot \frac{\lambda^{k+1}}{k}$$
$$= \lambda^k$$

となる．$V(Y^k)$ は，
$$V(Y^k) = \frac{b''(\lambda)c'(\lambda) - b'(\lambda)c''(\lambda)}{[b'(\lambda)]^3}$$
$$= \left(\frac{k(k+1)}{\lambda^{k+2}} \cdot \frac{k}{\lambda} - \frac{k}{\lambda^{k+1}} \cdot \frac{k}{\lambda^2}\right)\left(\frac{\lambda^{k+1}}{k}\right)^3$$
$$= \frac{k+1}{k}\lambda^{2k} - \frac{1}{k}\lambda^{2k} = \lambda^{2k}$$

となる．

第 10 章

問題 10–1 さいころの目が 1 になる確率は $p = 1/6$ であるから，オッズは $p/(1-p) = 1/5$ である．オッズが 2 となる確率を q とすると，$q/(1-q) = 2$ となるから，これを解いて $q = 2/3$ となる．

問題 10–2 $f(x)$ のフーリエ展開を

$$f(x) \sim a_0 + \sum_{n=1}^{\infty}(a_n \cos nx + b_n \sin nx)$$

とするとき, $f(x)$ は偶関数であるから, 正弦フーリエ係数 b_n は 0 である. 余弦フーリエ係数 a_n は, $n=0$ のとき

$$a_0 = \frac{1}{\pi}\int_0^{\pi} x^2 dx = \frac{\pi^2}{3}$$

$n \geq 1$ のときは,

$$\begin{aligned}
a_n &= \frac{2}{\pi}\int_0^{\pi} x^2 \cos nx \, dx \\
&= \frac{2}{\pi}\int_0^{\pi} x^2 \left(\frac{\sin nx}{n}\right)' dx \\
&= \frac{2}{\pi}\left\{\left[x^2 \frac{\sin nx}{n}\right]_0^{\pi} - \int_0^{\pi} 2x \frac{\sin nx}{n} dx\right\} \\
&= -\frac{4}{n\pi}\int_0^{\pi} x \sin nx \, dx \\
&= -\frac{4}{n\pi}\int_0^{\pi} x \left(-\frac{\cos nx}{n}\right)' dx \\
&= -\frac{4}{n\pi}\left\{\left[-x\frac{\cos nx}{n}\right]_0^{\pi} + \frac{1}{n}\int_0^{\pi} \cos nx \, dx\right\} \\
&= -\frac{4(-1)^{n-1}}{n^2}
\end{aligned}$$

となる. よって $f(x)$ のフーリエ展開は,

$$f(x) \sim \frac{\pi^2}{3} - \sum_{n=1}^{\infty} \frac{4(-1)^{n-1}}{n^2} \cos nx$$

となる. $f(x)$ は $x=0$ で連続であるから,

$$0 = \frac{\pi^2}{3} - \sum_{n=1}^{\infty} \frac{4(-1)^{n-1}}{n^2}$$

が成り立つ. よって

$$\sum_{n=1}^{\infty} \frac{(-1)^{n-1}}{n^2} = \frac{\pi^2}{12}$$

となる.

問題 10–3 (1)

```
> plot(menarche$Age,menarche$Menarche/menarche$Total)
> res <- lm(Menarche/Total ~ Age, data=menarche)
> abline(res)
```

図 **10.A1** がその結果である.

(2) ロジスティック回帰の結果は次のようになる (図 **10.A2**).

```
> res <- glm(cbind(Menarche, Total-Menarche) ~ Age,family=binomial(logit),
      data=menarche)
> summary(res)

Call:
glm(formula = cbind(Menarche, Total - Menarche) ~ Age,
```

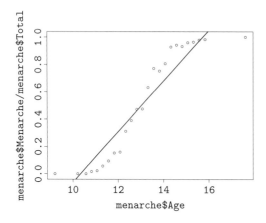

図 10.A1：直線で回帰した場合

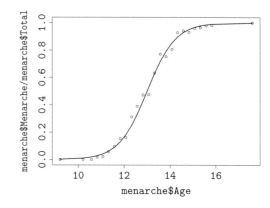

図 10.A2：ロジスティック回帰した場合

```
    family = binomial(logit),
    data = menarche)

Deviance Residuals:
    Min      1Q   Median      3Q      Max
-2.0363  -0.9953  -0.4900   0.7780   1.3675

Coefficients:
             Estimate Std. Error z value Pr(>|z|)
(Intercept) -21.22639    0.77068  -27.54   <2e-16 ***
Age           1.63197    0.05895   27.68   <2e-16 ***
---
Signif. codes:  0 '***' 0.001 '**' 0.01 '*' 0.05 '.' 0.1 ' ' 1

(Dispersion parameter for binomial family taken to be 1)

    Null deviance: 3693.884  on 24  degrees of freedom
Residual deviance:   26.703  on 23  degrees of freedom
AIC: 114.76

Number of Fisher Scoring iterations: 4
```

(3)

```
> plot(menarche$Age,menarche$Menarche/menarche$Total)
> lines(menarche$Age, res$fitted, type="l")
```

問題 10–4 (1)

```
> head(mtcars)
                   mpg cyl disp  hp drat    wt  qsec vs am gear carb
Mazda RX4         21.0   6  160 110 3.90 2.620 16.46  0  1    4    4
Mazda RX4 Wag     21.0   6  160 110 3.90 2.875 17.02  0  1    4    4
Datsun 710        22.8   4  108  93 3.85 2.320 18.61  1  1    4    1
Hornet 4 Drive    21.4   6  258 110 3.08 3.215 19.44  1  0    3    1
```

```
Hornet Sportabout 18.7   8   360 175 3.15 3.440 17.02  0  0   3    2
Valiant           18.1   6   225 105 2.76 3.460 20.22  1  0   3    1
```

(2) 次のようにすればよい.

```
> subdata <- subset(mtcars, select=c(mpg, vs))
> head(subdata)
                   mpg vs
Mazda RX4         21.0  0
Mazda RX4 Wag     21.0  0
Datsun 710        22.8  1
Hornet 4 Drive    21.4  1
Hornet Sportabout 18.7  0
Valiant           18.1  1
```

(3)

```
> model <- glm(vs ~ mpg, data=subdata, family=binomial(link="logit"))
> summary(model)

Call:
glm(formula = vs ~ mpg, family = binomial(link = "logit"), data = subdata)

Deviance Residuals:
    Min      1Q   Median      3Q      Max
-2.2127  -0.5121  -0.2276  0.6402   1.6980

Coefficients:
            Estimate Std. Error z value Pr(>|z|)
(Intercept)  -8.8331     3.1623  -2.793  0.00522 **
mpg           0.4304     0.1584   2.717  0.00659 **
---
Signif. codes:  0 '***' 0.001 '**' 0.01 '*' 0.05 '.' 0.1 ' ' 1

(Dispersion parameter for binomial family taken to be 1)

    Null deviance: 43.860  on 31  degrees of freedom
Residual deviance: 25.533  on 30  degrees of freedom
AIC: 29.533

Number of Fisher Scoring iterations: 6
```

つまり X を mpg, Y を vs としたとき, X を与えたときにその車種が直列エンジンである確率 $P(Y=1|X)$ が,

$$\log \frac{P(Y=1|X)}{1-P(Y=1|X)} = -8.833 + 0.4304X$$

を満たすこと, すなわち,

$$P(Y=1|X) = \frac{e^{-8.833+0.4304X}}{1+e^{-8.833+0.4304X}}$$

であることを意味している.

(4) プロビット回帰の結果は次のとおりである.

```
> model2 <- glm(vs ~ mpg, data=subdata, family=binomial(link="probit"))
> summary(model2)

Call:
glm(formula = vs ~ mpg, family = binomial(link = "probit"), data = subdata)

Deviance Residuals:
    Min      1Q   Median      3Q     Max
-2.1659  -0.5094  -0.1854  0.6858  1.6941

Coefficients:
            Estimate Std. Error z value Pr(>|z|)
(Intercept) -5.09362    1.64255  -3.101  0.00193 **
mpg          0.24614    0.08253   2.982  0.00286 **
---
Signif. codes:  0 '***' 0.001 '**' 0.01 '*' 0.05 '.' 0.1 ' ' 1

(Dispersion parameter for binomial family taken to be 1)

    Null deviance: 43.860  on 31  degrees of freedom
Residual deviance: 25.434  on 30  degrees of freedom
AIC: 29.434

Number of Fisher Scoring iterations: 6
```

結果を見ると,当然,ロジスティック回帰と違った係数となるが,定数項も mpg の係数もいずれも有意となっている.得られた回帰式は,

$$P(Y=1|X) = \frac{1}{\sqrt{2\pi}} \int_{-\infty}^{-5.09362+0.24614x} e^{-z^2/2} dz$$

となる.AIC は,ロジスティックモデルで 29.533,プロビットモデルで 29.434 であるから,若干プロビットモデルの方が当てはまりがよい.

(5) 次のようにすると,**図 10.A3** が得られる.

```
> plot(subdata$mpg, subdata$vs)
```

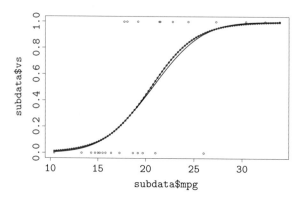

図 10.A3:ロジットモデル (実線) とプロビットモデル (丸付き線)

```
> curve(predict(model2, data.frame(mpg=x), type="response"), add=TRUE)
> curve(predict(model, data.frame(mpg=x), type="response"), add=TRUE,type="o")
```

問題 10-5 次のようにする.

```
> titanic2 <- glm(survived ~ passengerClass + sex + age + sex:age,
data=TitanicSurvival, family=binomial)
> summary(titanic2)

Call:
glm(formula = survived ~ passengerClass + sex + age + sex:age,
    family = binomial, data = TitanicSurvival)

Deviance Residuals:
    Min      1Q  Median      3Q     Max
-2.3844 -0.6721 -0.4063  0.7041  2.5440

Coefficients:
                  Estimate Std. Error z value Pr(>|z|)
(Intercept)       2.790839   0.362822   7.692 1.45e-14 ***
passengerClass2nd -1.424582   0.241513  -5.899 3.67e-09 ***
passengerClass3rd -2.388178   0.236380 -10.103  < 2e-16 ***
sexmale           -1.029755   0.358593  -2.872  0.00408 **
age               -0.004084   0.009461  -0.432  0.66598
sexmale:age       -0.052891   0.012025  -4.398 1.09e-05 ***
---
Signif. codes:  0 '***' 0.001 '**' 0.01 '*' 0.05 '.' 0.1 ' ' 1

(Dispersion parameter for binomial family taken to be 1)

    Null deviance: 1414.62  on 1045  degrees of freedom
Residual deviance:  961.92  on 1040  degrees of freedom
  (263 observations deleted due to missingness)
AIC: 973.92

Number of Fisher Scoring iterations: 5
```

年齢は有意でなくなったが,性別と年齢の交互作用項は有意となった.男性と年齢の交互作用項が負の効果を持っているということは,男性で年齢が高いと生存確率が低下するということを意味している.

オッズ比は,次のようになる.

```
> exp(coef(titanic2))
      (Intercept) passengerClass2nd passengerClass3rd           sexmale
       16.29468555        0.24060896        0.09179678        0.35709447
              age       sexmale:age
        0.99592434        0.94848305
```

AIC は,交互作用を入れないモデルでは 992.45 であったが,性別と年齢の交互作用を入れたモデルでは 973.92 となり,改善が見られる.

第 11 章

問題 11–1 省略

問題 11–2 例えば，図 11.3 なら次のようにすればよい．図 11.4 も同様．
```
wtA <- warpbreaks$tension[warpbreaks$wool == "A"]
wbA <- warpbreaks$breaks[warpbreaks$wool == "A"]
plot(wtA,wbA,xlab="tension", ylab="breaks")
```

問題 11–3 (1) 右辺は，$(\beta+1)z = t$ とおけば，

$$\frac{\beta^y}{\Gamma(\theta)} \int_0^\infty e^{-z} \cdot \frac{z^y}{y!} \cdot z^{\theta-1} e^{-\beta z} dz$$

$$= \frac{\beta^y}{\Gamma(\theta)\Gamma(y+1)} \int_0^\infty z^{\theta+y-1} e^{-(\beta+1)z} dz \quad (\because \Gamma(y+1) = y!)$$

$$= \frac{\beta^y}{\Gamma(\theta)\Gamma(y+1)} \int_0^\infty \frac{t^{\theta+y-1}}{(\beta+1)^{\theta+y}} e^{-t} dt$$

$$= \frac{\Gamma(\theta+y)}{\Gamma(\theta)\Gamma(y+1)} \frac{\beta^y}{(\beta+1)^{\theta+y}} \quad (\because \Gamma(\theta+y) = \int_0^\infty t^{\theta+y-1} e^{-t} dt)$$

$$= \frac{\Gamma(\theta+y)}{\Gamma(\theta)\Gamma(y+1)} \left(\frac{1}{\beta+1}\right)^\theta \left(\frac{\beta}{\beta+1}\right)^y$$

$$= \frac{\Gamma(\theta+y)}{\Gamma(\theta)\Gamma(y+1)} \left(\frac{\theta}{\theta+\mu}\right)^\theta \left(\frac{\mu}{\theta+\mu}\right)^y$$

となり，左辺と一致することがわかる．

(2) (1) の結果から，積率母関数は，

$$M_Y(t) = E(e^{tY})$$

$$= \sum_{y=0}^\infty e^{ty} \frac{\beta^y}{\Gamma(\theta)} \int_0^\infty \frac{z^y}{y!} \cdot z^{\theta-1} e^{-(1+\beta)z} dz$$

$$= \frac{1}{\Gamma(\theta)} \int_0^\infty \sum_{y=0}^\infty \beta^y e^{ty} \cdot \frac{z^y}{y!} \cdot z^{\theta-1} e^{-(1+\beta)z} dz$$

$$= \frac{1}{\Gamma(\theta)} \int_0^\infty \left(\sum_{y=0}^\infty \frac{(\beta z e^t)^y}{y!}\right) z^{\theta-1} e^{-(1+\beta)z} dz \quad \left(\because e^\alpha = \sum_{y=0}^\infty \frac{\alpha^y}{y!}, \ \alpha = \beta z e^t\right)$$

$$= \frac{1}{\Gamma(\theta)} \int_0^\infty e^{\beta z e^t} z^{\theta-1} e^{-(1+\beta)z} dz$$

$$= \frac{1}{\Gamma(\theta)} \int_0^\infty z^{\theta-1} e^{-(1+\beta-\beta e^t)z} dz$$

と書くことができる (2 番目の等式から 3 番目の等式を導く際に，無限和と積分の順序を交換している．$|t| < \log \frac{1}{1-\beta}$ であれば一様収束することにより順序交換が可能になる)．ここで，$w = (1+\beta-\beta e^t)z$ と置換積分すれば，

$$\frac{1}{\Gamma(\theta)} \int_0^\infty z^{\theta-1} e^{-(1+\beta-\beta e^t)z} dz = \frac{1}{\Gamma(\theta)} \int_0^\infty \left(\frac{w}{(1+\beta-\beta e^t)}\right)^{\theta-1} e^{-w} \frac{dw}{1+\beta-\beta e^t}$$

$$= \frac{1}{\Gamma(\theta)(1+\beta-\beta e^t)^\theta} \int_0^\infty w^{\theta-1} e^{-w} dw$$

$$= \frac{1}{\Gamma(\theta)(1+\beta-\beta e^t)^\theta} \Gamma(\theta)$$

$$= \frac{1}{(1+\beta-\beta e^t)^\theta} = \left(\frac{\theta}{\mu+\theta-\mu e^t}\right)^\theta$$

(3)
$$M'_Y(t) = \left(\frac{\theta}{\mu+\theta-\mu e^t}\right)^{\theta+1} \cdot \mu \cdot e^t$$

であるから,$E(Y) = M'_Y(0) = \mu$ であり,

$$M''_Y(t) = \left(\frac{\theta}{\mu+\theta-\mu e^t}\right)^{\theta+1} \cdot \mu \cdot e^t + \frac{\mu^2 \theta^{\theta+1}(\theta+1)}{(\mu+\theta-\mu e^t)^{\theta+2}} \cdot e^{2t}$$

より,$E(Y^2) = M''_Y(0) = \mu + \frac{\mu^2(\theta+1)}{\theta}$ となるので,

$$V(Y) = E(Y^2) - E(Y)^2 = \mu + \frac{\mu^2}{\theta}$$

となる.

第12章

問題 12–1 スクリプトは以下のとおり.集中楕円は,図 **12.A1** のとおり (毎回違うので以下の図は一例である).

―― スクリプト A3 (12_5A-1.R) ――
```
library(MASS)
library(ellipse)
library(car)
mu <- c(2,1)
Sigma <- matrix(c(16,2,2,9),2,2)
data2d <- mvrnorm(100,mu,Sigma)
dataEllipse(data2d,level=0.8)
```

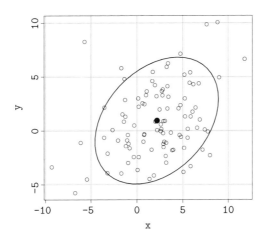

図 12.A1:集中楕円の例

問題 12–2 平均は 66.79293,標準偏差は 23.43193 と推定できる.12.3.2 節,二次元正規乱数の応用の冒頭のスクリプトを実行後に,以下を実行すればよい.

```
> mp.max <- apply(mp.matrix, 1, max)
> mean(mp.max); sd(mp.max)
[1] 66.79293
[1] 23.43193
```

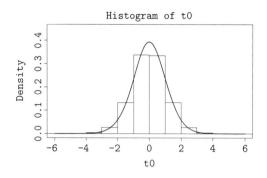
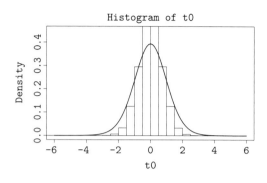

図 **12.A2**：スピアマンの順位相関係数の場合 　　図 **12.A3**：ケンドールの順位相関係数の場合

問題 12–3 12.4 節の R スクリプトにおいて，cor(x,y) を cor(x,y,method="spearman"), cor(x,y,method="kendall") に書き換えればよい．ケンドールの順位相関係数が自由度 $n-2$ の t 分布から大きく外れていることがわかる．

問題 12–4 R スクリプトの一例を示す．結果は図 **12.A4** のようになり，z が正規分布でよく近似できていることがわかる．

── スクリプト A4 (12_5A-2.R) ──
```
library(MASS)
mu <- c(2, 1)
Sigma <- matrix(c(16, 2, 2, 9), nrow=2, ncol=2)
r0 <- Sigma[2,1]/sqrt(Sigma[1,1]*Sigma[2,2])
tmean <- 0.5*log((1+r0)/(1-r0))
m <- 1000
n <- 20
r <- numeric(m)
for(i in 1:m){
 xydata <- mvrnorm(n, mu, Sigma)
 r[i] <- cor(xydata[,1],xydata[,2])
}
z <- 0.5*log((1+r)/(1-r))
hist(z, xlim=c(-2,2), ylim=c(0,2),prob=TRUE)
par(new=TRUE)
```

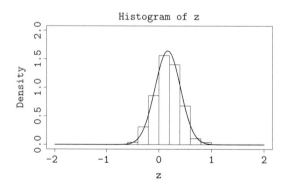

図 **12.A4**：z のヒストグラム

```
plot(function(x)dnorm(x, mean=tmean, sd=1/sqrt(n-3)), xlim=c(-2,2),
        ylim=c(0,2), xlab="" , ylab="" , main="" , lwd=2)
```

第13章

問題 13–1 R の固有値と固有ベクトルを求める．固有方程式は，$|\lambda I - R| = \lambda^2 - 2\lambda + (1-r^2) = 0$ である．これを解いて，$\lambda = 1 \pm r$ を得る．またこのとき，固有値 $1+r$ に属する固有ベクトルは，$(1,1)^T$ の定数倍，固有値 $1-r$ に属する固有ベクトルは，$(1,-1)^T$ の定数倍である．$r>0$ のとき，固有ベクトルを長さ 1 に規格化すると，第一主成分，第二主成分はそれぞれ，

$$z_1 = \frac{1}{\sqrt{2}}(x_1 + x_2), \quad z_2 = \frac{1}{\sqrt{2}}(x_1 - x_2)$$

であり，各々の寄与率は，$(1+r)/2, (1-r)/2$ であることがわかる．

問題 13–2 (1) 以下のようになる．

```
> res.pca.noscale <- prcomp(USArrests)
> summary(res.pca.noscale)
Importance of components:
                          PC1     PC2    PC3     PC4
Standard deviation     83.7324 14.21240 6.4894 2.48279
Proportion of Variance  0.9655  0.02782 0.0058 0.00085
Cumulative Proportion   0.9655  0.99335 0.9991 1.00000
```

(2) 以下のようにする．結果は，**図 13.A1** のようになる．

```
> par(xpd=TRUE)
> biplot(res.pca.noscale)
```

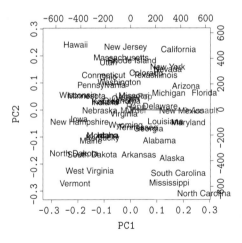

図 13.A1：USArrests の主成分の biplot(scale = FALSE)

問題 13–3 (1) 次のようになる．

```
> head(iris)
  Sepal.Length Sepal.Width Petal.Length Petal.Width Species
1          5.1         3.5          1.4         0.2  setosa
2          4.9         3.0          1.4         0.2  setosa
```

3	4.7	3.2	1.3	0.2 setosa
4	4.6	3.1	1.5	0.2 setosa
5	5.0	3.6	1.4	0.2 setosa
6	5.4	3.9	1.7	0.4 setosa

(2) prcomp 関数にかけた結果のオブジェクトのサマリは以下のようになる.

```
> data <- iris[1:4]
> res <- prcomp(data,scale=TRUE)
> summary(res)
Importance of components:
                          PC1    PC2    PC3     PC4
Standard deviation     1.7084 0.9560 0.38309 0.14393
Proportion of Variance 0.7296 0.2285 0.03669 0.00518
Cumulative Proportion  0.7296 0.9581 0.99482 1.00000
```

PC2 までの累積寄与率は, 95.81%である.

(3) 以下のようになる (図 **13.A2**).

```
> par(xpd=TRUE)
> biplot(res)
```

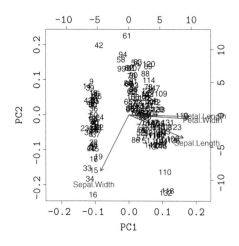
図 **13.A2**: iris の主成分の biplot ((3) の答)

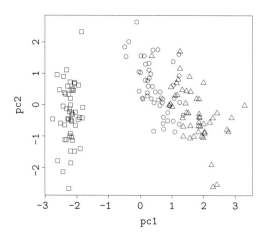
図 **13.A3**: iris の主成分の biplot ((4) の答)

(4)

--- スクリプト **A5** (13_4A.R) ---
```
data <- iris[1:4]
res.pca <- prcomp(data,scale=TRUE)
pc1 <- res.pca$x[,1]
pc2 <- res.pca$x[,2]

pchlabels <- as.integer(iris[,5])-1
#plot(pc1, pc2, col = as.factor(iris[,5]))
plot(pc1, pc2, pch = pchlabels)
```

図 **13.A3** を見ると, setosa のデータ (四角) は左側に直線的に並んでいる. versicolor (丸), virginica (三角) は若干重なってはいるが, 第 1 主成分が大きいところに virginica があり, 中央に versicolor が

集中していることがわかる．スクリプト A5 において，

```
plot(pc1, pc2, col = as.factor(iris[,5]))
#plot(pc1, pc2, pch = pchlabels)
```

とすると，色違いで表示される．

第 14 章

問題 14–1　次のようにすれば，**図 14.A1** が得られる．

```
> LA2016 <- scoreset$score[scoreset$year==2016]
> LA2017 <- scoreset$score[scoreset$year==2017]
> LA2018 <- scoreset$score[scoreset$year==2018]
> boxplot(LA2016,LA2017,LA2018,names=c("LA2016","LA2017","LA2018"))
```

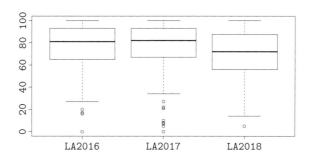

図 14.A1：線形代数学の試験結果

問題 14–2　(1)　以下のようになる．

```
> scoreset2 <- read.table("clipboard",header=TRUE)
> tapply(scoreset2$score,scoreset2$class,mean)
       A        B        C
62.50000 79.60000 49.57143
> tapply(scoreset2$score,scoreset2$class,sd)
       A        B        C
12.91124 16.19568 16.70187
```

(2)　以下のようにすれば，**図 14.A2** が得られる．

```
> stripchart(score~class,data=scoreset2,vert=TRUE,method="jitter",jit=0.05)
```

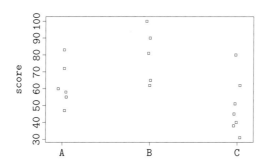

図 14.A2：統計学の試験結果のストリップチャート

(3) 各群の等分散性を仮定しない一元配置分散分析を行うには，oneway.test をデフォルトのまま用いればよいから，次のようにすればよい．

```
> oneway.test(score ~ class, data=scoreset2)

One-way analysis of means (not assuming equal variances)

data:  score and class
F = 4.5598, num df = 2.0000, denom df = 9.3709, p-value = 0.0414
```

得られた P 値は 0.0414 で，有意水準 5% で有意である．つまり，三群の平均値が同じであるという帰無仮説 H_0 は棄却される．

(4) 等分散性を仮定して検定するには，var.equal=TRUE とすればよい．結果は以下のようになる．

```
> oneway.test(score ~ class, data=scoreset2,var.equal=TRUE)

One-way analysis of means

data:  score and class
F = 5.5478, num df = 2, denom df = 15, p-value = 0.01572
```

P 値は，0.01572 であり，こちらも有意となる．

問題 14–3 本文のように処理を行って HSD.warpbreaks というオブジェクトを作り，

```
> plot(HSD.warpbreaks)
```

とすれば，**図 14.A3** が表示される．

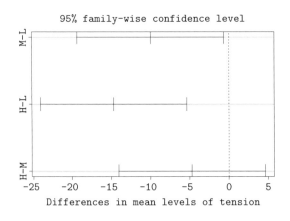

図 14.A3：warpbreaks に対する TukeyHSD による信頼区間

問題 14–4 (1) $\alpha \geq 1, \beta \geq 1$ のときは，広義積分ではないことに注意する．この条件が満たされない場合を考えよう．積分を (14.A1) のように $x = 1/2$ で 2 つに分割して考える．

$$\int_0^1 x^{\alpha-1}(1-x)^{\beta-1}dx = \int_0^{1/2} x^{\alpha-1}(1-x)^{\beta-1}dx + \int_{1/2}^1 x^{\alpha-1}(1-x)^{\beta-1}dx \quad (14.A1)$$

(14.A1) の右辺第一項は，$\alpha < 1$ で広義積分になるが，$\alpha > 0$ であるから，$0 < x \leq 1/2$ では，

$$x^{\alpha-1}(1-x)^{\beta-1} \leq x^{\alpha-1}$$

であり，

$$\int_0^{1/2} x^{\alpha-1} dx = \left[\frac{1}{\alpha} x^\alpha\right]_0^{1/2} = \frac{1}{\alpha}\frac{1}{2^\alpha} < \infty$$

となる．(14.A1) の右辺第二項では，$1/2 \le x < 1$ で $x^{\alpha-1}(1-x)^{\beta-1} \le (1-x)^{\beta-1}$ となるので，上と同様の議論で積分が収束することがわかる．

(2) $x = \sin^2 \theta$ より，$dx = 2\cos\theta \sin\theta d\theta$ となるから，

$$\begin{aligned}
B(\alpha,\beta) &= \int_0^1 x^{\alpha-1}(1-x)^{\beta-1} dx \\
&= \int_0^{\pi/2} \sin^{2\alpha-2}\theta (1-\sin^2\theta)^{\beta-1} \cdot 2\cos\theta \sin\theta d\theta \\
&= \int_0^{\pi/2} \sin^{2\alpha-2}\theta \cos^{2\beta-2}\theta \cdot 2\cos\theta \sin\theta d\theta \\
&= 2\int_0^{\pi/2} \sin^{2\alpha-1}\theta \cos^{2\beta-1}\theta d\theta
\end{aligned}$$

(3)
$$\begin{aligned}
\Gamma(\alpha) &= \int_0^\infty x^{\alpha-1} e^{-x} dx \\
&= \int_0^\infty (s^2)^{\alpha-1} e^{-s^2} \cdot 2s\, ds \\
&= 2\int_0^\infty e^{-s^2} s^{2\alpha-1} ds
\end{aligned}$$

(4) (3) より，
$$\begin{aligned}
\Gamma(\alpha)\Gamma(\beta) &= \left(2\int_0^\infty e^{-u^2} u^{2\alpha-1} du\right)\left(2\int_0^\infty e^{-v^2} v^{2\beta-1} dv\right) \\
&= 4\int_0^\infty \int_0^\infty e^{-u^2-v^2} u^{2\alpha-1} v^{2\beta-1} du dv
\end{aligned}$$

となる．ここで，$u = r\cos\theta, v = r\sin\theta$ と極座標変換すると，ヤコビアンは r であるから，

$$\begin{aligned}
&4\int_0^\infty \int_0^\infty e^{-u^2-v^2} u^{2\alpha-1} v^{2\beta-1} du dv \\
&= 4\int_0^\infty \int_0^{\pi/2} e^{-r^2} (r\cos\theta)^{2\alpha-1} (r\sin\theta)^{2\beta-1} r\, dr d\theta \\
&= \left(2\int_0^\infty e^{-r^2} r^{2(\alpha+\beta)-1} dr\right)\left(2\int_0^{\pi/2} \cos^{2\alpha-1}\theta \sin^{2\beta-1}\theta d\theta\right) \\
&= \Gamma(\alpha+\beta) B(\alpha,\beta)
\end{aligned}$$

問題 14–5 (1) F 分布の確率密度関数は，

$$\begin{aligned}
f(z) &= \frac{m^{\frac{m}{2}} n^{\frac{n}{2}}}{B\left(\frac{m}{2},\frac{n}{2}\right)} \frac{z^{\frac{m}{2}-1}}{(mz+n)^{\frac{m+n}{2}}} \\
&= O\left(z^{\frac{m}{2}-1-\frac{m+n}{2}}\right) = O\left(z^{-\frac{n}{2}-1}\right)
\end{aligned}$$

であるから，$n/2$ 次以上のモーメントが存在しない．積率母関数が存在するには，全てのモーメントが存在しなければならないから，F 分布の積率母関数は存在しない．

(2) (1) より，期待値が存在する n の範囲は $n > 2$ である．このとき，期待値は，

$$E(Z) = \frac{m^{\frac{m}{2}} n^{\frac{n}{2}}}{B\left(\frac{m}{2},\frac{n}{2}\right)} \int_0^\infty \frac{z^{\frac{m}{2}}}{(mz+n)^{\frac{m+n}{2}}} dz$$

で表される．積分の値を求めよう．$x = \frac{z}{mz+n}$ とおくと，$z = \frac{nx}{1-mx}$, $mz+n = \frac{n}{1-mx}$, $dx = \frac{n}{(mz+n)^2} dz$ であるから，

$$\int_0^\infty \frac{z^{\frac{m}{2}}}{(mz+n)^{\frac{m+n}{2}}}dz$$
$$= \int_0^{\frac{1}{m}} x^{\frac{m+n}{2}} \left(\frac{nx}{1-mx}\right)^{-\frac{n}{2}} \frac{(mz+n)^2}{n}dx$$
$$= \frac{1}{n}\int_0^{\frac{1}{m}} x^{\frac{m+n}{2}} \left(\frac{nx}{1-mx}\right)^{-\frac{n}{2}} \left(\frac{n}{1-mx}\right)^2 dx$$
$$= \frac{1}{n}\int_0^{\frac{1}{m}} x^{\frac{m}{2}} \left(\frac{n}{1-mx}\right)^{2-\frac{n}{2}} dx$$
$$= n^{1-\frac{n}{2}}\int_0^{\frac{1}{m}} x^{\frac{m}{2}}(1-mx)^{\frac{n}{2}-2}dx$$

となるが，ここで，$y=mx$ とすれば，

$$n^{1-\frac{n}{2}}\int_0^{\frac{1}{m}} x^{\frac{m}{2}}(1-mx)^{\frac{n}{2}-2}dx$$
$$= n^{1-\frac{n}{2}}m^{-\frac{m}{2}-1}\int_0^1 y^{\frac{m}{2}}(1-y)^{\frac{n}{2}-2}dy$$
$$= n^{1-\frac{n}{2}}m^{-\frac{m}{2}-1}B\left(\frac{m}{2}+1, \frac{n}{2}-1\right)$$

よって，求める期待値は，

$$E(Z) = \frac{m^{\frac{m}{2}}n^{\frac{n}{2}}}{B\left(\frac{m}{2}, \frac{n}{2}\right)}n^{1-\frac{n}{2}}m^{-\frac{m}{2}-1}B\left(\frac{m}{2}+1, \frac{n}{2}-1\right)$$
$$= \frac{n}{m}\frac{1}{B\left(\frac{m}{2}, \frac{n}{2}\right)}B\left(\frac{m}{2}+1, \frac{n}{2}-1\right)$$
$$= \frac{n}{m}\frac{\left(\frac{m+n}{2}-1\right)!}{\left(\frac{m}{2}-1\right)!\left(\frac{n}{2}-1\right)!}\cdot\frac{\left(\frac{m}{2}\right)!\left(\frac{n}{2}-2\right)!}{\left(\frac{m+n}{2}-1\right)!} \quad \left(\because B(\alpha,\beta) = \frac{(\alpha-1)!(\beta-1)!}{(\alpha+\beta-1)!}\right)$$
$$= \frac{n}{m}\frac{\left(\frac{m}{2}\right)!\left(\frac{n}{2}-2\right)!}{\left(\frac{m}{2}-1\right)!\left(\frac{n}{2}-1\right)!}$$
$$= \frac{n}{m}\frac{\frac{m}{2}}{\frac{n}{2}-1} = \frac{n}{m}\frac{m}{n-2}$$
$$= \frac{n}{n-2}$$

索 引

あ
アールスクエア ... 29
R^2 値 ... 29
赤池情報量基準 (AIC) ... 42, 46

い
イエーツの連続性補正 ... 14
イエーツの補正 ... 14
一元配置分散分析 ... 155
逸脱度 ... 108
一般化線形モデル ... 100
因子負荷量 ... 151

う
ウェルチの分散分析 ... 156

え
AIC ... 42, 46
F 分布 ... 161
MLL ... 42
エントロピー ... 44

お
応答変数 ... 101
オーバーフィッティング ... 42
オッズ ... 112

か
回帰係数 ... 28
回帰直線 ... 28
回帰方程式 ... 28
カイ二乗統計量 ... 3, 5
カテゴリカルデータ ... 1
過分散 ... 126
カルバック=ライブラー情報量 (KL 情報量) ... 44, 47
間隔尺度 ... 1
観測度数 ... 2

き
期待度数 ... 2
局外パラメータ ... 103
寄与率 ... 145

く
群間 (級間) 変動 ... 160
群内 (級内) 変動 ... 159

け
KL 情報量 ... 44, 47
決定係数 ... 29

こ
交互作用項 ... 94
交差エントロピー ... 44
誤差構造 ... 101
誤差変動 ... 159

さ
最小二乗法 ... 28
サイズパラメータ ... 126
最大対数尤度 (MLL) ... 42
最良線形不偏推定量 (BLUE) ... 53
残差 ... 29
残差逸脱度 ... 108
残差分析 ... 22
残差平方和 ... 29

し
指数型分布族 ... 102
実測値 ... 29
質的データ ... 1
重回帰分析 ... 75, 88
集中楕円 ... 135
周辺度数 ... 20
主効果 ... 159
主成分得点 ... 145
主成分分析 ... 144
順序尺度 ... 1
条件付き期待値 ... 100
情報幾何学 ... 106
情報量 ... 44
人年法 ... 124

す
スクリープロット ... 150
スチューデント化された範囲の分布 ... 165
ストリップチャート ... 155

せ
正規方程式 ... 28, 77
正準パラメータ ... 102
説明変数 ... 27, 101
線形単回帰モデル ... 50
全変動 ... 159

た
対数線形モデル 123
多項分布 6
多重共線性 88
多重比較 154
ダミー変数 97

ち
チューキーの HSD 154
チューキーの HSD 検定 165
チューキーの方法 165

て
適合度検定 2

と
独立性の検定 (問題) 13
トレランス 89

に
二元配置分散分析 168
二項選択モデル 111

は
バイプロット 150

ひ
被説明変数 27
標準化残差 55
標準化偏回帰係数 76
比例尺度 1

ふ
VIF 89
フィッシャー情報行列 105
フィッシャーの正確検定 19
プールされた分散 165
プロビットモデル 111
分割表 1, 13
分散共分散行列 133
分散パラメータ 102
分散分析 (ANOVA) 154

分散分析表 157

へ
平均情報量 44
ベータ関数 161
偏回帰係数 76

ほ
ポアソン対数線形モデル 123
ポアソンモデル 108
ポアンカレ上半平面 106
ホルムの方法 154, 163
ボンフェローニの方法 ... 154, 163

ま
マハラノビス距離 135

め
名義尺度 1

も
モザイクプロット 119
モデル選択問題 42

ゆ
尤度比 7

よ
予測値 29

り
量的データ 1
リンク関数 101

ろ
ロジスティック回帰分析 112
ロジスティックモデル ... 108, 111
ロジット 112

わ
ワルド検定 115
ワルド統計量 115

関連図書

[1] Alan Agresti, *Categorical Data Analysis*, 3rd edition, Wiley (2012)

[2] W. H. Greene, *Econometric Analysis*, 7th edition, Pearson Education (2011)

[3] B. L. Welch, "On the comparison of several mean values: an alternative approach," Biometrika, 38 (1951), pp.330–336

[4] P. McCullagh, J. A. Nelder, *Generalized Linear Models* (Chapman & Hall/CRC Monographs on Statistics and Applied Probability Book 37) (English Edition) 2nd edition, Chapman and Hall/CRC (1989)

[5] Annette J. Dobson 著，田中豊，森川敏彦，山中竹春，冨田誠訳，『一般化線形モデル入門』，共立出版 (2008)

[6] イアン・エアーズ著，山形浩生訳，『その数学が戦略を決める』，文春文庫，文藝春秋 (2007)

[7] H. Akaike, "Information theory as an extension of the maximum likelihood principle," (1973), pp.267–281 in B. N. Petrov, and F. Csaki (Eds.) Second International Symposium on Information Theory, Akademiai Kiado, Budapest

[8] H. Akaike, "A new look at the statistical model identification," IEEE Transactions on Automatic Control, AC-19 (1974), pp.716–723

[9] H. V. Henderson and P. F. Velleman, "Building multiple regression models interactively," Biometrics, 37 (1981), pp.391–411

[10] S. Holm, "A simple sequential rejective multiple test procedure," Scandinavian Journal of Statistics, 6 (1979), pp.65–70

著者紹介

神永正博（かみなが まさひろ）
- 1967年 東京に生まれる
- 1991年 東京理科大学理学部数学科卒業
- 1994年 京都大学大学院理学研究科数学専攻博士課程中退
- 1994年 東京電機大学理工学部助手
- 1998年 （株）日立製作所入社 中央研究所勤務
- 2004年 東北学院大学工学部専任講師
- 2005年 同助教授
- 2007年 同准教授（名称変更により）
- 2011年 東北学院大学工学部教授
  現在に至る

博士（理学）（大阪大学）

木下 勉（きのした つとむ）
- 1970年 新潟に生まれる
- 1993年 東京理科大学理学部数学科卒業
- 1993年 トヨタ自動車（株）入社
- 1998年 ニフティ（株）入社
- 2001年 ラティス・テクノロジー（株）入社
- 2013年 岩手大学工学研究科博士後期課程電子情報工学専攻修了
- 2015年 福井工業大学環境情報学部准教授
- 2017年 東北学院大学工学部准教授
  現在に至る

博士（工学）（岩手大学）

2019年12月15日 第1版 発行

著者の了解により検印を省略いたします

Rで学ぶ確率統計学　多変量統計編

著者 © 神永正博
　　　木下　勉

発行者　内田　学

印刷者　馬場信幸

発行所　株式会社　内田老鶴圃　〒112-0012 東京都文京区大塚3丁目34番3号
電話 03(3945)6781(代)・FAX 03(3945)6782
印刷・製本/三美印刷 K.K.

http://www.rokakuho.co.jp/

Published by UCHIDA ROKAKUHO PUBLISHING CO., LTD.
3-34-3 Otsuka, Bunkyo-ku, Tokyo, Japan

ISBN 978-4-7536-0124-0 C3041　U. R. No. 652-1

Rで学ぶ確率統計学
一変量統計編

神永正博・木下 勉 著

B5判・200頁・定価（本体3300円＋税）　ISBN 978-4-7536-0123-3

本書は，主として一変量の統計学とRの入門書である．Rの実用書と数理統計学の専門書はそれぞれ多数あるが，多くの場合ソフトウェアの本には理論が足りず，数理統計学の本にはソフトウェアの記述が少ない．本書はこの2つを同時に学習していく．Rを統計学の理解の補助として使うことにより，統計学の理屈とRの使い方を同時にマスターする．Webを検索すれば様々な資料，情報が入手できるが，それらを読み解く基礎学力を身につけることが目標で，本書を読むことでRに用意されている統計関数がどのような数学的原理に基づいて計算を行うかが分かるようになる．「ググれば理解できる」段階がゴールである．また「べき分布」を最終章で解説しているのも本書の大きな特徴で，正規分布万能の世界観を根底から揺るがす大きな問題として取り上げている．

第1章　一変量データの記述
1.1　Rのダウンロード／1.2　Rの起動と終了／1.3　Rの拡張パッケージ／1.4　一変量データの扱い方／1.5　階級数の決め方／1.6　Rのグラフをファイルに変換する／1.7　分位点と箱ひげ図／1.8　モード(最頻値)／1.9　欠損値の扱いなど／1.10　章末問題

第2章　多変量データの記述1
2.1　散布図／2.2　相関係数／2.3　ピアソンの積率相関係数の大きさの解釈／2.4　順位相関係数－スピアマンの順位相関係数／ケンドールの順位相関係数／順位相関係数と積率相関係数の違い／2.5　多変量における欠損値の扱い／2.6　章末問題

第3章　多変量データの記述2
3.1　相関関係は因果関係ではない／3.2　切断効果／3.3　外れ値の影響／3.4　三変量以上のデータの記述／3.5　分散共分散行列と相関行列／3.6　章末問題

第4章　確率と確率変数
4.1　事象／4.2　確率と確率変数－確率の基本的な性質／条件付き確率と独立事象／連続確率変数／多変量確率分布／4.3　Rにおける確率変数の扱い－確率分布の期待値・分散・モーメント／一様分布を例として用語を確認する／確率密度関数dunif／累積分布関数punif／分位点関数qunif／一様乱数の発生runif／4.4　章末問題

第5章　変数変換・積率母関数
5.1　確率分布の変換／5.2　積率母関数／5.3　独立な確率変数の期待値・分散／5.4　章末問題

第6章　離散的な確率分布

6.1　二項分布／6.2　二項分布の期待値と分散の導出／6.3　ポアソン分布／6.4　幾何分布／6.5　負の二項分布／6.6　章末問題

第7章　連続的な確率分布

7.1　正規分布／7.2　対数正規分布／7.3　指数分布／7.4　コーシー分布／7.5　ワイブル分布／7.6　多変量正規分布／7.7　章末問題

第8章　独立な確率変数の和の分布

8.1　独立な離散的確率変数の和の分布／8.2　独立な連続的確率変数の和の分布／8.3　再生性の積率母関数による証明 – 二項分布の再生性／正規分布の再生性／8.4　ガンマ分布／8.5　アーラン分布／8.6　カイ二乗分布／8.7　章末問題

第9章　大数の法則

9.1　サイコロを1000回振る／9.2　モンテカルロ法／9.3　大数の法則の暗号解読への応用(頻度解析)／9.4　チェビシェフの不等式の精度／9.5　章末問題

第10章　中心極限定理

10.1　中心極限定理／10.2　リンデベルグの中心極限定理／10.3　期待値が存在しない場合／10.4　章末問題

第11章　点推定1

11.1　点推定／11.2　最尤推定法 – 正規分布の平均と分散の最尤推定／fitdistrによる最尤推定／11.3　不偏推定量 – 不偏分散／11.4　章末問題

第12章　点推定2

12.1　クラメール＝ラオの不等式 – 有効推定量／12.2　フィッシャーのスコア法／12.3　最尤推定用スクリプトの例／12.4　章末問題

第13章　区間推定

13.1　大標本における区間推定／13.2　小標本に対するt分布の応用 –t分布の定義と特徴／t.testを用いた信頼区間の計算／13.3　正規分布とt分布のずれ／13.4　t分布が出てくる理由／13.5　章末問題

第14章　統計的仮説検定

14.1　区間推定と母平均のt検定／14.2　検定の帰結／14.3　両側検定・片側検定／14.4　対標本の平均値の比較 – 補足／14.5　対応のない2標本の母平均の差の検定／14.6　効果量について／14.7　章末問題

第15章　べき分布

15.1　地震の回数の分布／15.2　ファットテイルを持つ分布 – べき分布の詳細な定義／15.3　αとx_{min}の最尤推定 – 連続変数の場合／離散変数の場合／15.4　株価変動の分布 –poweRlawパッケージの株価データへの応用／15.5　章末問題

計算力をつける微分積分

神永正博・藤田育嗣 著　A5判・172頁・本体2000円　ISBN 978-4-7536-0031-1

計算力をつける微分積分 問題集

神永正博・藤田育嗣 著　A5判・112頁・本体1200円　ISBN 978-4-7536-0131-8

微分積分を道具として利用するための入門書．微積の基本が「掛け算九九」のレベルで計算できるよう工夫．

指数関数と対数関数／三角関数／微 分／積 分／偏微分／2重積分

計算力をつける線形代数

神永正博・石川賢太 著　A5判・160頁・本体2000円　ISBN 978-4-7536-0032-8

より計算力の養成に重点を置く構成で，問，章末問題共に計算練習を中心とする．抽象的展開を避け，「連立方程式の解き方」「ベクトル，行列の扱い方」を重点的に説明．

線形代数とは何をするものか？／行列の基本変形と連立方程式（1）／行列の基本変形と連立方程式（2）／行列と行列の演算／逆行列／行列式の定義と計算方法／行列式の余因子展開／余因子行列とクラメルの公式／ベクトル／空間の直線と平面／行列と一次変換／ベクトルの一次独立，一次従属／固有値と固有ベクトル／行列の対角化と行列の k 乗

統計学への確率論，その先へ
ゼロからの測度論的理解と漸近理論への架け橋

清水泰隆 著　A5判・232頁・本体3500円　ISBN 978-4-7536-0125-7

本書は，本格的な数理統計学を目標とする読者向けに，特に統計学で重要となる事柄に重点をおき，速習的に確率論を学ぶことができる学部生向け教科書を目指している．

1. 確率モデルを作るまで－事象や観測を表現するための数学的記述／確率変数と確率 他　2. 分布や分布関数による積分－期待値の定義／スティルチェス積分について 他　3. 確率変数の独立性と相関－確率変数の独立性／確率変数の相関と条件付期待値 他　4. 様々な収束概念と優収束定理－確率変数列の概収束／様々な確率的収束の概念とその強弱 他　5. 大数の法則と中心極限定理－大数の法則／中心極限定理　6. 再訪・条件付期待値－確率変数の"情報"という概念／情報による条件付期待値 他　7. 統計的漸近理論に向けて－漸近オーダーの表記法／概収束に関する種々の結果 他

ルベーグ積分論

柴田良弘 著　A5判・392頁・本体4700円　ISBN 978-4-7536-0070-0

準備／n次元ユークリッド空間上のルベーグ測度と外測度／一般集合上での測度と外測度／ルベーグ積分／フビニの定理／測度の分解と微分／ルベーグ空間／Fourier 変換と Fourier Multiplier Theorem

ウエーブレットと確率過程入門

謝　衷潔・鈴木　武 共著　A5判・208頁・本体3000円　ISBN 978-4-7536-0120-2

はじめに～ウエーブレットへの誘い～／多重解像度解析とウエーブレット／定常増分を持つ確率過程のウエーブレット変換／定常ノイズの存在のもとでの回帰関数の推定／ウエーブレットの手法による跳躍点の検出 他

数理分類学

Sneath・Sokal 著／西田英郎・佐藤嗣二 共訳　A5判・700頁・本体15000円　ISBN 978-4-7536-0117-2

数理分類学の目的と原理／分類学の原理／分類学的証拠／分類学的類似性の推定／分類構造／系統発生の研究／集団表現学／同定と識別／命名法の含意／数理分類学の検討／生物分類学以外の分野における数理分類学／分類学の将来

クラスター分析とその応用

Anderberg 著／西田英郎 監訳／佐藤嗣二・江藤　香・寺尾　裕・宮井正彌 共訳

A5判・476頁・本体7800円　ISBN 978-4-7536-0112-7

クラスター分析の概観／クラスター分析の概念上の諸問題／変数と尺度／変数間の連関尺度／データユニット間の連関尺度／階層的クラスター分析法／非階層的クラスター分析法／クラスター化の結果を促進させる解釈 他

実例クラスター分析

Romesburg 著／西田英郎・佐藤嗣二 共訳　A5判・448頁・本体8000円　ISBN 978-4-7536-0116-5

クラスター分析のあらまし／徹底的にクラスター分析を行なう方法／クラスター分析を用いて分類を行なう方法／クラスター分析—その原理

表示の価格は税別の本体価格です．　　　http://www.rokakuho.co.jp/